电工电路
从入门到精通

解东艳　主编

周雪萌　孙海洋　副主编

化学工业出版社

·北京·

内 容 简 介

本书根据电工实际工作的需要，精选电工常用到的各类型电路，采用图解形式，从电路组成、原理、布线和接线、故障检修等多方面进行了详细说明。全书对低压电气控制器件与变配电线路、照明线路、电动机控制线路、电子元器件及电子电路、变频器与PLC控制电路、高压配电线路、接地及漏电保护、机床、家电等电气控制线路的识图与安装、接线步骤和技巧、故障维修要领进行了详细说明，帮助读者轻松看懂各类型电路图，全面、快速掌握各类型控制电器的电路接线、故障维修技能。书中对电路图、接线图等采用实物对照图解形式，配合视频讲解，对每一个电路的动作过程进行分析详解，配合识图技巧、接线步骤、维修要领的操作演示，图文并茂，可读性强。读者可以扫描书中相应的二维码观看操作视频。

本书可供电工初学者、电工电子技术人员、电气维修人员阅读，也可供相关专业的院校师生参考。

图书在版编目（CIP）数据

电工电路从入门到精通 / 解东艳主编. —北京：化学工业出版社，2020.9
ISBN 978-7-122-37302-1

Ⅰ.①电… Ⅱ.①解… Ⅲ.①电路 - 基本知识 Ⅳ.① TM13

中国版本图书馆 CIP 数据核字（2020）第 113873 号

责任编辑：刘丽宏　　　　　　　　　文字编辑：赵　越
责任校对：王佳伟　　　　　　　　　装帧设计：刘丽华

出版发行：化学工业出版社（北京市东城区青年湖南街13号　邮政编码100011）
印　　装：中煤（北京）印务有限公司
710mm×1000mm　1/16　印张23¼　字数511千字　2021年3月北京第1版第1次印刷

购书咨询：010-64518888　　　　　　售后服务：010-64518899
网　　址：http://www.cip.com.cn
凡购买本书，如有缺损质量问题，本社销售中心负责调换。

定　　价：89.80元

电路是电工工作的语言，看懂电路是电工必备的技能之一。本书针对电工电子技术人员和初学者识读电路以及上岗工作的需要，精选电工工作岗位常遇到的各类型电路，采用图解形式，除了介绍常规识图技巧，还详细说明了安装、接线步骤以及维修要领，与维修电工，高、低压电工，物业电工，建筑电工日常工作和维修技能密切相关，帮助读者举一反三，触类旁通，轻松胜任电工工作。

本书具有如下特点：

● 涵盖电路广

书中精选电工实际工作常用到的各类型电路，采用图解形式，从电路组成、原理、布线和接线、故障检修等多方面详细说明了包括低压电气控制器件与变配电线路、照明线路、电动机控制线路、电子元器件及电子电路、变频器与PLC 控制电路、高压配电线路、接地及漏电保护、机床、智能扫地机器人等家电电气控制线路的识图与安装、接线步骤和技巧、故障维修要领等内容。帮助读者轻松看懂各类型电路图，全面、快速掌握各类型控制电器的电路接线、故障维修技能。

● 视频教学 + 图解说明

对电路图、接线图等采用实物对照图解，配合视频讲解，对每一个电路的动作过程进行分析详解，配合识图技巧、接线步骤、维修要领的操作演示，图文并茂，可读性强。读者可以扫描书中相应的二维码观看操作视频。

对书中内容有任何疑问欢迎关注下方二维码或发邮件给 bh268@163.com，我们会尽快回复解答。

本书由解东艳主编，周雪萌、孙海洋副主编，参加本书编写的还有曹振华、张校珩、王桂英、孔凡桂、张校铭、焦凤敏、张胤涵、张振文、赵书芬、曹祥、曹铮、孔祥涛、张伯龙等，全书由张伯虎统稿。本书的编写得到许多同行的支持和帮助，在此一并表示诚挚的谢意！

由于作者水平有限，书中难免有不足之处，敬请广大读者批评指正。

 编者

目 录 —»

第一章　电路识图基础 / 1

第一节　电路基础 ························· 1
　一、简单直流电路 ·················· 1
　二、欧姆定律与电阻串并联 ······· 8
　三、复杂直流电路 ················ 11
第二节　磁与电磁感应 ············· 16
　一、磁场 ························· 16
　二、磁场的基本物理量 ·········· 17
第三节　正弦交流电路 ············· 20
第四节　电气图及常用电气符号 ··· 21

一、电气图的基本结构 ············ 21
二、常用电气符号的应用 ·········· 22
三、电气图的分类 ················· 34
第五节　识读电气图的基本要求和
　　　　步骤 ························ 37
　一、识读电气图 ·················· 37
　二、电气图纸转换为接线图的方法 ··· 39
　三、电工常用电路计算 ··········· 42

第二章　电子元器件及电子电路识图 / 43

第一节　电阻器及应用电路 ········· 43
第二节　电位器及应用电路 ········· 43
第三节　特殊电阻及应用电路 ······· 43
第四节　电容器及应用电路 ········· 43
第五节　电感器及应用电路 ········· 43
第六节　二极管及应用电路 ········· 43
第七节　三极管及应用电路 ········· 44

第八节　场效应晶体管及应用电路 ······· 44
第九节　IGBT 绝缘栅双极型晶体管
　　　　及 IGBT 功率模块 ·········· 44
第十节　晶闸管及应用电路 ··········· 44
第十一节　光电器件的检测与维修 ······· 44
第十二节　集成电路与稳压器件
　　　　　及电路 ·················· 44

第三章　电力控制器件的识别、检测、应用电路与接线 / 45

第一节　各类开关器件的控制检测
　　　　与应用 ···················· 45
　一、刀开头 ······················ 45
　二、各种按钮开关 ················ 47
　三、行程开关 ···················· 51
　四、电接点压力表 ················ 55
　五、声光控开关 ·················· 56
　六、磁控开关 ···················· 59
　七、主令开关 ···················· 60

八、温度开关与温度传感器 ·········· 61
九、倒顺开关 ······················ 69
十、万能转换开关 ·················· 73
十一、凸轮控制器 ·················· 76
十二、熔断器 ······················ 79
十三、断路器 ······················ 82
第二节　继电器与接触器的检修 ······ 89
　一、小型电磁继电器 ·············· 89
　二、固态继电器 ·················· 93

视频
页码 | 8, 21, 22, 37, 42, 43, 44, 47, 49, 50, 52, 56, 57, 60, 69, 70, 73, 77, 84

三、中间继电器 ……………………… 99

四、热继电器 ……………………… 103

五、时间继电器 ……………………… 107

六、速度继电器 ……………………… 111

七、接触器 ……………………… 113

第三节 其他电气控制器件的检测 …… 122

一、频敏变阻器 ……………………… 122

二、电磁铁 ……………………… 124

第四章 变压器与低压电力配电系统 / 127

第一节 低压变压器 ……………………… 127

一、变压器的命名与分类 ………………… 128

二、变压器的参数 ……………………… 131

三、低压电源变压器的检测 …………… 133

第二节 电力变压器 ……………………… 133

一、电力变压器的结构 ………………… 133

二、电力变压器的型号与铭牌 ………… 139

三、电力变压器的试验检查与维修 …… 141

第三节 小型变电所及配电屏配电与
计量仪表配线 ……………… 147

一、小型变电所的配电系统及配电线路
连接 ……………………… 147

二、计量仪表的接线 …………………… 148

三、电压测量电路 ……………………… 150

四、电流测量电路 ……………………… 150

五、配电屏上的功率表、功率因数表的
测量线路接线 …………………… 151

第四节 承担低压线路总负荷的万能断路
器安装、接线与检修 ………… 151

一、用途和分类 ……………………… 152

二、万能式断路器的安装 ……………… 153

三、万能式断路器控制电路的接线 …… 155

四、万能式断路器的使用 ……………… 156

五、断路器的维护和检修 ……………… 157

第五节 NA1 3200 智能控制器使用及
操作 ……………………… 160

第六节 电力电容器和无功功率
补偿器 ……………………… 161

一、电力电容器补偿原理与计算 ……… 161

二、电力电容器的安装与接线 ………… 163

第五章 家装照明配电线路 / 165

第一节 配电箱及电路 …………………… 165

一、配电箱与住户内配电电路 ………… 165

二、单相电度表与漏电保护器的接线
电路 ……………………… 172

三、三相四线制交流电度表的接线
电路 ……………………… 173

四、三相三线制交流电度表的接线电路 … 173

五、三块单相电度表计量三相电的接线
电路 ……………………… 174

六、带互感器电度表的接线电路 ……… 175

七、三相无功功率表的接线电路 ……… 176

第二节 照明电路接线 …………………… 178

一、日光灯连接电路 …………………… 178

二、LED 遥控吸顶灯电路原理与接线 … 179

三、双联开关控制一只灯电路 ………… 182

四、多开关多路控制楼道灯电路 ……… 183

五、LED 灯驱动电路 …………………… 185

六、路灯定时时间控制电路 …………… 186

七、浴霸接线电路 ……………………… 189

八、其他灯具的安装 …………………… 192

第三节 插头插座的接线 ………………… 193

一、三孔插座的安装 …………………… 193

二、两脚插头的安装 …………………… 194

三、三脚插头的安装 …………………… 195

四、各种插座接线电路 ………………… 195

第四节 电工室内配线接线技术 ………… 198

视频
页码
100、106、108、109、115、122、126、133、160、
164、166、172、178、182、184、185、198

【电动机知识链接：电动机的结构、原理、接线、检修常识】…………………… 199
第一节 电动机启动运行控制电路……… 199
一、三相电动机直接启动控制线路… 199
二、自锁式直接启动电路…………… 200
三、带热继电器保护自锁控制线路… 202
四、带急停开关保护接触器自锁正转控制线路…………………………… 203
五、晶闸管控制软启动（软启动器控制）电路…………………………… 204
六、线绕转子异步电动机启动电路… 213
七、单相电动机电阻启动运行电路… 214
八、电容启动式单相异步电动机电路…………………………………… 215
九、电容启动运行式异步电动机电路…………………………………… 216
十、双电容启动和运转式异步电动机电路…………………………………… 216
第二节 电动机降压启动控制电路……… 217
一、自耦变压器降压启动控制电路… 217
二、Y–△降压启动电路…………… 219
第三节 电动机正反转控制电路……… 222
一、用倒顺开关实现三相正反转控制电路…………………………………… 222

二、接触器联锁三相正反转启动运行电路…………………………………… 222
三、三相电动机正反转自动循环电路…………………………………… 224
四、单相异步倒顺开关控制正反转电路…………………………………… 225
五、接触器控制的单相电动机正反转控制电路…………………………… 227
第四节 电动机制动控制电路……… 228
一、电磁抱闸制动控制电路……… 228
二、自动控制能耗制动电路……… 230
三、直流电动机能耗制动电路……… 231
第五节 电动机保护电路……… 232
一、热继电器过载保护与欠压保护电路…………………………………… 232
二、开关联锁过载保护电路……… 233
三、中间继电器控制的缺相保护电路…………………………………… 234
知识拓展：电动机常用计算……… 235
一、电动机绕组重绕计算……… 235
二、电动机改极计算……… 235
三、改压计算……… 235
四、导线的代换……… 235

第七章 变频器电路配线与维护、检修 / 236

第一节 变频器的安装、接线与常见故障检修…………………………………… 236
一、变频器的安装……… 236
二、变频器的接线……… 236
三、变频调速系统的布线……… 236
四、变频器常见故障检修……… 236
第二节 变频器控制电路接线与电路故障检修…………………………………… 236
一、单进三出变频器接线电路……… 236
二、三进三出变频器控制电路……… 238

三、带有自动制动功能的变频器电动机控制电路…………………………… 240
四、用开关控制的变频器电动机正转控制电路…………………………… 242
五、用继电器控制的变频器电动机正转控制电路………………………… 245
六、用开关控制的变频器电动机正反转控制电路………………………… 247
七、变频器的PID控制应用……… 249

视频页码 199, 201, 203, 204, 205, 213, 215, 218, 221, 222, 223, 224, 227, 228, 230, 232, 233, 235, 236, 237, 239, 241, 242, 246, 247, 250

第八章　PLC 安装接线、编程入门及应用电路与检修 / 253

第一节　PLC 安装、接线与编程
　　语言 ································· 253
一、PLC 的安装、接线与调试要求 ··· 253
二、PLC 编程语言 ····················· 259
第二节　PLC 电路接线 ················· 259
一、PLC 控制三相异步电动机启动
　　电路 ····························· 259
二、PLC 控制三相异步电动机串电阻
　　降压启动 ························· 261
三、PLC 控制三相异步电动机 Y- △
　　启动 ····························· 263
四、PLC 控制三相异步电动机顺序

启动 ································· 265
五、PLC 控制三相异步电动机反接
　　制动 ····························· 267
六、PLC 控制三相异步电动机往返
　　运行 ····························· 269
七、用三个开关控制一盏灯的 PLC
　　电路 ····························· 271
八、PLC 与变频器组合控制电路 ····· 272
九、PLC、变频器、触摸屏组合实现
　　多挡转速控制电路 ··············· 276
第三节　PLC 常见故障与检修 ········· 283

第九章　高压变配电与二次配电安装、接线 / 284

第一节　高压变压器的安装、接线与
　　维护 ····························· 284
一、变压器在台杆上的安装 ········· 284
二、落地变压器的安装 ··············· 291
三、变压器的实验与检查维护 ······· 293
四、变压器的并列运行 ··············· 293
第二节　电源中性点直接接地的低压
　　配电系统 ························· 294
第三节　用户供电系统及主接线 ······· 298
一、电力用户供电系统的组成 ········ 298
二、电气主接线的基本形式 ········· 299
三、变电所的主接线 ··············· 305

四、供配线路的接线方式 ············ 308
五、电气主电路图 ··············· 310
第四节　继电保护装置的操作电源
　　与二次回路 ····················· 319
一、交流操作电源 ··············· 319
二、直流操作电源 ··············· 320
三、继电保护装置的二次回路 ········ 321
第五节　电流保护回路的接线 ········· 324
一、三相完整 Y 接线 ··············· 324
二、三相不完整 Y 接线 ············· 325
三、两相差接线 ··················· 326

第十章　机床电气、家用电器、物业电气设备应用电路与检修 / 327

第一节　机床电气设备电路与检修 ········ 327
一、CA6140 型普通车床的电气控制
　　电路 ··························· 327
二、卧式车床的电气控制电路 ········ 329
三、PLC 控制的 Z3040 摇臂钻床
　　电路 ··························· 333

四、搅拌机控制电路 ··············· 338
五、钢筋折弯机控制电路工作原理···· 339
六、电动葫芦（天车）电路 ·········· 340
第二节　家用电器设备电路与检修 ········ 343
一、家用电冰箱的控制电路 ········· 343
二、商用大中型电冰箱、冰柜的控制

视频
页码 | 259，277，283，327，341，344

电路 ……………………… 344

三、电冰箱中的除霜控制电路 ……… 347

四、空调器电气线路及检修 ………… 349

五、抽油烟机电路及检修 …………… 356

第三节　物业电气设备电路与检修 … 357

一、电接点压力表无塔压力供水自动控制

电路 ……………………… 357

二、高层供水全自动控制电路 ……… 358

三、供电转换电路 …………………… 359

四、定时供水电路 …………………… 360

第四节　智能扫地机器人电路及检修 …361

附录　电动机接线与维修实操视频讲解　/　362

参考文献　/　363

二维码讲解目录　/　363

视频页码	352，355，358，359，360，361，362

第一章

电路识图基础

第一节 电路基础

一、简单直流电路

在实际应用中，将电气元器件和用电设备按一定的方式连接在一起形成的各种电流通路称为电路，即将电流流过的路径称为电路。

（1）电路的组成　一个完整的电路通常由电源、负载和中间环节（导线和开关）三部分组成，如图1-1所示。

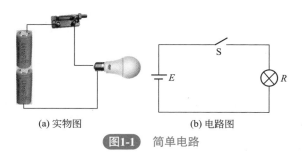

(a) 实物图　　　　　　　　　　(b) 电路图

图1-1　简单电路

① 电源　电源是供给电能的装置，它把其他形式的能转换成电能。光电池、发电机、干电池或蓄电池等都是电源，如干电池或蓄电池把化学能转换成电能，发电机把机械能转换成电能，光电池把太阳的光能转换成电能等。通常也把给居民住宅供电的电力变压器看成电源。

② 负载　负载也称用电设备或用电器，是将电能转换成其他形式能量的装置。电灯泡、电炉、电动机等都是负载，如电灯泡把电能转换成光能，电动机把电能转换成机械能，电热器把电能转换成热能等。

③ 中间环节　用导线把电源和负载连接起来；使用开关、熔断器等器件，对电路起控制和保护作用，使电路可靠工作。这种导线、控制开关所构成电流通路的部分称为中间环节。

（2）电路图　如图1-1（a）所示为电路的实物图，它虽然直观，但画起来很复杂，为了便于分析和研究电路，在电路图中，电气元器件都采用国家统一规定的图形符号来表示，电路图中部分常用的图形符号如图1-2所示。通常将由统一规定的符号来表示电路连接的图形称为电路图，如图1-1（b）所示。

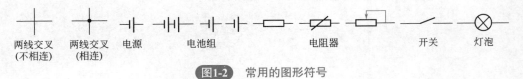

两线交叉　两线交叉　电源　　电池组　　　　　　　电阻器　　　　开关　　　灯泡
（不相连）　（相连）

图1-2　常用的图形符号

（3）电路的工作状态

① 通路　通路是指正常工作状态下的闭合电路。即开关闭合，电路中有电流通过，负载能正常工作，此时，图1-1灯泡发光。

② 开路　又叫断路，是指电源与负载之间未接成闭合电路，即电路中有一处或多处是断开的。此时，电路中没有电流通过，图1-1灯泡不发光。开关处于断开状态时，电路断路是正常状态；但当开关处于闭合状态时，电路仍然开路，就属于故障状态，需要检修。

③ 短路　短路是指电源不经过负载直接被导线相连的状态。此时，电源提供的电流比正常通路时的电流大许多倍，严重时会烧毁电源和短路内的电气设备，因此，电路中不允许无故短路，特别不允许电源短路。电路短路的保护装置是熔断器。

（4）电流

① 电流的形成　导体中的自由电荷在电场力的作用下做有规则的定向运动就形成了电流。在金属导体中，电流是自由电子在外电场作用下有规则地运动形成的。在某些液体或气体中，电流则是正离子或负离子在电场力作用下有规则地运动形成的。

电流可分为直流电流和交流电流两种。方向保持不变的电流称为直流电流，简称直流（简写作DC）。电流方向随时间作周期性变化的电流称为交变电流，简称交流（简写作AC），其在一个周期内的运行平均值为零。

② 电流的方向　在不同的导电物质中，形成电流的运动电荷可以是正电荷，也可以是负电荷，甚至两者都有。物理学规定以正电荷定向移动的方向为电流的方向。

在分析或计算电路时，若难以判断出电流的实际方向，可先假定电流的参考方向，然后列方程求解，当解出的电流为正值时，则电流的实际方向与参考方向一致，如图1-3（a）所示。反之，当电流为负值时，则电流的实际方向与参考方向相反，如图1-3（b）所示。

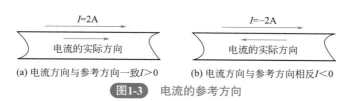

(a) 电流方向与参考方向一致I＞0   (b) 电流方向与参考方向相反I＜0

图1-3 电流的参考方向

③ 电流的大小　电流的大小取决于在一定时间内通过导体横截面的电荷量多少。在相同时间内通过导体横截面的电荷量越多，则流过该导体的电流越强，反之越弱。

通常规定电流的大小等于通过导体横截面的电荷量与通过这些电荷量所用的时间的比值。用公式表示为

$$I=\frac{q}{t}$$

式中，q为通过导体横截面的电荷量，C；t为时间，s；I为电流，A。如果导体的横截面积上每秒有1C的电荷量通过，则导体中的电流为1A。电流很小时，可使用较小的电流单位，如毫安（mA）或微安（μA）。

$$1mA=10^{-3}A \quad 1\mu A=10^{-6}A$$

（5）电压与电位

① 电压　水总是自发地从高处向低处流，要形成水流就必须使水流两端具有一定的水位差，水位差也叫水压。同样，金属导体中的自由电子做定向移动形成电流的条件是导体的两端具有电压。在电路中，任意两点之间的电位差称为该两点间的电压。

电荷q在电场中从A点移动到B点，电场力所做的功W_{AB}与电荷量q的比值，叫做A、B两点间的电势差（电位差），用U_{AB}表示

$$U_{AB}=\frac{W_{AB}}{q}$$

式中，U_{AB}为AB两点间的电压，V；W_{AB}为将单位正电荷从电场中A点移动到B点所做的功，J；q为由A点移动到B点的电荷量，C。

即电场力把1库仑（C）电量的正电荷从A点移到B点，如果所做的功为1焦耳（J），那么A、B两点间的电压就是1伏特（V）。

在国际单位制中，电压的单位为伏特，简称伏，用符号V表示。电压的常用单位还有kV、mV、μV，其换算关系是：

$$1kV=10^{3}V \quad 1V=10^{3}mV \quad 1mV=10^{3}\mu V$$

② 电位　电压是对电路中某两点而言的，电压是两点间的电位差。在电路中，A、B两点间的电压等于A、B两点间的电位之差，即$U_{AB}=U_A-U_B$。

如果在电路中任选一点为参考点，那么电路中某点的电位就是该点到参考点之间的电压。显然，参考点的电位为零电位，通常选择大地或某公共点（如机器外壳）作为参考点，一个电路中只能选择一个参考点。

（6）电动势　如果把电流比喻为"水流"，那么就像"抽水机"把低处的水抽

到高处，电源把负极的正电荷运到正极，电动势就是表征电源运送电荷能力大小的物理量。

在图1-4中，A、B为电源的正、负极板，两极板上带有等量异号的电荷，在两极板间形成电场。负电荷沿着电路，由低电位端（负极）经过负载流向高电位端（正极），从而形成电流I。在电源外部电路中，电流总是从电源正极流出，最后流回电源负极，或者说从高电位流向低电位。负电荷由正极板移动至负极板后与正电荷中和，使两极板上的电荷量减少，从而两极板间的电场减弱，相应的电流也逐渐减小。为了使电路中保持持续的电流，在电源内部必须有一种非电场力，将正电荷从低电位端（负极板）逆电场力不断推向高电位端（正极板），这个外力是由电源提供的，因此称为电源力。电动势用于表征电源力的能力，在数值上定义为在电源内部电源力将单位正电荷从电源的负极板移动到正极板所做的功。

图1-4 电动势原理

电动势用符号E表示，单位是伏特（V），表达式为

$$E = \frac{W}{q}$$

式中 E——电动势，V；

W——电源力所做的功，J；

q——电荷量，C。

电动势在数值上就等于电源开路时正负两极之间的电压。电动势的方向：规定由电源的负极指向正极，即从低电位指向高电位。

（7）电阻

① 电阻的特性 当电流流过任何导体时都有阻碍作用，这种阻碍作用称为导体的电阻。金属导体存在电阻是因为大量自由电子在发生定向移动时要和原子发生碰撞，从而使自由电子的运动受阻，因此每个导体在一定的电压作用下只能产生一定的电流。导体电阻用符号R表示，基本单位为欧姆（Ω），另外还有千欧（kΩ）、兆欧（MΩ）。它们的换算关系为：

$$1M\Omega = 1000k\Omega, \quad 1k\Omega = 1000\Omega$$

如果把同一导体的横截面变小、长度变长，则导体的电阻变大；反之，则电阻变小。同样规格尺寸而选用材料不同的导体，导体的电阻率越大，导体的电阻越大；反之，则电阻越小。用公式表示为

$$R = \rho \frac{l}{S}$$

式中 R——电阻值，Ω；

ρ——导体的电阻率，Ω·m；

l——导体的长度，m；

S——导线横截面积，m^2。

不同的金属材料，有不同的电阻率。表1-1列出了几种常用材料在20℃时的电阻率。从表中可知，除银以外，铜、铝等金属的电阻率很小，导电性能很好，适于制作导线；铁、铝、镍、铬等的合金电阻率较大，常用于制作各种电热器的电阻丝、金属膜电阻和绕线电阻；碳则可以用来制造电机的电刷、电弧炉的电极和碳膜电阻等。

表1-1　常用材料在20℃时的电阻率

材　料	电阻率/Ω·m	材　料	电阻率/Ω·m
银	1.6×10^{-8}	锰铜合金	4.4×10^{-7}
铜	1.7×10^{-8}	康铜	5.0×10^{-7}
铝	2.9×10^{-8}	镍铬合金	1.0×10^{-6}
钨	5.3×10^{-8}	碳	3.5×10^{-5}
铁	1.0×10^{-7}		

实验表明：当温度改变时，导体的电阻会随温度变化。纯金属的电阻都是有规律地随温度的升高而增大。当温度的变化范围不大时，电阻和温度之间的关系可用下式表示

$$R_2 = R_1 \left[1 + \alpha \left(t_2 - t_1 \right) \right]$$

式中　R_1——温度为t_1时的电阻，Ω；

　　　R_2——温度为t_2时的电阻，Ω；

　　　α——电阻的温度系数，$℃^{-1}$。

当$\alpha > 0$时，叫做正温度系数，表示该导体的电阻随温度的升高而增大；当$\alpha < 0$时，叫做负温度系数，表示该导体的电阻随温度的升高而减小。很多热敏电阻都具有这种特性。

实际使用时常常需要各种不同电阻值的电阻器，因而人们制成了多种类型的电阻器。电阻值不能改变的电阻器称为固定电阻器，电阻值可以改变的电阻器称为可变电阻器。电阻器的主要物理特征是变电能为热能，也可以说它是一个耗能元件，电流经过它就产生热能。电阻器在电路中通常起分压分流的作用。常用的定值电阻和可变电阻在电路中的符号如图1-5所示。

(a) 定值电阻　　　　　(b) 可变电阻　　　　　(c) 可变电阻

图1-5　定值电阻和可变电阻在电路中的符号

② 电阻的分类

a. 通用电阻器。这类电阻器又称为普通电阻器，功率一般在0.1～10W之间，电阻器的阻值为100Ω～10MΩ，工作电压一般在1kV以下，可供一般电子设

备使用。

b. 精密电阻器。这类电阻器的精度一般可达0.1%～2%，箔式电阻器的精度较高，可达0.005%。电阻器的阻值为1Ω～1MΩ。精密电阻器主要用于精密测量仪器及计算机设备。

c. 高阻电阻器。这类电阻器的阻值较高，一般在$1 \times 10^{7} \sim 1 \times 10^{13} \Omega$之间，但它的额定功率很小，限用于弱电流的检测仪器中。

d. 功率型电阻器。这类电阻器的额定功率一般在300W以下，其阻值较小（在几千欧以下），主要用于大功率的电路中。

e. 高压电阻器。这类电阻器的工作电压为10～100kV，其外形大多细而长，多用于高压设备中。

f. 高频电阻器。这类电阻器固有的电感及电容很小，因而它的工作频率高达10MHz以上，主要用于无线电发射机及接收机。

常见电阻器的类别型号见表1-2。

表1-2　常见电阻器的类别型号

第一部分：主称		第二部分：材料		第三部分：特征			第四部分：序号
符号	意义	符号	意义	符号	电阻器	电位器	
R	电阻器	T	碳膜	1	普通	普通	
		H	合成膜	2	普通	普通	
W	电位器	S	有机实芯	3	超高频	—	
		N	无机实芯	4	高阻	—	
		J	金属膜	5	高温	—	
		Y	氧化膜	6	—	—	
		C	沉积膜	7	精密	精密	对主称、材料相同，仅性能指标，尺寸大小有区别，但基本不影响互换使用的产品，给同一序号；若性能指标、尺寸大小明显影响互换时，则在序号后用大写字母作为区别代号
		I	玻璃釉膜	8	高压	特殊函数	
		P	硼酸膜	9	特殊	特殊	
		U	硅酸膜	G	高功率	—	
		X	线绕	T	可调	—	
		M	压敏	W	—	微调	
		G	光敏	D	—	多圈	
		R	热敏	B	温度补偿用	—	
				C	温度测量用	—	
				P	旁热式	—	
				W	稳压式	—	
				Z	正温度系数	—	

③ 电阻器识读

a. 直标法。用阿拉伯数字和文字符号两者有规律的组合来表示标称阻值、额定功率、允许误差等级等。

例如：

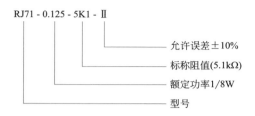

RJ71 - 0.125 - 5K1 - Ⅱ

- 允许误差±10%
- 标称阻值(5.1kΩ)
- 额定功率1/8W
- 型号

若是1R5则表示1.5Ω，2K7表示2.7kΩ，由标号可知，它是精密金属膜电阻器，额定功率为1/8W，标称阻值为5.1kΩ，允许误差为±10%。

文字符号与表示单位见表1-3。

表1-3　文字符号与表示单位

文字符号	R	K	M	G	T
表示单位	欧姆（Ω）	千欧姆（10^3Ω）	兆欧姆（10^6Ω）	千兆欧姆（10^9Ω）	兆兆欧姆（10^{12}Ω）

b. 色标法。色标法是将电阻器的类别及主要技术参数的数值用颜色（色环或色点）标注在它的外表面上。色标电阻（色环电阻）器有三环、四环、五环三种标法。电阻器色环表示示意图见图1-6，其含义见表1-4。

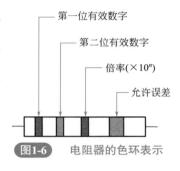

- 第一位有效数字
- 第二位有效数字
- 倍率(×10^n)
- 允许误差

图1-6　电阻器的色环表示

表1-4　两位有效数字阻值的色环表示法含义

颜　　色	第一位有效值	第二位有效值	倍　　率	允许误差
黑	0	0	10^0	
棕	1	1	10^1	
红	2	2	10^2	
橙	3	3	10^3	
黄	4	4	10^4	
绿	5	5	10^5	
蓝	6	6	10^6	
紫	7	7	10^7	
灰	8	8	10^8	
白	9	9	10^9	$-20\% \sim +50\%$
金			10^{-1}	±5%
银			10^{-2}	±10%
无色				±20%

三色环电阻器的色环表示标称电阻值（允许误差均为±20%）。例如，色环为棕黑红，表示 $10×10^2$Ω，即 1.0kΩ±20% 的电阻器。

四色环电阻器的色环表示标称值（两位有效数字）及精度。例如，色环为棕绿橙金表示$15 \times 10^3 \Omega$，即$15k\Omega \pm 5\%$的电阻器。

五色环电阻器的色环表示标称值（三位有效数字）及精度。例如，色环为红紫绿黄棕表示$275 \times 10^4 \Omega$，即$2.75M\Omega \pm 1\%$的电阻器。

一般四色环和五色环电阻器，其表示允许误差的色环的特点是该环离其他环的距离较远。较标准的表示应是：表示允许误差的色环的宽度是其他色环的1.5～2倍。

> 快速记忆窍门：对于四色环电阻，以第三道色环为主。如第三环为银色，则为0.1～0.99Ω；金色为1～9.9Ω；黑色为10～99Ω；棕色为100～990Ω；红色为1～9.9kΩ；橙色为10～99kΩ；黄色为100～990kΩ；绿色为1～9.9MΩ。对于五环电阻，则以第四环为主，其规律与四色环电阻相同。但应注意的是，因为五环电阻为精密电阻，体积太小时，无法识别哪端是第一环，所以，对色环电阻阻值的识别须用万用表测出。

电阻器的数码表示法和额定功率标注方法可扫二维码学习。

二、欧姆定律与电阻串并联

（1）部分电路的欧姆定律　如图1-7所示为一段不含电源的电阻电路，又称部分电路。通过实验用万用表测量图1-7所示的电压U、电流I和电阻R，可以知道：电路中的电流，与这部分电路两端的电压U成正比，与这部分电路的电阻R成反比。这个规律叫做部分电路的欧姆定律，可以用公式表示

$$I = \frac{U}{R}$$

图1-7　部分电路

式中，I为电路中的电流强度，A；U为这部分电路两端的电压，V；R为这部分电路的电阻，Ω。

电流与电压间的正比关系，可以用伏安特性曲线来表示。伏安特性曲线是以电压U为横坐标，以电流I为纵坐标画出的关系曲线。电阻元件的伏安特性曲线如图1-8（a）所示，伏安特性曲线是直线时，电阻为线性电阻，线性电阻组成的电路叫线性电路。欧姆定律只适用于线性电路。

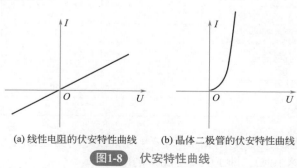

(a) 线性电阻的伏安特性曲线　(b) 晶体二极管的伏安特性曲线

图1-8　伏安特性曲线

如果不是直线，则电阻为非线性电阻。如一些晶体二极管的等效电阻就属于非

线性电阻，其伏安特性曲线如图1-8（b）所示。

（2）全电路欧姆定律　全电路是指由电源和负载组成的闭合电路，如图1-9所示。电路中电源的电动势为E；电源内部具有的电阻r，称为电源的内电阻；电路中的外电阻为R。通常把虚框内电源内部的电路叫做内电路，虚框外电源外部的电路叫做外电路。当开关S闭合时，通过实验得知：全电路中的电流，与电源电动势E成正比，与外电路电阻和内电阻之和（$R+r$）成反比，这个规律称为全电路欧姆定律，用公式表示

$$I=\frac{E}{R+r}$$

式中，I为闭合电路的电流，A；E为电源电动势，V；r为电源内阻，Ω；R为负载电阻，Ω。

（3）电阻的串联电路　把两个或两个以上的电阻依次相连，组成一条无分支电路，叫做电阻的串联，如图1-10所示。

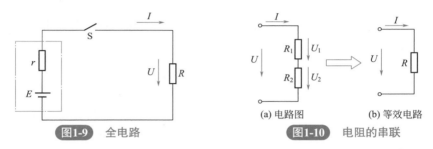

图1-9　全电路　　　　图1-10　电阻的串联

电阻串联电路的特点：

a. 流过每个电阻的电流都相等，即$I=I_1=I_2$。

b. 串联电路两端的总电压等于各电阻两端电压之和，即$U=U_1+U_2$。

c. 串联电路的总电阻等于各串联电阻之和，即$R=R_1+R_2$。

电阻串联电路的分压作用：如果两个电阻R_1和R_2串联，它们的分压公式为：

$$U_1=\frac{R_1}{R_1+R_2}U \quad U_2=\frac{R_2}{R_1+R_2}U$$

在工程上，常利用串联电阻的分压作用来使同一电源能供给不同的电压；在总电压一定的情况下，串联电阻可以限制电路电流。

（4）电阻的并联电路　两个或两个以上电阻并接在电路中相同的两点之间，承受同一电压，叫做电阻的并联，如图1-11所示。

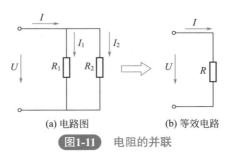

(a) 电路图　　　　(b) 等效电路

图1-11　电阻的并联

电阻并联电路的特点：

a. 并联电路中各电阻两端的电压相等，均等于电路两端的电压，即 $U = U_1 = U_2$。

b. 并联电路中的总电阻的倒数等于各并联电阻的倒数之和，即 $\dfrac{1}{R} = \dfrac{1}{R_1} + \dfrac{1}{R_2}$。

c. 并联电路的总电流等于流过各电阻的电流之和，即 $I = I_1 + I_2$。

电阻并联电路的分流作用： 如果两个电阻 R_1 和 R_2 并联，它们的分流公式为：

$$I_1 = \frac{R_2}{R_1 + R_2} I \quad I_2 = \frac{R_1}{R_1 + R_2} I$$

在同一电路中，额定工作电压相同的负载可以采用并联的工作方式，这样每个负载都是一个可独立控制的回路，任一负载的正常闭合或断开都不影响其他负载的正常工作。

（5）**电阻的混联电路** 既有电阻串联又有电阻并联的电路，称为混联电路，如图 1-12 所示。

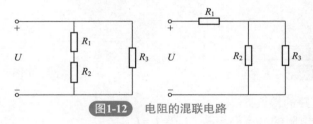

图1-12 电阻的混联电路

在电阻混联电路中，已知电路总电压，若求解各电阻上的电压和电流，其步骤一般是：

a. 求出这些电阻的等效电阻。

b. 应用欧姆定律求出总电流。

c. 应用电流分流公式和电压分压公式，分别求出各电阻上的电压和电流。

（6）**电阻混联电路的分析** 在电阻混联电路中，可以按照串联、并联电路的计算方法，一步一步地将电路简化，从而得出最终的结果。可以采取如下步骤。

a. 对电路进行等效变换，将原始电路简化成容易看清串、并联关系的电路图。

方法一：利用电流的流向及电流的分合，画出等效电路图；

方法二：利用电路中各等电位点分析电路，画出等效电路图。

b. 先计算串联、并联支路的等效电阻，再计算电路总的等效电阻。

c. 由电路总的等效电阻和电路的端电压计算电路的总电流。

d. 根据电阻串联的分压关系和电阻并联的分流关系，逐步推算出各部分的电压和电流。

如图 1-13 所示为较复杂电路的简化过程。

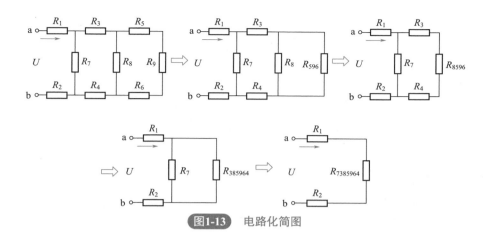

图1-13 电路化简图

三、复杂直流电路

1.复杂电路的几个概念

（1）支路　由一个或几个元件首尾相接构成的无分支电路。如图1-14所示的 *AF* 支路、*BE* 支路和 *CD* 支路。

（2）节点　三条或三条以上支路的交点。图1-14中的电路只有两个节点，即 *B* 点和 *E* 点。

（3）回路　电路中任意的闭合电路。如图1-14所示的电路中可找到三个不同的回路，它们是 *ABEFA*、*BCDEB* 和 *ABCDEFA*。

（4）网孔　网孔是内部不包含支路的回路，如图1-14所示的电路中网孔只有两个，它们是 *ABEFA*、*BCDEB*。

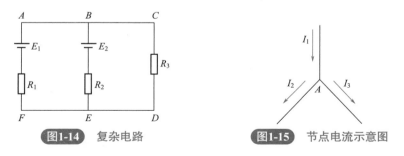

图1-14 复杂电路　　　　**图1-15** 节点电流示意图

2.基尔霍夫定律

无法用串、并联关系进行简化的电路称为复杂电路。复杂电路不能直接用欧姆定律来求解，它的分析和计算可用基尔霍夫定律和欧姆定律。

（1）基尔霍夫电流定律　基尔霍夫电流定律又叫节点电流定律。内容：电路中任意一个节点上，流入节点的电流之和，等于流出节点的电流之和。

例如对于图1-15中的节点 *A*，有 $I_1=I_2+I_3$ 或 $I_1+(-I_2)+(-I_3)=0$。

如果规定流入节点的电流为正，流出节点的电流为负，则基尔霍夫电流定律可写成

$$\sum I = 0$$

即在任一节点上，各支路电流的代数和永远等于零。

对于图1-14中电路的B节点来说，也可得到一个节点电流关系式，不过写出来就会发现，它和A点的节点电流关系式一样。所以电路中若有n个节点，则只能列出n−1个独立的节点电流方程。

注意

> 在分析与计算复杂电路时，往往事先不知道每一支路中电流的实际方向，这时可以任意假定各个支路中电流的方向，作为参考方向，并且标在电路图上。若计算结果中，某一支路中的电流为正值，表明原来假定的电流方向与实际的电流方向一致；若某一支路的电流为负值，表明原来假定的电流方向与实际的电流方向相反。

（2）基尔霍夫电压定律　基尔霍夫电压定律又叫回路电压定律。内容：从一点出发绕回路一周回到该点各段电压（电压降）的代数和等于零。即：$\sum U = 0$。

如图1-16所示的电路，若各支路电流如图所示，回路绕行方向为顺时针方向，则有$U_{ab} + U_{bc} + U_{cd} + U_{de} + U_{ea} = 0$，即：

$$E_1 + I_1R_1 + E_2 - I_2R_2 + I_3R_3 = 0$$

3. 戴维南定理

在分析电路时，通常将电路称为网络。具有两个出线端钮与外部相连的网络被称为二端网络。若二端网络是线性电路（电压和电流成正比的电路称为线性电路）且内部含有电源，则称该网络为线性有源二端网络，如图1-17所示。

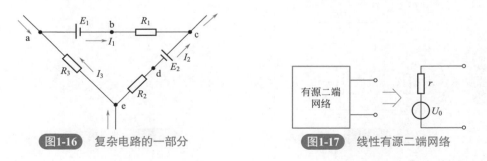

图1-16　复杂电路的一部分　　　　图1-17　线性有源二端网络

一个线性有源二端网络，一般都可以等效为一个理想电压源和一个等效电阻的串联形式。

戴维南定理的内容：电压源电动势的大小等于该二端网络的开路电压，等效电阻的大小等于该二端网络内部电源不作用时的输入电阻。

开路电压即二端网络两端钮间什么都不接时的电压U_0。计算内电阻时要先假定电源不作用，内部电源不作用即内部理想电压源被视作短路，电流源视作开路，此

时网络的等效电阻即为等效电源的内电阻r。

4. 叠加原理

在线性电路中，任一支路中的电流，都可以看成是由该电路中各电源（电压源或电流源）分别单独作用时在此支路中所产生的电流的代数和，这就是叠加原理。

如图1-18所示的电路中，U_{S1}和U_{S2}是两只恒压源，它们共同作用在三个支路中所形成的电流分别为I_1、I_2和I_3。根据叠加原理，图1-18（a）就等于图1-18（b）和图1-18（c）的叠加，即：

$$I_1=I_1'+I_1'' \quad I_2=I_2'+I_2'' \quad I_3=I_3'+I_3''$$

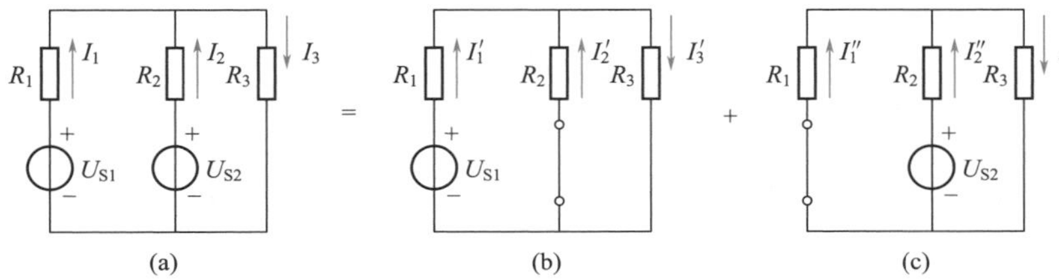

图1-18 叠加原理

用叠加原理来分析复杂直流电路，就是把多个电源的复杂直流电路化为几个单电源电路来分析计算。在分析计算时要注意几个问题：

a. 叠加原理仅适用于由线性电阻和电源组成的线性电路。

b. 电路中只有一个电源单独作用，就是假定其他电源去掉，即理想电压源（又称为恒压源）视作短接，理想电流源（又称为恒流源，为电路提供恒定电流的电源）视作开路。

c. 叠加原理只适用于线性电路中的电压和电流的叠加，而不能用于电路中的功率叠加。

5. 电功与电功率

（1）电功　电流通过负载时，将电能转变为另一种其他不同形式的能量，如电流通过电炉时，电炉会发热，电流通过电灯时，电灯会发光（当然也要发热），这些能量的转换现象都是电流做功的表现。在电场力作用下电荷定向移动形成的电流所做的功，称为电功，也称为电能。

由上文可知，如果a、b两点间的电压为U，则将电量为q的电荷从a点移到b点时电场力所做的功为：$W=U \times q$。

因为
$$I=\frac{q}{t} \quad q=It$$

所以
$$W=UIt=I^2Rt=\frac{U^2}{R}t$$

式中，U为电压，V；I为电流，A；R为电阻，Ω；t为时间，s；W为电功，J。

在实际应用中，电功还有一个常用单位是kW·h（1kW·h=3.6×10⁶J）。

（2）电功率　电功率是描述电流做功快慢的物理量。电流在单位时间内所做的功叫做电功率。如果在时间t内，电流通过导体所做的功为W，那么电功率为：

$$P=\frac{W}{t}$$

式中，P 为电功率，W；W 为电能，J；t 为电流做功所用的时间，s。

在国际单位制中电功率的单位是瓦特，简称瓦，符号是 W。如果在 1s 时间内，电流通过导体所做的功为 1J，电功率就是 1W。电功率的常用单位还有千瓦（kW）和毫瓦（mW），它们之间的关系为：

$$1kW=10^3W \qquad 1W=10^3mW$$

对于纯电阻电路，电功率的公式为：

$$P=UI=I^2R=\frac{U^2}{R}$$

6. 电压源和电流源

在电路中，负载从电源取得电压或电流。一个电源对于负载而言，既可看成是一个电压提供者，也可看成是一个电流提供者，因此一个电源可以用两种不同的等效电路来表示：一种是以电压的形式表示，称为电压源；另一种是以电流的形式表示，称为电流源。

（1）电压源　任何一个实际的电源，例如电池、发动机等，都可以用恒定电动势 E 和内阻 r 串联的电路来表示。如图 1-19 所示的虚框内表示电压源。

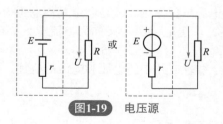

图1-19　电压源

电压源是以输出电压的形式向负载供电的，输出电压的大小为：

$$U=E-Ir$$

当内阻 $r=0$ 时，不管负载变动时输出电流 I 如何变化，电源始终输出恒定电压，即 $U=E$。把内阻 $r=0$ 的电压源叫做理想电压源，符号如图 1-20 所示。应该指出的是，由于电源总是有内阻的，所以理想电压源实际是不存在的。

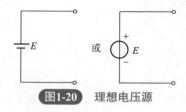

图1-20　理想电压源

（2）电流源　电源除用等效电压源来表示外，还可用等效电流源来表示：

$$I_s = I_0 + I$$

式中　I_s——电源的短路电流，大小为 $\dfrac{E}{r}$，A；

　　　I_0——电源内阻 r 上的电流，大小为 $\dfrac{U}{r}$，A；

　　　I——电源向负载提供的电流，A。

根据上式可画出如图1-21所示电路，电源也可认为是以输送电流的形式向负载供电的。电流源符号如图1-21虚框中所示。

当内阻 $r = \infty$ 时，不管负载的变化引起端电压如何变化，电源始终输出恒定电流，即 $I = I_s$。把内阻 $r = \infty$ 的电流源叫做理想电流源，符号如图1-22所示。

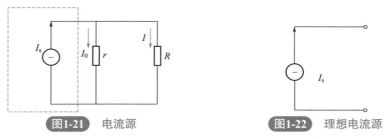

图1-21　电流源　　　　　　　　　　　图1-22　理想电流源

（3）电压源与电流源的等效变换　电压源和电流源对于电源外部的负载电阻而言是等效的，可以相互变换。

电压源与电流源之间的关系由下式决定：

$$I_s = \frac{E}{r} \text{ 或 } E = I_s r$$

电压源可以通过 $I_s = \dfrac{E}{r}$ 转化为等效电流源，内阻 r 数值不变，内电路改为并联；反之，电流源可以通过 $E = I_s r$ 转化为等效电压源，内阻 r 数值不变，内电路改为串联。如图1-23所示。

图1-23　电压源与电流源等效变换

> **提　示**
>
> 　　两种电源的互换只对外电路等效，两种电源内部并不等效；理想电压源与理想电流源不能进行等效互换；作为电源的电压源与电流源，它们的 E 和 I_s 的方向是一致的，即电压源的正极与电流源输出电流的一端相对应。

第二节 磁与电磁感应

一、磁场

（1）磁场和磁感线　我们把物体吸引铁、钴、镍等物质的性质称为磁性。具有磁性的物体称为磁体，磁体分为天然磁体（磁铁矿石）和人造磁体（铁的合金制成）。人造磁体根据需要可以制成各种形状，实验中常用的磁体有条形、蹄形和针形等。

磁体两端磁性最强的区域称为磁极，任何磁体都具有两个磁极。小磁针由于受到地球磁场的作用，在静止时总是一端指向北一端指向南，指北的一端叫北极，用N表示；指南的一端叫南极，用S表示。

两个磁体靠近时会产生相互作用力：同性磁极之间互相排斥，异性磁极之间互相吸引。磁极之间的相互作用力不是在磁极直接接触时才发生，而是通过两磁极之间的空间传递的。传递磁场力的空间称为磁场。磁场是由磁体产生的，有磁体才有磁场。

磁体的周围有磁场，磁体之间的相互作用是通过磁场发生的。把小磁针放在磁场中的某一点，小磁针在磁场力的作用下发生转动，静止时不再指向南北方向。在磁场中的不同点，小磁针静止时指的方向不相同。磁场具有方向性，我们规定，在磁场中的任一点，小磁针北极受力的方向，即小磁针静止时北极所指的方向，就是那一点的磁场方向。

（2）电流周围的磁场

图1-24 安培定则

① 通电直导线周围的磁场　通电直导线周围的磁感线，分布在与导线垂直的平面上且以导线为圆心的同心圆上。磁场方向与电流方向之间的关系可用安培定则来判断（或叫右手螺旋定则），如图1-24所示。

安培定则一：用右手握住导线，让伸直的大拇指所指的方向与电流的方向一致，那么弯曲的四指所指的方向就是磁感线的环绕方向。

② 环形电流的磁场　环形电流磁场的磁感线是一些围绕环形导线的闭合曲线。在环形导线的中心轴线上，磁感线和环形导线的平面垂直。环形电流的方向跟它的磁感线方向之间的关系，也可以用安培定则来判断，如图1-25所示。

安培定则二：让右手弯曲的四指和环形电流的方向一致，那么伸直的大拇指所指的方向就是环形导线中心轴线上磁感线的方向。

③ 通电螺线管的磁场　通电螺线管通电以后产生的磁场与条形磁铁的磁场相似，改变电流方向，它的两极就对调。通电螺线管的电流方向跟它的磁感线方向之间的关系，也可以用安培定则来判断，如图1-26所示。

安培定则三：用右手握住螺线管，让弯曲的四指所指的方向跟电流的方向一致，那么大拇指所指的方向就是螺线管内部磁感线的方向，即大拇指指向通电螺线管的北极。

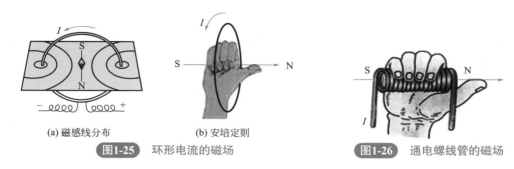

(a) 磁感线分布	(b) 安培定则

图1-25 环形电流的磁场

图1-26 通电螺线管的磁场

二、磁场的基本物理量

（1）磁感应强度 前面介绍了磁体和电流产生的磁场，由磁感线可见，磁场既有大小，又有方向。为了表示磁场的强弱和方向，引入磁感应强度的概念。

如图1-27所示，把一段通电导线垂直地放入磁场中，实验表明：导线长度L一定时，电流I越大，导线受到的磁场力F也越大；电流一定时，导线长度L越长，导线受到的磁场力F也越大。在磁场中确定的点，不论I和L如何变化，比值$F/(IL)$始终保持不变，是一个恒量。在磁场中不同的地方，这个比值可以是不同的。这个比值越大的地方，那里的磁场越强，因此可以用这个比值来表示磁场的强弱。

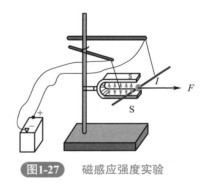

图1-27 磁感应强度实验

在磁场中垂直于磁场方向的通电导线，所受到的磁场力F与电流I、导线长度L的乘积IL的比值叫做通电导线所在处的磁感应强度。磁感应强度用B表示，那么

$$B=\frac{F}{IL}$$

磁感应强度是矢量，大小如上式所示，它的方向就是该点的磁场方向。它的单位由F、I和L的单位决定，在国际单位制中，磁感应强度的单位称为特斯拉（T）。

磁感应强度B可以用高斯计来测量。用磁感线的疏密程度也可以形象地表示磁感应强度的大小，在磁感应强度大的地方磁感线密集，在磁感应强度小的地方磁感线稀疏。

根据通电导体在磁场中受到电磁力的作用，定义了磁感应强度。把磁感应强度的定义式变形，就得到磁场对通电导体的作用力公式：

$$F=BIL$$

由上式可见，导体在磁场中受到的磁场力与磁感应强度、导体中电流的大小以及导体的长度成正比。磁场力的大小由上式来计算，磁场力的方向可以用左手定则来判断，如图1-28所示。

左手定则：伸出左手，使大拇指跟其余四个手指垂直并且在一个平面内，让磁感线垂直进入手心，四指指向电流方向，则大拇指所指的方向就是通电导线在磁场中受力的方向。

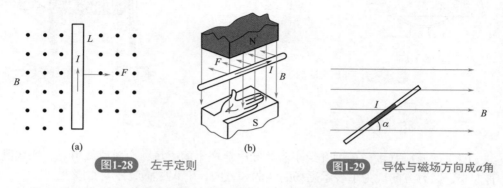

图1-28　左手定则　　　　　　　　　　　　　图1-29　导体与磁场方向成α角

处于磁场中的通电导体，当导体与磁场方向垂直时受到的磁场力最大；当导体与磁场方向平行时受到的磁场力最小为零，即通电导体不受力；当导体与磁场方向成α角时（如图1-29所示），所受到的磁场力为

$$F=BIL\sin\alpha$$

（2）磁通　在匀强磁场中，假设有一个与磁场方向垂直的平面，磁场的磁感应强度为B，平面的面积为S，磁感应强度B与面积S的乘积，称为通过该面积的磁通量（简称磁通），用Φ表示磁通，那么

$$\Phi=BS$$

在国际单位制中，磁通的单位称为韦［伯］（Wb）。

将磁通定义式变为：

$$B=\frac{\Phi}{S}$$

可见，磁感应强度在数值上可以看成与磁场方向相垂直的平面上单位面积所通过的磁通，因此磁感应强度又称为磁通密度，用Wb/m^2作单位。

（3）磁导率　如图1-30所示，在一个空心线圈中通入电流I，在线圈的下部放一些铁钉，观察铁棒吸引铁钉的数量；当通入电流不变，在线圈中插入一铁棒，再观察吸引铁钉的数量，发现明显增多。这一现象说明：同一线圈通过同一电流，磁场中的导磁物质不同（空气和铁），则其产生的磁场强弱不同。

在通电空心线圈中放入铁、钴、镍等，线圈中的磁感应强度将大大增强；若放入铜、铝等，则线圈中的磁感应强度几乎不变。这说明线圈中磁场的强弱与磁场内媒介质的导磁性质有关。磁导率μ是一个用来表示磁场媒介质导磁性能的物理量，也就是衡量物质导磁能力大小的物理量。导磁物质的μ越大，其导磁性能越好，产生的附加磁场越强；μ越小，导磁性能越差，产生的附加磁场越弱。

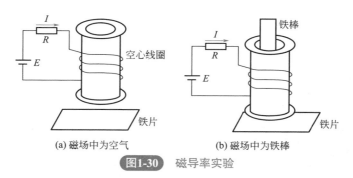

(a) 磁场中为空气　　　　　(b) 磁场中为铁棒

图1-30 磁导率实验

不同的媒介质有不同的磁导率。磁导率的单位为亨/米（H/m）。真空中的磁导率用μ_0表示，μ_0为一常数，即

$$\mu_0=4\pi\times10^{-7}（\mathrm{H/m}）$$

（4）磁场强度　当通电线圈的匝数和电流不变时，线圈中的磁场强弱与线圈中的导磁物质有关。这就使磁场的计算比较复杂，为了使磁场的计算简单，引入了磁场强度这个物理量来表示磁场的性质。磁场中某点的磁感应强度B与同一点的磁导率μ的比值称为该点的磁场强度，磁场强度用H来表示，公式表示为：

$$H=B/\mu 或 B=\mu H$$

磁场强度的单位是安/米（A/m）。磁场强度是矢量，其方向与该点的磁感应强度的方向相同。这样磁场中各点磁场强度的大小只与电流的大小和导体的形状有关，而与媒介质的性质无关。

穿过闭合回路的磁通量发生变化，闭合回路中就有电流产生，这就是电磁感应现象。由电磁感应现象产生的电流称为感应电流。

① 感应电流的方向——右手定则　当闭合电路的一部分导体做切割磁感线的运动时，感应电流的方向用右手定则来判定。伸开右手，使大拇指与其余四指垂直并且在一个平面内，让磁感线垂直进入手心，大拇指指向导体运动的方向，这时四指所指的方向就是感应电流的方向，如图1-31所示。

② 感应电动势的计算　闭合回路中产生感应电流，则回路中必然存在电动势，在电磁感应现象中产生的电动势称为感应电动势。不管外电路是否闭合，只要穿过电路的磁通发生变化，电路中就有感应电动势产生。如果外电路是闭合的就会有感应电流；如果外电路是断开的就没有感应电流，但仍然有感应电动势。下面学习感应电动势的计算方法。

a. 切割磁感线产生感应电动势。如图1-32所示，当处在匀强磁场B中的直导线L以速度v垂直于磁场方向做切割磁感线的运动时，导线中便产生感应电动势，其表达式为：

$$E=BLv$$

式中　E——导体中的感应电动势，V；

B——磁感应强度，T；

L——磁场中导体的有效长度，m；

v——导体运动的速度，m/s。

图1-31　右手定则

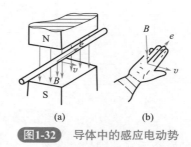

(a)　　　　　(b)

图1-32　导体中的感应电动势

b. 法拉第电磁感应定律。当穿过线圈的磁通量发生变化时，产生的感应电动势用法拉第电磁感应定律来计算。线圈中感应电动势的大小与穿过线圈的磁通的变化率成正比。用公式表示为：

$$E=\Delta\varPhi/\Delta t$$

式中　$\Delta\varPhi$——穿过线圈的磁通的变化量，Wb；

　　　Δt——时间变化量，s；

　　　E——线圈中的感应电动势，V。

如果线圈有*N*匝，每匝线圈内的磁通变化都相同，则产生的感应电动势为：

$$E=N\left(\Delta\varPhi/\Delta t\right)$$

公式变形为：

$$E=N\left(\varPhi_2-\varPhi_1\right)/\Delta t=\left(N\varPhi_2-N\varPhi_1\right)/\Delta t$$

*NΦ*表示磁通与线圈匝数的乘积，叫做磁链，用*Ψ*表示，即

$$\varPsi=N\varPhi$$

第三节　正弦交流电路

常用电源分为直流电源和交流电源两种。蓄电池、干电池、直流发电机以及交流电经整流器转换成直流的设备都是直流电源。直流电源的特点是输出端子标有极性＋、－（正负）符号，也就是说直流电源有方向性，而且直流电源的电压、电流是恒定的，不随时间改变。

交流电即指输出电压、电流的大小和方向每时每刻都在改变的电源。其电压、电流分别称为交流电压、交流电流。

常用交流电按正弦规律变化，在电工理论中叫正弦交流电。应用交流电的电路也叫交流电路。交流电路和直流电路在实际应用和理论分析方面有很大的不同，这是因为交流电路中作为负荷的不只是电阻，还有电容、电感这样的电抗元件，交流

电路发生了很多复杂的电工学现象。

交流电是常用电，这是由交流电的性质决定的：容易产生、容易变换，既便于传输又便于应用。

我国电力标准为频率是50Hz的正弦交流电，在世界范围内频率是60Hz的正弦交流电也被广泛应用，50Hz和60Hz的正弦交流电统称为工频电。在一些特殊领域，如航空、船舶、军事设备上也常用400Hz作为系统工频电。

正弦交流电路的表示方法、纯电阻电路、纯电感电路、纯电容路、RLC电路、单相交流电与三相交流电、三相负载的星形、三角形连接等有关知识可扫二维码学习。

正弦交流电路

第四节 电气图及常用电气符号

一、电气图的基本结构

电气图由电路、技术说明和标题栏三部分组成。电路分为主电路和辅助电路，主电路是电源向负载输送电能的部分，辅助电路是对主电路进行控制、保护、监测、指示等的电路。

（1）电路 电路是电流的通路，是为了某种需要由某些电气设备或电气元件按一定方式组合起来的。把这种电路画在图纸上，就是电路图。

电路的结构形式和所能完成的任务是多种多样的，构成电路的目的一般有两个：一是进行电能的传输、分配与转换；二是进行信息的传递和处理。

电力系统的作用是实现电能的传输、分配和转换，其中包括电源、负载和中间环节。发电机是电源，是供应电能的设备，在发电厂内把其能量转换为电能。电力传输示意图如图1-33所示。

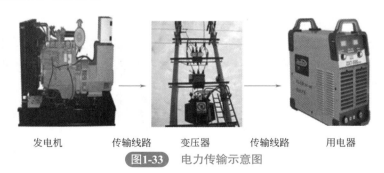

发电机 　　传输线路 　　变压器 　　传输线路 　　用电器

图1-33 电力传输示意图

电灯、电动机、电磁炉等都是负载，是使用电能的设备，它们分别把电能转换为光能、机械能、热能等。变压器和电线是中间环节，起传输和分配电能的作用。

电路是电气图的主要构成部分，由于电气元件的外形和结构有很多种，因此必须使用国标的图形符号和文字符号来表示电气元件的不同种类、规格以及安装方式。此外，根据电气图的不同用途,要绘制成不同形式的图。有的绘制原理图,以便了解电路的工作过程及特点;对于比较复杂的电路,还要绘制安装接线图;必要时,还要绘制分开表示的接线图(俗称展开接线图)、平面布置图等,以供生产部门和用户使用。

(2)技术说明 电气图中的文字说明和元件明细表等称为技术说明,文字说明是为了注明电路的某些要点及安装要求,一般写在电路图的右上方,元件明细表主要用来列出电路中元件的名称、符号、规格和数量等。元件明细表一般以表格形式写在标题栏的上方,其中的序号自下而上编排。

(3)标题栏 标题栏画在电路图的右下角,主要注有工程名称、图名、设计人、制图人、审核人、批准人的签名。标题栏是电气图的重要技术档案,栏目中签名人对图中的技术内容是负有责任的。

二、常用电气符号的应用

电气符号包括图形符号、文字符号、项目代号和回路标号等,它们相互关联、互为补充,以图形和文字的形式从不同角度为电气图提供了各种信息。在绘制电气图时,所有电气设备和电气元件都应使用国家标准符号,当没有国家标准符号时,可采用行业符号。

电气图形符号的构成与使用规则

电气图形符号的构成与使用规则可扫二维码学习。电气图中常用的图形符号见表1-5。

表1-5 电气图中常用的图形符号

图形符号	说明及应用	图形符号	说明及应用
G	发电机	M ---	直流他励电动机
M 3~	三相笼型感应电动机	M ---	直流串励电动机
M 1~	单相笼型感应电动机	M ---	直流并励电动机
M 3~	三相绕线转子感应电动机		双绕组变压器

图形符号	说明及应用	图形符号	说明及应用
	三绕组变压器		具有内装的测量继电器或脱扣器触发的自动释放功能的负荷开关
	自耦变压器		手动操作开关的一般符号
	扼流圈、电抗器		具有动合触点且自动复位的按钮开关
	电流互感器脉冲变压器		具有复合触点且自动复位的按钮开关
	电压互感器		具有动合触点且自动复位的拉拔开关
	断路器		具有动合触点但无自动复位的旋转开关
	隔离开关		位置开关先断后合的复合触点
	负荷开关		动合（常开）触点该符号可作开关一般的符号

图形符号	说明及应用	图形符号	说明及应用
	动断（常闭）触点		延时闭合的动断触点
	先断后合的转换触点		接触器主动合触点
	位置开关的动合触点		接触器主动断触点
	位置开关的动断触点		操作器件的一般符号 继电器、接触器的一般符号 具有几个绕组的操作器件，在符号内画与绕组数相等的斜线
	延时断开的动断触点		热继电器的热元件
	延时断开的动合触点		热继电器的动合触点
	延时闭合的动合触点		热继电器的动断触点

图形符号	说明及应用	图形符号	说明及应用
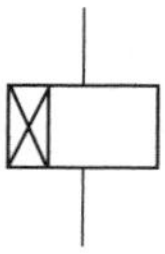	通电延时时间继电器线圈		熔断器式开关
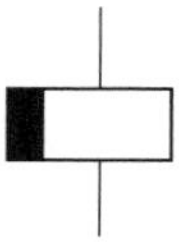	断电延时时间继电器线圈	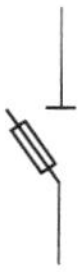	熔断器式隔离开关
	接触敏感开关的动合触点		熔断器式负荷开关
	接近开关的动合触点		灯和信号灯的一般符号
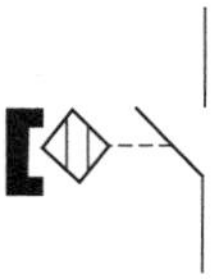	磁铁接近动作的接近开关的动合触点		火花间隙
	熔断器的一般符号		避雷器

1. 文字符号

文字符号是表示电气设备、装置、电气元件的名称、状态和特征的字符代码，在电气图中，一般标注在电气设备、装置、电气元件上或其近旁。电气图中常用的文字符号见表1-6。

表1-6　电气图中常用的文字符号

单字母符号		双字母符号		
符号	种类	举例	符号	类别
D	二进制逻辑单元延迟器件、存储器件	数字集成电路和器件、延迟线、双稳态元件、单稳态元件、磁性存储器、寄存器磁带记录机、盒式记录机		
E	其他元器件	本表其他地方未提及的元件		
		光器件、热器件	EH	发热器件
			EL	照明灯
			EV	空气调节器
F	保护器件	熔断器、避雷器、过电压放电器件	FA	具有瞬时动作的限流保护器件
			FR	具有延时动作的限流保护器件
			FS	具有瞬时和延时动作的限流保护器件
			FU	熔断器
			FV	限压保护器件
G	信号发生器、发电机、电源	旋转发电机、旋转变频机、电池、振荡器、石英晶体振荡器	GS	同步发电机
			GA	异步发电机
			GB	蓄电池
			GF	变频机
H	信号器件	光指示器、声响指示器、指示灯	HA	声光指示器
			HL	光指示器
			HL	指示灯
K	继电器、接触器		KA	电流继电器
			KA	中间继电器
			KL	闭锁接触继电器
			KL	双稳态继电器
			KM	接触器
			KP	压力继电器
			KT	时间继电器
			KH	热继电器
			KR	簧片继电器
L	电感器、电抗器	感应线圈、线路限流器、电抗器（并联和串联）	LC	限流电抗器
			LS	启动电抗器
			LF	滤波电抗器

单字母符号			双字母符号	
符号	种类	举例	符号	类别
M	电动机		MD	直流电动机
			MA	交流电动机
			MS	同步电动机
			MV	伺服电动机
N	模拟集成电路	运算放大器、模拟/数字混合器件		
P	测量设备、试验设备	指示、记录、计算、测量设备，信号发生器、时钟	PA	电流表
			PC	（脉冲）计数据
			PJ	电能表
			PS	记录仪器
			PV	电压表
			PT	时钟、操作时间表
Q	电力电路的开关	断路、隔离开关	QF	断路器
			QM	电动机保护开关
			QS	隔离开关
			QL	负荷开关
R	电阻器	电位器、变阻器、可变电阻器、热敏电阻、测量分流器	RP	电位器
			RS	测量分流器
			RT	热敏电阻
			RV	压敏电阻
S	控制、记忆、信号电路的开关器件	控制开关、按钮、选择开关、限制开关	SA	控制开关
			SB	按钮
			SP	压力传感器
			SQ	位置传感器（包括接近传感器）
			SR	转速传感器
			ST	温度传感器
T	变压器	电压互感器、电流互感器	TA	电流互感器
			TM	电力变压器
			TS	磁稳压器
			TC	控制电路电力变压器
			TV	电压互感器

单字母符号			双字母符号	
符号	种类	举例	符号	类别
V	电真空器件、半导体器件	电子管、气体放电管、晶体管、晶闸管、二极管	VE	电子管
			VT	晶体三极管
			VD	晶体二极管
			VC	控制电路用电源的整流器
X	端子、插头、插座	插头和插座、端子板、连接片、电缆封端和接头测试插孔	XB	连接片
			XJ	测试插孔
			XP	插头
			XS	插座
			XT	端子板
Y	电气操作的机械装置	制动器、离合器、气阀	YA	电磁铁
			YB	电磁制动器
			YC	电磁离合器
			YH	电磁吸盘
			YM	电动阀
			YV	电磁阀

（1）文字符号的用途

a. 为项目代号提供电气设备、装置和电气元件各类字符代码和功能代码。

b. 作为限定符号与一般图形符号组合使用，以派生新的图形符号。

c. 在技术文件或电气设备中表示电气设备及电路的功能、状态和特征。

未列入大类分类的各种电气元件、设备，可以用字母"E"来表示。

双字母符号由表1-7的左边部分所列的一个表示种类的单字母符号与另一个字母组成，其组合形式以单字母符号在前，另一字母在后的次序标出，见表1-7的右边部分。双字母符号可以较详细和更具体地表达电气设备、装置、电气元件的名称。双字母符号中的另一个字母通常选用该类电气设备、装置、电气元件的英文单词的首位字母，或常用的缩略语，或约定习惯用的字母。例如，"G"表示电源类，"GB"表示蓄电池，"B"为蓄电池的英文名称（Battery）的首位字母。

标准给出的双字母符号若仍不够用时，可以自行增补。自行增补的双字母代号，可以按照专业需要编制成相应的标准，在较大范围内使用；也可以用设计说明书的形式在小范围内进行约定，只应用于某个单位、部门或某项设计中。

（2）辅助文字符号　电气设备、装置和电气元件的各类名称用基本文字符号表示，而它们的功能、状态和特征用辅助文字符号表示，通常用表示功能、状态和特征的英文单词的前一或前两位字母构成，也可采用缩略语或约定俗成的习惯用法构成，一般不能超过三位字母。例如，表示"启动"，采用"START"的前两位字母"ST"作为辅助文字符号；而表示"停止（STOP）"的辅助文字符号必须再加一个字母，为"STP"。

辅助文字符号也可放在单字母符号后边组合成双字母符号，此时辅助文字符号一般采用表示功能、状态和特征的英文单词的第一个字母，如"GS"表示同步发电机，"YB"表示制动电磁铁等。

某些辅助文字符号本身具有独立的、确切的意义，也可以单独使用。例如，"N"表示交流电源的中性线，"DC"表示直流电，"AC"表示交流电，"AUT"表示自动，"ON"表示开启，"OFF"表示关闭等。常用的辅助文字符号见表1-7。

表1-7　常用的辅助文字符号

H	高	RD	红	ADD	附加
L	低	GN	绿	ASY	异步
U	升	YE	黄	SYN	同步
D	降	WH	白	A（AUT）	自动
M	主	BL	蓝	M（MAN）	手动
AUX	辅	BK	黑	ST	启动
N	中	DC	直流	STP	停止
FW	正	AC	交流	C	控制
R	反	V	电压	S	停号
ON	开启	A	电流	IN	输入
OFF	关闭	T	时间	OUT	输出

（3）数字代码　数字代码的使用方法主要有两种：

a. 数字代码单独使用。数字代码单独使用时，表示各种电气元件、装置的种类或功能，须按序编号，还要在技术说明中对代码意义加以说明。例如，电气设备中有继电器、电阻器、电容器等，可用数字来代表电气元件的种类，如"1"代表继电器，"2"代表电阻器，"3"代表电容器。再如，开关有"开"和"关"两种功能，可以用"1"表示"开"，用"2"表示"关"。

电路图中电气图形符号的连线处经常有数字，这些数字称为线号。线号是区别电路接线的重要标志。

b. 数字代码与字母符号组合使用。将数字代码与字母符号组合起来使用，可说明同一类电气设备、电气元件的不同编号。数字代码可放在电气设备、装置或电气元件的前面或后面，若放在前面应与文字符号大小相同，放在后面一般应作为下标，例如，3个相同的继电器可以表示为"1KA、2KA、3KA"或"KA_1、KA_2、KA_3"。

（4）文字符号的使用

a. 一般情况下，编制电气图及编制电气技术文件时，应优先选用基本文字符号、辅助文字符号以及它们的组合。而在基本文字符号中，应优先选用单字母符号，只有当单字母符号不能满足要求时方可采用双字母符号。基本文字符号不能超过两位字母，辅助文字符号不能超过3位字母。

b. 辅助文字符号可单独使用，也可将首位字母放在表示项目种类的单字母符号后面组成双字母符号。

c. 当基本文字符号和辅助文字符号不够用时，可按有关电气名词术语国家标准或专业标准中规定的英文术语缩写进行补充。

d. 由于字母"I""O"易与数字"1""0"混淆，因此不允许用这两个字母作为字符号。

e. 文字符号可作为限定符号与其他图形符号组合使用，以派生出新的图形符号。

f. 文字符号一般标在电气设备、装置或电气元件的图形符号上或其近旁。

g. 文字符号不适于电气产品型号编制与命名。

2. 项目代号

在电气图上，通常将一个图形符号表示的基本件、部件、组件、功能单元、设备、系统等称为项目。项目有大有小，可能相差很多，大至电力系统、成套配电装置，以及发电机、变压器等，小至电阻器、端子、连接片等，都可以称为项目，因此项目具有广泛的概念。

项目代号是用以识别图、表图、表格中和设备上的项目种类，并提供项目的层次关系、实际位置等信息的一种特定的代码，是电气技术领域中极为重要的代号。由于项目代号是以一个系统、成套装置或设备的依次分解为基础来编定的，它建立了图形符号与实物间一一对应的关系，因此可以用来识别、查找各种图形符号所表示的电气元件、装置和设备及它们的隶属关系、安装位置。

（1）项目代号的组成　项目代号由高层代号、位置代号、种类代号、端子代号根据不同场合的需要组合而成，它们分别用不同的前缀符号来识别。前缀符号后面跟字符代码，字符代码可由字母、数字或字母加数字构成，其意义没有统一的规定（种类代号的字符代码除外），通常可以在设计文件中找到说明，大写字母和小写字母具有相同的意义（端子标记例外），但优先采用大写字母。一个完整的项目代号包括4个代号段，其名称及前缀符号见表1-8。

表1-8　项目代号段及前缀符号

分　段	名　称	前缀符号	分　段	名　称	前缀符号
第一段	高层代号	=	第三段	种类代号	—
第二段	位置代号	+	第四段	端子代号	:

① 高层代号　系统或设备中任何较高层次（对给予代号的项目而言）的项目代号，称为高层代号。由于各类子系统或成套配电装置、设备的划分方法不同，某些部分对其所属下一级项目就是高层。例如，电力系统对其所属的变电所，电力系统的代号就是高层代号，但对该变电所中的某一开关（如高压断路器）的项目代号，

该变电所代号就为高层代号。因此，高层代号具有项目总代号的含义，但其命名是相对的。

② 位置代号 项目在组件、设备、系统或建筑物中实际位置的代号，称为位置代号。位置代号通常由自行规定的拉丁字母及数字组成，在使用位置代号时，应画出表示该项目位置的示意图。

③ 种类代号 种类代号是用于识别所指项目属于什么种类的一种代号，是项目代号中的核心部分。

④ 端子代号 端子代号是指项目（如成套柜、屏）内、外电路进行电气连接的接线端子的代号。电气图中端子代号的字母必须大写。

电气接线端子与特定导线（包括绝缘导线）相连接时，规定有专门的标记方法。例如，三相交流电机的接线端子若与相位有关系时，字母代号必须是"U""V""W"，并且与交流三相导线"L_1""L_2""L_3"一一对应。电气接线端子的标记见表1-9，特定导线的标记见表1-10。

表1-9　电气接线端子的标记

电气接线端子的名称		标记符号	电气接线端子的名称	标记符号
交流系统	1相	U	接地	E
	2相	V	无噪声接地	TE
	3相	W	机壳或机架	MM
	中性线	N	等电位	CC
保护接地		PE		

表1-10　特定导线的标记

电气接线端子的名称		标记符号	电气接线端子的名称	标记符号
交流系统	1相	L_1	保护接线	PE
	2相	L_2	不接地的保护导线	PU
	3相	L_3	保护接地线和中性线共用一线	PEN
	中性线	N	接地线	E
直流系统的电源	正	L_+	无噪声接地线	TE
	负	L_-	机壳或机架	MM
	中性线	L_M	等电位	CC

（2）项目代号的应用 一个项目代号可以由一个代号段组成，也可以由几个代号段组成。通常，种类代号可以单独表示一个项目，而其余大多应与种类代号组合起来，才能较完整地表示一个项目。

为了根据电气图能够方便地对电路进行安装、检修、分析或查找故障，在电气图上要标注项目代号。但根据使用场合及详略要求的不同，一张电气图上的项目不一定都有4个代号段。如有的不需要知道设备的实际安装位置时，可以省掉位置代号；当图中所有高层项目相同时，可省掉高层代号而只需要另外加以说明即可。

在集中表示法和半集中表示法的图中，项目代号只在图形符号旁标注一次，并用机械连接线连接起来。在分开表示法的图中，项目代号应在项目每一部分旁都标注出来。

在不致引起误解的前提下，代号段的前缀符号也可省略。

3. 回路标号

电路图中用来表示各回路种类、特征的文字和数字统称回路标号，也称回路线号，其用途为便于接线和查线。

（1）回路标号的一般原则

a. 回路标号按照"等电位"原则进行标注，即电路中连接在同一点上的所有导线具有同一电位而应标注相同的回路标号。

b. 由电气设备的线圈、绕组、电阻、电容、各类开关、触点等电气元件分隔开的线段，应视为不同的线段，标注不同的回路标号。

c. 在一般情况下，回路标号由3位或3位以下的数字组成。

（2）直流回路标号　在直流一次回路中，用个位数字的奇、偶数来区别回路的极性，用十位数字的顺序来区分回路中的不同线段，如正极回路用11、21、31…顺序标号。用百位数字来区分不同供电电源的回路，如电源A的正、负极回路分别标注101、111、121、131…；电源B的正、负极回路分别标注201、211、221、231…和202、212、222、232…。

在直流二次回路中，正极回路的线段按奇数顺序标号，如1、3、5…；负极回路用偶数顺序标号，如2、4、6…。

（3）交流回路标号　在交流一次回路中，用个位数字的顺序来区别回路的相别，用十位数字的顺序来区分回路中的线段。第一相按11、21、31…顺序标号，第二相按12、22、32…顺序标号，第三相按13、23、33…顺序标号。对于不同供电电源的回路，也可用百位数字来进行区分。

交流二次回路的标号原则与直流二次回路的标号原则相似。回路的主要降压元件两侧的不同线段分别按奇数、偶数的顺序标号，如一侧按1、3、5…标号，另一侧按2、4、6…标号。

当要表明电路中的相别或某些主要特征时，可在数字标号的前面或后面增注文字符号，文字符号用大写字母表示，并与数字标号并列。在机床电气控制电路图中，回路标号实际上是导线的线号。

（4）电力拖动、自动控制电路的标号

① 主（一次）回路的标号　主回路的标号由文字标号和数字标号两部分组成。文字标号用来表示主回路中电气元件和线路的种类和特征，如三相交流电动机绕组用U、V、W表示；三相交流电源端用L_1、L_2、L_3表示；直流电路电源正、负极导线和中间线分别用L_+、L_-、L_M标记；保护接地线用PE标记。数字标号由3位数字构成，用来区分同一文字标号回路中的不同线段，并遵循回路标号的一般原则。

主回路的标号方法如图1-34所示，三相交流电源端用L_1、L_2、L_3表示，"1""2""3"分别表示三相电源的相别；由于电源开关QS_1两端属于不同线段，因此，经电源开关QS₁后，标号为L₁₁、L₁₂、L₁₃。

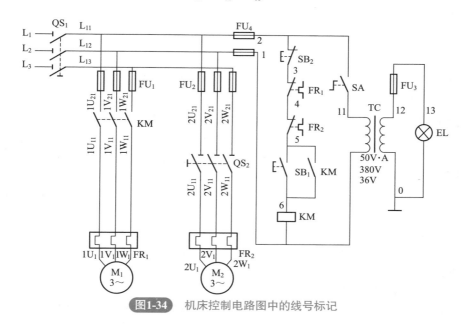

图1-34 机床控制电路图中的线号标记

带9个接线端子的三相用电器（如电动机），首端分别用U₁、V₁、W₁标记；尾端分别用U₂、V₂、W₂标记；中间抽头分别用U₃、V₃、W₃标记。

对于同类型的三相用电器，在其首端、尾端标记字母U、V、W前冠以数字来区别，即用1U₁、1V₁、1W₁与2U₁、2V₁、2W₁来标记两个同类型的三相用电器的首端，用1U₂、1V₂、1W₂与2U₂、2V₂、2W₂来标记两个同类型的三相用电器的尾端。

电动机动力电路的标号应从电动机绕组开始，自下而上标号。以电动机M₁的回路为例，电动机定子绕组的标号为1U₁、1V₁、1W₁，热继电器FR₁的上接线端为另一组导线，标号为1U₁₁、1V₁₁、1W₁₁；经接触器KM主触点的静触点，标号变为1U₂₁、1V₂₁、1W₂₁；再与熔断器FU₁和电源开关的动触点相接，并分别与L₁₁、L₁₂、L₁₃同电位，因此不再标号。电动机M₂的主回路的标号可依此类推。由于电动机M₁、M₂的主回路共用一个电源，因此省去了其中的百位数字。若主电路为直流回路，则按数字的个位数的奇偶性来区分回路的极性，正电源使用奇数，负电源则用偶数。

② 辅助（二次）回路的标号　以压降元件为分界，其两侧的不同线段分别按其个位数的奇偶数来依次标号，压降元件包括继电器线圈、接触器线圈、电阻、照明灯和电铃等。有时回路较多，标号可连续递增两位奇偶数，如："11、13、15…""12、14、16…"等。

在垂直绘制的回路中，标号采用自上至中、自下至中的方式标号，这里的"中"指压降元件所在位置，标号一般标在连接线的右侧。在水平绘制的回路中，标号采用自左至中、自右至中的方式标号，这里的"中"同样指压降元件所在位置，标号一般标在连接线的上方。如图1-34所示的垂直绘制的辅助电路中，KM为压降元件，它上、下两侧的标号即分别为奇数、偶数。

三、电气图的分类

电气图是电气工程中各部门进行沟通、交流信息的载体，由于电气图所表达的对象不同，提供信息的类型及表达方式也不同，这样就使电气图具有多样性。同一套电气设备，可以有不同类型的电气图，以适应不同使用对象的要求。例如，表示系统的规模、整体方案、组成情况、主要特性，用概略图；表示系统的工作原理、工作流程和分析电路特性，需用电路图；表示元件之间的关系、连接方式和特点，需用接线图；在数字电路中，由于各种数字集成电路的应用，使电路能实现逻辑功能，因此就有反映集成电路逻辑功能的逻辑图。下面介绍在电工实践中最常用的概略图、电路图、位置图、接线图和逻辑图。

1. 概略图

概略图（也称系统图或框图）是用电气符号或带注释的方框，概略表示系统或分系统的基本组成、相互关系及其主要特征的一种简图，它通常是某一系统、某一装置或某一成套设计图中的第一张图样。

概略图可分不同层次绘制，可参照绘图对象的逐级分解来划分层次。较高层次的概略图，可反映对象的概况；较低层次的概略图，可将对象表达得较为详细。

概略图可作为教学、训练、操作和维修的基础文件，使人们对系统、装置、设备等有一个概略的了解，为进一步编制详细的技术文件以及绘制电路图、接线图和逻辑图等提供依据，也为进行有关计算、选择导线和电气设备等提供重要依据。

电气系统图和框图原则上没有区别。在实际使用时，电气系统图通常用于系统或成套装置，框图则用于分系统或设备。

概略图采用功能布局法，能清楚地表达过程和信息的流向，为便于识图，控制信号流向与过程流向应互相垂直。

概略图的基本形式有3种：

① 用一般符号表示的概略图　这种概略图通常采用单纯表示法绘制。如图1-35（a）为供电系统的概略图；如图1-35（b）为住宅楼照明配电系统的概略图。

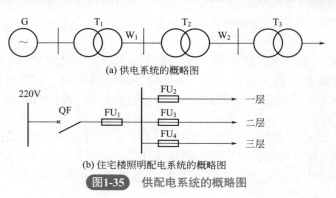

(a) 供电系统的概略图

(b) 住宅楼照明配电系统的概略图

图1-35 供配电系统的概略图

② 框图　主要采用方框符号的概略图称为框图。通常用框来表示系统或分系统的组成。如图1-36所示为无线广播系统框图。

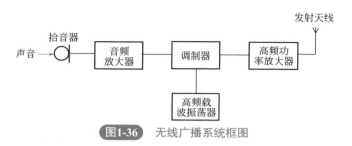

图1-36　无线广播系统框图

③ 非电过程控制系统的概略图　在某些情况下，非电过程控制系统的概略图能更清楚地表示系统的构成和特征。如图1-37所示为水泵的电动机供电和给水系统概略图，它表示电动机供电、水泵供水和控制三部分间的关系。

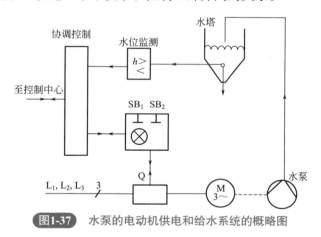

图1-37　水泵的电动机供电和给水系统的概略图

2. 电路图

（1）电路图的基本特征和用途　电路图是以电路的工作原理及阅读和分析电路方便为原则，用国家统一规定的电气图形符号和文字符号，按工作顺序从上而下或从左而右排列，详细表示电路、设备或成套装置的工作原理、基本组成和连接关系的简图。电路图表示电流从电源到负载的传送情况和电气元件的工作原理，而不表示电气元件的结构尺寸、安装位置和实际配线方法。

电路图可用于详细了解电路工作原理，分析和计算电路的特性及参数，为测试和寻找故障提供信息，为编制接线图提供依据，为安装和维修提供依据。

（2）电路图的绘制原则

① 设备和元件的表示方法　在电路图中，设备和元件采用符号表示，并应以适当形式标注其代号、名称、型号、规格、数量等。

② 设备和元件的工作状态　设备和元件的可动部分通常应表示为在非激励或不工作的状态或位置。

③ 符号的布置　对于驱动部分和被驱动部分之间采用机械连接的设备和元件（例如，接触器的线圈、主触点、辅助触点），以及同一个设备的多个元件（例如，转换开关的各对触点），可在图上采用集中、半集中或分开的方式布置。

（3）电路图的基本形式

① 集中表示法　把电气设备或成套装置中一个项目各组成部分的图形符号在简图上绘制在一起的方法，称为集中表示法。这种表示方法适用于简单的图，如图1-38（a）所示是继电器KA的线圈和触点的集中表示。

② 半集中表示法　为了使设备或装置的布局清晰、易于识别，把同一项目中某些部分图形符号在简图上集中表示，另一部分分开布置，并用机械连接符号（虚线）表示它们之间关系的方法，称为半集中表示法。其中，机械连接线可以弯折、分支或交叉，如图1-38（b）所示。

③ 分开表示法　把同一项目中的不同部分的图形符号在简图上按不同功能和不同回路分开表示的方法，称为分开表示法。不同部分的图形符号用同一项目代号表示，如图1-38（c）所示。分开表示法可以避免或减少图线交叉，因此图面清晰，而且便于分析回路功能及标注回路标号。

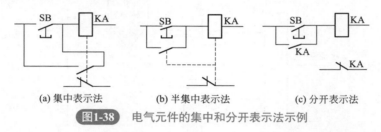

(a) 集中表示法　　　(b) 半集中表示法　　　(c) 分开表示法

图1-38　电气元件的集中和分开表示法示例

由于采用分开表示法的电气图省去了项目各组成部分的机械连接线，查找某个元件的相关部分比较困难，为识别元件各组成部分或寻找它在图中的位置，除重复标注项目代号外，常采用引入插图或表格等方法表示电气元件各部分的位置。

（4）电路图的分类　按照电路图所描述对象和表示的工作原理，电路图可分为：

① 电力系统电路图　电力系统电路图分为发电厂输变电电路图、厂矿变配电电路图、动力及照明配电电路图，其中，每种又分主电路图和副电路图。主电路图也称主接线图或一次电路图，电力系统电路图中的主电路图（主接线图）实际上就是电力系统的系统图。

主电路图是把电气设备或电气元件，如隔离开关、断路器、互感器、避雷器、电力电容器、变压器、母线等（称为一次设备），按一定顺序连接起来，汇集和分配电能的电路图。

副电路图也称二次接线图或二次电路图，以下称其为二次电路图。为了保证一次设备安全可靠地运行及操作方便，必须对其进行控制、提示、检测和保护，这就需要许多附属设备，通常把这些设备称为二次设备，将二次设备的图形符号按一定顺序绘制成的电气图称为二次电路图。

② 机械设备电气控制电路图　对电动机及其他用电设备的供电和运行方式进行控制的电气图，称为机械设备电气控制电路图。机械设备电气控制电路图一般分主电路和辅助电路两部分。

③ 电子控制电路图　反映由电子电气元件组成的设备或装置工作原理的电路图，称为电子控制电路图。

3. 位置图

位置图（布置图）是指用正投法绘制的，表示成套装置和设备中各个项目的布局、安装位置的图。位置简图一般用图形符号绘制。

4. 接线图或接线表

表示成套装置、设备、电气元件的连接关系，用以进行安装接线、检查、试验与维修的一种简图或表格，称为接线图或接线表。接线图（表）可分为单元接线图（表）、互联接线图（表）、端子接线图（表）以及电缆配置图（表）。

5. 逻辑图

逻辑图是用二进制逻辑单元图形符号绘制的，以实现一定逻辑功能的一种简图，可分为理论逻辑图（纯逻辑图）和工程逻辑图（详细逻辑图）两类。理论逻辑图只表示功能而不涉及实现方法，因此是一种功能图；工程逻辑图不仅表示功能，而且有具体的实现方法。

电气图的特点和电气制图的一般规则可扫二维码学习。

电气图的
绘制原则

第五节　识读电气图的基本要求和步骤

一、识读电气图

在初步掌握电气图的基本知识，熟悉电气图中常用的图形符号、文字符号、项目代号和回路标号，以及电气图的基本构成、分类、主要特点的基础上，本节讲述识读电气图的基本要求和基本步骤，以提高识图的水平，加快分析电路的速度。

1. 识图的基本要求

（1）从简单到复杂，循序渐进地识图　初学识图要本着从易到难、从简单到复杂的原则识图。一般来讲，照明电路比电气控制电路简单，单项控制电路比系列控制电路简单。复杂的电路都是简单电路的组合，从识读简单的电路图开始，弄清每一电气符号的含义，明确每一电气元件的作用，理解电路的工作原理，为识读复杂电气图打下基础。

（2）应具有电工学、电子技术的基础知识　在实际生产的各个领域中，所有电路如输变配电、电力拖动、照明、电子电路、仪器仪表和家电产品等，都是建立在电工、电子技术理论基础之上的。要想准确、迅速地读懂电气图，必须具备一定的电工、电子技术基础知识，这样才能运用这些知识来分析电路、理解图纸所包含的内容。如三相笼型感应电动机的正转和反转控制，就是利用电动机的旋转方向是由三相电源的相序来决定的原理，用倒顺开关或两个接触器进行切换，改变输入电动机的电源相序，进而改变电动机的旋转方向。Y-△启动则是应用电源电压的变动引起电动机启动电流及转矩变化的原理。

（3）要熟记会用电气图形符号和文字符号　电气图形符号和文字符号很多，可从个人专业出发先熟读背会各专业公用的和本专业的图形符号，然后逐步扩大，掌握更多的符号，这样才能识读更多的电气图。

（4）熟悉各类电气图的典型电路　典型电路一般是常见、常用的基本电路，如供配电系统中电气主电路图中最常见、常用的是单母线接线电路，由此典型电路可导出单母线不分段、单母线分段接线电路，而由单母线分段再区别是隔离开关分段与断路器分段。再如，电力拖动中的启动、制动、正/反转控制电路，联锁电路，行程限位控制电路。

不管多么复杂的电路，总是由典型电路派生而来的，或者是由若干典型电路组合而成的，因此，熟练掌握各种典型电路，在识图时有利于对复杂电路的理解，能较快地分清主次环节及其与其他部分的相互联系，从而读懂较复杂的电气图。

（5）掌握各类电气图的绘制特点　各类电气图都有各自的绘制方法和绘制特点。掌握了电气图的主要特点及绘制电气图的一般规则，如电气图的布局、图形符号及文字符号的含义、图线的粗细、主副电路的位置、电气触点的画法、电气图与其他专业技术图的关系等，可以提高识图效率，进而自己也能设计制图。大型的电气图纸往往不只一张，也不只是一种图，因而识图时应将各种有关的图纸联系起来对照阅读。如通过概略图、电路图找联系，通过接线图、布置图找位置，交错识读会收到事半功倍的效果。

（6）把电气图与土建图、管路图等对应起来识图　电气施工往往与主体工程（土建工程）及其他工程、工艺管道、蒸汽管道、给排水管道、采暖通风管道、通信线路、机械设备等项安装工程配合进行。电气设备的布置与土建平面布置、立面布置有关；线路走向与建筑结构的梁、柱、门窗、楼板的位置和走向有关，还与管道的规格、用途、走向有关；安装方法又与墙体结构、楼板材料有关；特别是一些暗敷线路、电气设备基础及各种电气预埋件更与土建工程密切相关。因此，识读某些电气图还要与有关的土建图、管路图及安装图对应起来看。

（7）了解涉及电气图的有关标准和规程　识图的主要目的是用来指导施工、安装，指导运行、维修和管理。有一些技术要求不可能都一一在图样上反映出来、标注清楚，因为这些技术要求在有关的国家标准或技术规程、技术规范中已作了明确规定，所以在识读电气图时，还必须了解这些相关标准、规程、规范，这样才能真正读懂图。

2.识图的基本步骤

（1）详识图纸说明　拿到图纸后，首先要仔细阅读图纸的主标题栏和有关说明，如图纸目录、技术说明、电气元件明细表、施工说明书等，结合已有的电工、电子技术知识，对该电气图的类型、性质、作用有一个明确的认识，从整体上理解图纸的概况和所要表述的重点。

（2）识读概略图和框图　概略图和框图只是概略表示系统或分系统的基本组成、相互关系及其主要特征，详细识读电路图，才能搞清它的工作原理。概略图和框图多采用单线图，只有某些380/220V低压配电系统概略图才部分地采用多线图表示。

（3）识读电路图是识图的重点和难点　电路图是电气图的核心，也是内容最丰富、最难读懂的电气图纸。

识读电路图首先要识读有哪些图形符号和文字符号，了解电路图各组成的作用，分清主电路和辅助电路、交流回路和直流回路；其次，按照先识读主电路，再识读辅助电路的顺序进行识图。

二、电气图纸转换为接线图的方法

一个复杂的电气控制线路要想转换成实际接线，对于初学者来说有些困难，但只要掌握了方法和技巧，就可以轻松学会原理图到接线图的转换。

对于电路图转换为接线图，一般要经过以下步骤。

下面以电动机正反转控制电路为例，介绍将电动机控制电路原理图转换为实际接线图的方法技巧。

1. 根据电气原理图绘制接线平面图

当拿到一张电气原理图，准备接线前应对电气控制箱内电气部件进行布局，绘制出电气控制柜或配电箱电气平面图，如图1-39所示。

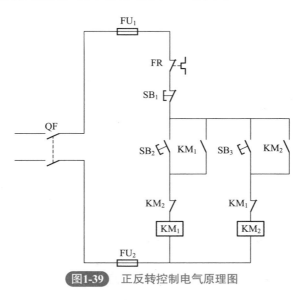

图1-39　正反转控制电气原理图

根据图 1-40 绘制出元件的接线平面图，并画出原理图电气部件的符号，绘制过程中可以按照器件的结构一次绘制，也可以按照原理图进行绘制，如图 1-41 所示就形成了电气原理平面布局图（绘制时元器件可用方框带接点表示）。

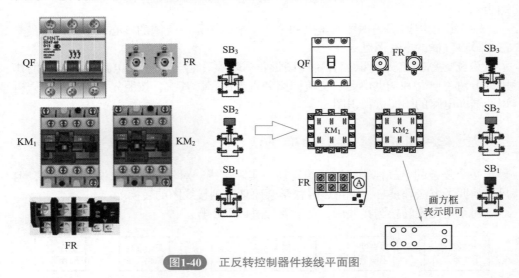

图1-40 正反转控制器件接线平面图

布局原理图中的器件符号应根据原理图进行标注，不能标错。引线位置应以实物标注上下或左右，尽可能与实际电路中元件保持一致。熟练后，可以不绘制如图 1-40 所示的平面图，直接将原理图绘制成如图 1-41 所示的平面图。

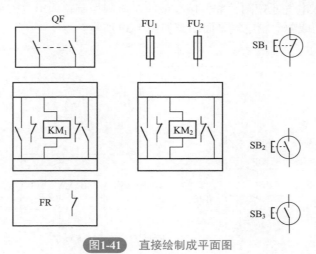

图1-41 直接绘制成平面图

2. 在电气原理图与电气原理平面图上进行标号

首先对原理图上的接线点进行编号，每个编号必须是唯一的，每个元件两端各有一个编号，不能重复。在编号时，可以从上到下，每编完一列再由上到下编下一列，这样可保证不会有漏编的元件，如图 1-42 所示。

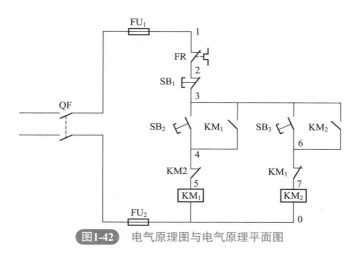

图1-42 电气原理图与电气原理平面图

3. 在布局平面原理图上编号

根据原理图上的编号，对布局平面原理图进行编号，如图1-43所示就是将图1-42的编号填入平面图中，注意不能填写错误。如KM_1的常开触点是3、4号，KM_1/KM_2两个线圈的一端都是0号等。填写号时要注意区分常开常闭触点不能编错，填号时可不分上下左右，填对即可。

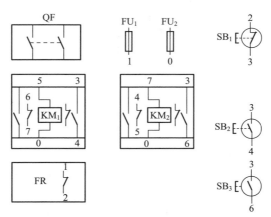

图1-43 原理图1-42的编号填入平面图

4. 整理编号号码

对于复杂的电路，要对号码进行校对整理，一是防止错误，二是将元器件接线尽可能集中布线（使同号码元件尽可能同侧，或尽可能相邻）。布置规则一是元件两端号码可以对调（如图中KM_1的6、7对调），注意电路不能变；二是同一个器件上功能相同的元件（接点），左右两边可以互换正对（如KM_2中的3、6与4、5互换），电路不能变。

5. 接线

平面图上的编号整理好后，在实际的电气柜（配电箱）将元件摆放好并固定，就可以根据编号进行接线了（也就是将对应的编号用导线连起来）。需要注意的是，复杂的电路最好用不同的颜色线进行接线，如主电路用粗红绿蓝（红黄蓝）线，零线用黑色线，其他路用细不同颜色的线等，一是防止接错，二是后续维修查线方便。

 知识拓展：布线接线及配电盘组装注意事项

电路布线、接线及配电盘组装时，要充分考虑电路原理图和设计需要，同时也要因地制宜合理设计接线。可扫二维码观看彩色接线图解和视频操作。

布线、接线、
配电盘组装
注意事项

配电箱实物
布线

三、电工常用电路计算

电工常用电路基本计算及实例可扫二维码学习。

电路常用计算

第二章

电子元器件及电子电路识图

各类型电子元器件识别、检测、维修、代换应用可扫相应二维码学习。

第一节　电阻器及应用电路

　一、电阻器

　二、固定电阻器应用电路

第二节　电位器及应用电路

　一、电位器

　二、电位器应用电路

第三节　特殊电阻及应用电路

　一、压敏电阻器

　二、光敏电阻器

　三、湿敏电阻器

　四、正温度系数热敏电阻器

　五、负温度系数热敏电阻器

　六、保险电阻器

　七、排阻

第四节　电容器及应用电路

　一、电容器

　二、电容器的代换

　三、电容器应用电路

第五节　电感器及应用电路

　一、电感器

　二、电感器的选配和代换

　三、电感线圈应用电路

第六节　二极管及应用电路

　一、二极管的分类、结构与特性参数

　二、二极管的检修与代换

　三、普通二极管应用电路

　四、整流管组件

　五、稳压二极管

　六、发光二极管

　七、瞬态电压抑制（过压防雷保护）二极
　　管（TVS）

第一节　电阻
器及应用电路　　第二节　电位
器及应用电路　　第三节　特殊
电阻及应用电路　　第四节　电容
器及应用电路　　第五节　电感
器及应用电路　　第六节　二极
管及应用电路

第七节 三极管及应用电路

一、三极管的结构与命名

二、三极管的封装与识别

三、三极管的工作电路

四、普通三极管的修理、代换与应用电路

五、达林顿管

第八节 场效应晶体管及应用电路

一、场效应管的特点及图形符号

二、场效应管的选配、代换及应用电路

第九节 IGBT 绝缘栅双极型晶体管及 IGBT 功率模块

一、IGBT 绝缘栅双极型晶体管

二、IGBT 模块检测与应用电路

第十节 晶闸管及应用电路

一、晶闸管

二、晶闸管应用电路

第十一节 光电器件的检测与维修

一、光电耦合器

二、光电耦合器的使用与检测

第十二节 集成电路与稳压器件及电路

一、集成电路的封装及引脚排列

二、三端稳压器件

第七节 三极管及应用电路　　第八节 场效应晶体管及应用电路　　第九节 IGBT 绝缘栅双极型晶体管及 IGBT 功率模块　　第十节 晶闸管及应用电路　　第十一节 光电器件的检测与维修　　第十二节 集成电路与稳压器件及电路

第三章

电力控制器件的识别、检测、应用电路与接线

第一节　各类开关器件的控制检测与应用

一、刀开头

（1）刀开关的用途　刀开关是一种使用较多、结构简单的手动控制的低压电器，是低压电力拖动系统和电气控制系统中常用的电气元件之一，普遍用于电源隔离，也可用于直接控制接通和断开小规模的负载，如小电流供电电路、小容量电动机的启动和停止。刀开关和熔断器组合使用是电力拖动控制线路中最常见的一种结合。刀开关由操作手柄、动触点、静触点、进线端、出线端、绝缘底板和胶盖组成。

刀开关常见外形如图 3-1 所示。

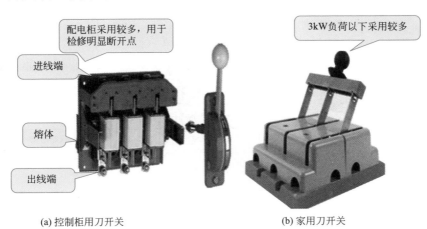

(a) 控制柜用刀开关　　　　　　　(b) 家用刀开关

图3-1　刀开关实物

（2）刀开关的选用原则　在低压电气控制电路中选用刀开关时，通常只考虑刀开关的主要参数，如额定电流、额定电压。

① 额定电流　在电路中刀开关能够正常工作而不损坏时所通过的最大电流。选用刀开关的额定电流不应小于负载的额定电流。

因负载不同，选用额定电流的大小也不同。用作隔离开关或控制照明、加热等电阻性负载时，额定电流要等于或略大于负载的额定电流。用作直接启动和停止电动机时，瓷底胶盖闸刀开关只能控制容量 5.5kW 以下的电动机，额定电流应大于电动机的额定电流；铁壳开关的额定电流应小于电动机额定电流的 2 倍；组合开关的额定电流应不小于电动机额定电流的 2 ～ 3 倍。

② 额定电压　在电路中刀开关能够正常工作而不损坏时所承受的最高电压。选用刀开关的额定电压应高于电路中实际工作电压。

（3）刀开关的检测　刀开关触点处应无烧损现象，用手扳动弹片应有一定弹力，刀与接口应良好，否则应更换刀开关。

（4）刀开关的常见故障及处理措施　如表3-1所示。

表3-1　刀开关的常见故障及处理措施

种类	故障现象	故障分析	处理措施
开启式负荷开关	合闸后，开关一相或两相开路	静触点弹性消失，开口过大，造成动、静触点接触不良	整理或更换静触点
		熔丝熔断或虚连	更换熔丝或紧固
		动、静触点氧化或有尘污	清洗触点
		开关进线或出线线头接触不良	重新连接
	合闸后，熔丝熔断	外接负载短路	排除负载短路故障
		熔体规格偏小	按要求更换熔体
	触点烧坏	开关常量太小	更换开关
		拉、合闸动作过慢，造成电弧过大，烧毁触点	修整或更换触点，并改善操作方法
封装式负荷开关	操作手柄带电	外壳未接地或接地线松脱	检查后，加固接地导线
		电源进出线绝缘损坏碰壳	更换导线或恢复绝缘
	夹座（静触点）过热或烧坏	夹座表面烧毛	用细锉修整夹座
		闸刀与夹座压力不足	调整夹座压力
		负载过大	减轻负载或更换大容量开关

刀开关使用注意事项：

a. 以使用方便和操作安全为原则：封闭式负荷开关安装时必须垂直于地面，距地面的高度应在 1.3 ～ 1.5m 之间，开关外壳的接地螺钉必须可靠接地。

b. 接线规则：电源进线接在静夹座一边的接线端子上，负载引线接在熔断器一边的接线端子上，且进出线必须穿过开关的进出线孔。

c. 分合闸操作规则：应站在开关的手柄侧，不准面对开关，避免因意外故障电流使开关爆炸，造成人身伤害。

d. 大容量的电动机或额定电流 100A 以上负载不能使用封闭式负荷开关控制，避免产生飞弧灼伤手。

（5）刀开关的应用　刀开关直接串入电源以控制电源的通断，如图3-2所示为用双刀开关控制单相电机运转的电路。当闭合刀开关时，市电通过刀开关送入电动机，电动机就可以正常地旋转。

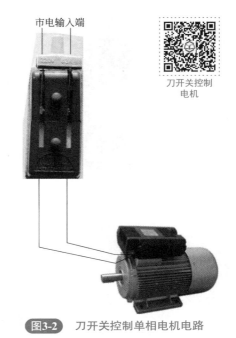

市电输入端

刀开关控制电机

图3-2　刀开关控制单相电机电路

二、各种按钮开关

1. 按钮的用途

按钮是一种用来短时间接通或断开小电流电路的手动主令电器。按钮的触点允许通过的电流较小，一般不超过 5A，一般情况下，按钮不直接控制主电路的通断，而是在控制电路中发出指令或信号去控制接触器、继电器等，再由它们去控制主电路的通断、功能转换或电气联锁，其外形如图 3-3 所示。

急停开关

组合开关

图3-3

图3-3 按钮实物

2. 按钮的分类

按钮由按钮帽、复位弹簧、桥式触点和外壳等组成，通常被做成复合触点，即具有动触点和静触点。根据使用要求、安装形式、操作方式不同，按钮的种类很多。根据触点结构不同，按钮可分为停止按钮（常闭按钮）、启动按钮（常开按钮）及复合按钮（常闭、常开组合为一组的按钮），它们的结构与符号见表3-2。

表3-2 按钮的结构与符号

名称	停止按钮（常闭按钮）	启动按钮（常开按钮）	复合按钮
结构			按钮帽 复位弹簧 支柱连杆 常闭静触点 桥式动触点 常开静触点 外壳

续表

名称	停止按钮（常闭按钮）	启动按钮（常开按钮）	复合按钮
符号	E---\\ SB	E---| SB	E---|---\\ SB

3. 按钮开关的检测

在不按下按钮的时候用万用表的电阻挡或者是二极管挡检测两组触点，通的一次为常闭触点，不通的一次为常开触点。检测常开触点如图 3-4 所示 。

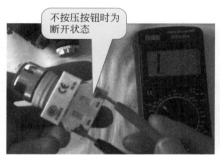
不按压按钮时为断开状态

按压按钮后为接通状态

按钮开关的检测

图3-4 检测常开触点

再按一下按钮以后，原来的常闭触点用表检测时，应为断开状态；而原来的常开触点，此时应为接通状态，则说明按钮开关是好的，否则说明内部接点接触不良。检测常闭触点如图 3-5 所示。

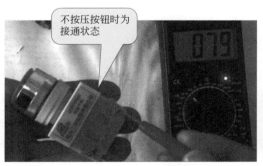
不按压按钮时为接通状态

按压按钮后为断开状态

图3-5 检测常闭触点

4. 按钮的常见故障及处理措施

按钮常见故障及处理方法如表 3-3 所示。

表3-3　按钮常见故障及处理方法

故障现象	故障分析	处理措施
触点接触不良	触点烧损	修正触点或更换产品
	触点表面有尘垢	清洁触点表面
	触点弹簧失效	重绕弹簧或更换产品
触点间短路	塑料受热变形，导线接线螺钉相碰短路	更换产品，并查明发热原因，如灯泡发热所致，可降低电压
	杂物和油污在触点间形成通路	清洁按钮内部

5. 按钮选用原则

（1）按钮选用原则　选用按钮时，主要考虑：

a. 根据使用场合选择控制按钮的种类。

b. 根据用途选择合适的形式。

c. 根据控制回路的需要确定按钮数。

d. 按工作状态指示和工作情况要求选择按钮和指示灯的颜色。

（2）按钮使用注意事项

a. 按钮安装在面板上时，应布置整齐、排列合理，如根据电动机启动的先后顺序，从上到下或从左到右排列。

b. 同一机床运动部件有几种不同的工作状态时(如上、下，前、后，松、紧等)，应使每一对相反状态的按钮安装在一组。

c. 按钮的安装应牢固，安装按钮的金属板或金属按钮盒必须可靠接地。

d. 由于按钮的触点间距较小，如有油污等极易发生短路故障，因此应注意保持触点间的清洁。

6. 按钮开关的应用

工作过程：如图 3-6 所示，当按下启动按钮 SB_1，线圈 KM 通电，主触点闭合，

按钮开关控制
电机启停电路

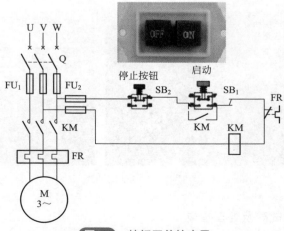

图3-6　按钮开关的应用

电动机 M 启动运转，当松开按钮，电动机 M 不会停转，因为这时接触器线圈 KM 可以通过并联在 SB₁ 两端已闭合的辅助触点使 KM 继续维持通电，电动机 M 不会失电，也不会停转。

这种松开按钮而能自行保持线圈通电的控制线路叫做具有自锁的接触器控制线路，简称自锁控制线路。

三、行程开关

1. 行程开关用途

行程开关也称位置开关或限位开关。它的作用与按钮相同，特点是触点的动作不靠手，而是利用机械运动部件的碰撞使触点动作来实现接通或断开控制电路。它是将机械位移转变为电信号来控制机械运动的，主要用于控制机械的运动方向、行程大小和进行位置保护。

行程开关主要由操作机构、触点系统和外壳 3 部分构成。行程开关种类很多，一般按其机构分为直动式、转动式和微动式。常见的行程开关的外形、结构与符号见表3-4。

表3-4 常见的行程开关的外形、结构与符号

种类	直动式	单轮旋转式	双轮旋转式
外形			
结构			
符号	常开触点	常闭触点	复合触点
	SQ	SQ	SQ

如图 3-7 所示为行程开关实物图。

图3-7 行程开关实物

2. 行程开关选用原则

行程开关选用时，主要考虑动作要求、安装位置及触点数量，具体如下。

① 根据使用场合及控制对象选择种类。

② 根据安装环境选择防护形式。

③ 根据控制回路的额定电压和额定电流选择系列。

④ 根据行程开关的传力与位移关系选择合理的操作形式。

3. 行程开关的检测

有三个接点的行程开关和四个接点的行程开关，检测行程开关的时候，对于三个接点的行程开关，首先要找到它的公共端，也就是按照外壳上面所标的符号来确定它的公共端，然后分别检测它的常开触点和常闭触点的通断，按压行程开关的活动臂，再分别检测行程开关触点的通与断来判断开关的好坏，如图 3-8 所示。

行程开关
的检测

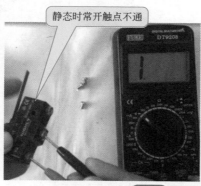

图3-8 检测三个接点的行程开关

用万用表电阻挡（低挡位）或者蜂鸣挡检测，在检测四个接点的行程开关时，首先要找到它的常开触点和常闭触点，然后分别测量常开触点和常闭触点在静态时，也就是不按压活动臂的状态时，此时应为常开触点不通，常闭触点通。然后再按压行程开关的活动臂，也就是在动态时的开关状态，此时应为常开触点通，常闭触点不通。否则，说明行程开关损坏。检测过程如图 3-9 所示。

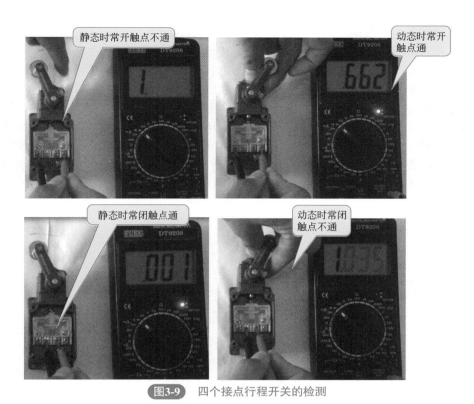

静态时常开触点不通

动态时常开触点通

静态时常闭触点通

动态时常闭触点不通

图3-9 四个接点行程开关的检测

4. 行程开关的常见故障及处理措施

行程开关的常见故障及处理措施见表3-5。

表3-5 行程开关的常见故障及处理方法

故障现象	故障分析	处理措施
挡铁碰撞位置开关后，触点不动作	安装位置不准确	调整安装位置
	触点接触不良或线松脱	清理触点或紧固接线
	触点弹簧失效	更换弹簧
杠杆已经偏转，或无外界机械力作用，但触点不复位	复位弹簧失效	更换弹簧
	内部撞块卡阻	清扫内部杂物
	调节螺钉太长，顶住开关按钮	检查调节螺钉

行程开关使用注意事项：

① 行程开关安装时，安装位置要准确，安装要牢固；滚轮的方向不能装反，挡铁与其碰撞的位置应符合控制线路的要求，并确保开关能可靠地与挡铁碰撞。

② 行程开关在使用中，要定期检查和保养，除去油垢及粉尘，清理触点，经常检查其动作是否灵活、可靠，及时排除故障。防止因行程开关触点接触不良或接线松脱产生误动作而导致设备和人身安全事故。

5. 行程开关的应用

　　如图 3-10 所示为利用行程开关控制的电动机正反转控制电路。按动正向启动按钮开关 SB$_2$，交流接触器 KM$_1$ 得电动作并自锁，电动机正转使工作台前进。当运动到 ST$_2$ 限定的位置时，挡块碰撞 ST$_2$ 的触点，ST$_2$ 的动断触点使 KM$_1$ 断电，于是 KM$_1$ 的动断触点复位闭合，关闭了对 KM$_2$ 线圈的互锁。ST$_2$ 的动合触点使 KM$_2$ 得电自锁，且 KM$_2$ 的动断触点断开将 KM$_1$ 线圈所在支路断开（互锁）。这样电动机开始反转使工作台后退。当工作台后退到 ST$_1$ 限定的极限位置时，挡块碰撞 ST$_1$ 的触点，KM$_2$ 断电，KM$_1$ 又得电动作，电动机又转为正转，如此往复。SB$_1$ 为整个循环运动的停止按钮开关，按动 SB$_1$ 自动循环停止。

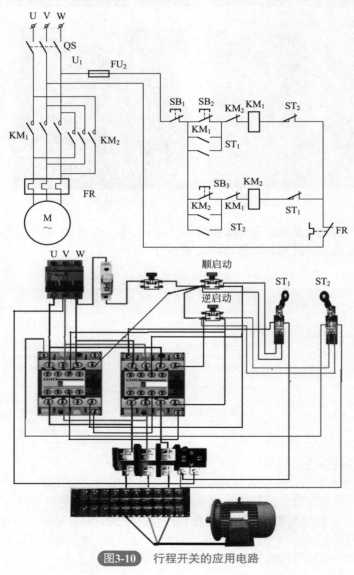

图3-10　行程开关的应用电路

四、电接点压力表

1. 电接点压力表的结构

电接点压力表由测量系统、指示系统、接点装置、外壳、调整装置和接线盒等组成。电接点压力表是在普通压力表的基础上加装电气装置，在设备达到设定压力时，现场指示工作压力并输出开关量信号的仪表，如图3-11所示。

图3-11 电接点压力表的结构

2. 工作原理

电接点压力表的指针和设定针上分别装有触点，使用时首先将上限和下限设定针调节至要求的压力点。当压力变化时，指示压力指针达到上限或者下限设定针时，指针上的触点与上限或者下限设定针上的触点相接触，通过电气线路发出开关量信号给其他工控设备，实现自动控制或者报警的目的。

3. 电接点压力表的检测

电接点压力表也有常开触点和常闭触点，在没有压力的情况下，测量接通的触点为常闭触点，断开的触点为常开触点。而当有压力的时候，用万用表检测，原来断开的触点应该接通，原来接通的触点应该断开，这是检测电接点压力表的常开触点和常闭触点的方法，即应该在有压力和无压力的情况下分别进行检测。

4. 电接点压力表的应用

电路工作原理：由图3-12可知，闭合自动开关QK及开关S接通，电源给控制器供电。当气缸内空气压力下降到电接点压力表"G"（低点）整定值以下时，表的指针使"中"点与"低"点接通，交流接触器KM_1通电吸合并自锁，气泵M启动运转，红色指示灯LED_1亮，绿色指示灯LED_2点亮，气泵开始往气缸里输送空气（逆止阀门打开，空气流入气缸内）。气缸内的空气压力也逐渐增大，使表的"中"点与"高"点接通，继电器KM_2通电吸合，其常闭触点K_{2-0}断开，切断交流接触器KM_1线圈供电，KM_1即失电释放，气泵M停止运转，LED_2熄灭，逆止阀门闭上。假设当给喷漆时，手拿喷枪端，则按压开关压力开关打开，关闭开关后气门开关自动闭上；当气泵气缸内的压力下降到整定值以下时，气泵M又启动运转。如此周而复始，使气泵气缸内的压力稳定在整定值范围，满足喷漆用气的需要。

电路原理讲解

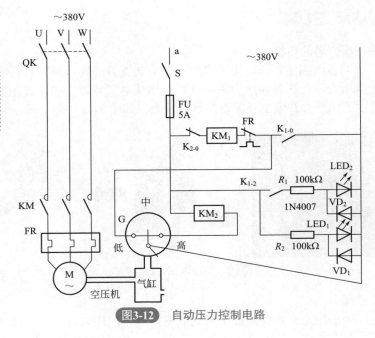

图3-12 自动压力控制电路

五、声光控开关

1. 电路工作原理

声光控开关能使白炽灯的亮灭跟随环境光线变化自动转换，在白天开关断开，即灯不亮；夜晚环境无光时闭合，即灯亮。声光控开关电路图如图 3-13 所示。

声控开关电路与检修

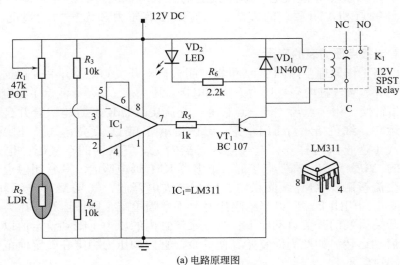

(a) 电路原理图

(b) 实物图

图3-13 声光控开关

该电路基于电压比较器集成电路 LM311（IC_1）同相输入端的电阻 R_3 和 R_4 给出一个 6V 的参考电压。因为光敏电阻在黑暗时阻值可达几兆欧，反相输入端的电位呈高电位，比较器呈低电位，Q_1 不导通，继电器不吸合。反之，因为光敏电阻在照亮时阻值为 5～10kΩ，反相输入端的电位呈低电位，比较器输出端呈高电位，Q_1 导通，继电器吸合。如果将 LM311 输入端正负极对换，则情况与上面所述正好相反。调节 R_1 可设定多大照度时起控继电器。

2. 声光控开关的检测

（1）光控部分的检测　在检测光控部分的时候，最好使用指针表测量，首先在有光的情况下检测光敏电阻的阻值，记住这个阻值，然后用手指按住光敏电阻，或者用黑色物体遮住光敏电阻，测量光敏电阻的阻值，两个电阻阻值相比较应有较大的差异，说明光敏电阻是好的。如图 3-14 所示。

如果在亮阻和暗阻的时候万用表的表针没有摆动现象，那么说明光敏电阻是坏的，应该更换光敏电阻。

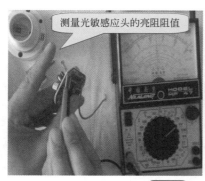

声光控开关的检测

图3-14 光控部分的检测

（2）声控部分的检测　当在电路当中检测声控探头（话筒）的时候，最好使用指针表测量，首先用电阻挡测出它的静态阻值，然后用手轻轻地敲动话筒，万用表的指针应该有轻微的抖动，摆动量越大，说明话筒的灵敏度越高，如果不摆动，说明话筒是坏的，应更换。如图 3-15 所示。

图3-15 测量声控部分

3. 声光控传感器应用电路

图 3-16 为声控、光控节能灯电路原理图。该电路由主电路、开关电路、检测电路及放大电路组成。

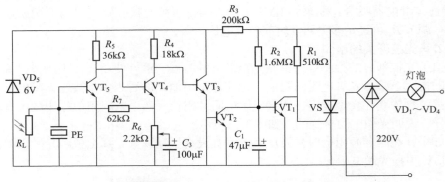

图3-16 声控、光控节能灯电路原理图

组成桥式整流的四只二极管（$VD_1 \sim VD_4$）和一个单向晶闸管（VS）组成主路（和灯泡串联）；开关电路由开关三极管 VT_1 和充电部分 R_2、C_1 组成；放大电路由 $VT_2 \sim VT_5$ 及电阻 $R_4 \sim R_7$ 组成；压电片 PE 和光敏电阻 R_L 构成检测电路；控制电源由稳压管 VD_5 和电阻 R_3 构成。

交流电源经过桥式整流和电阻 R_1 分压后接到晶闸管 VS 的控制极，使 VS 导通（此时 VT_1 截止）；由于灯泡与二极管和 VS 构成通路，使灯亮。同时整流后的电源经 R_2 向 C_1 充电；如果达到 VT_1 的开门电压，VT_1 饱和导通，晶闸管关断，灯熄灭。在无光和有声音的情况下，压电片上得到一个电信号，经放大使 VT_2 导通，C_1 经 VT_2 放电，使 VT_1 截止，晶闸管极高电位使 VS 导通，灯亮，随着 R_2、C_1 充电的进行使灯自动熄灭。

调节 R_5，改变负反馈的大小，使接收声音信号的灵敏度有所变化，从而可调节灯的灵敏度。光敏电阻和压电片并联，有光时阻值变小，使压电片感应的电信号损失太多，不能使放大电路 VT_2 导通，所以灯不亮。

六、磁控开关

1. 磁控开关的原理

磁控开关即磁开关入侵探测器，由永久磁铁和干簧管两部分组成。干簧管又称舌簧管，其由在充满惰性气体的密封玻璃管内封装 2 个或 2 个以上金属簧片构成。根据舌簧触点的构造不同，舌簧管可分为常开、常闭、转换三种类型。

该装置应用电路工作原理如图 3-17 所示。它可用于仓库、办公室或其他场所作开门灯使用。当永久磁铁 ZT 与干簧管 AG 靠得很近时，由于磁力线的作用，使 AG 内两触片断开，控制器 DM 的 4 端无电压，照明灯 H 中无电流通过，故灯 H 熄灭。一旦大门打开，控制器 DM 开通，H 点亮。

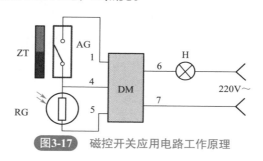

图3-17 磁控开关应用电路工作原理

白天由于光照较强，光敏电阻 RG 的内阻很小，即使 AG 闭合，RG 的分压也小于 1.6V，故白天打开大门，H 是不会点亮的。夜晚相当于 RG 两极开路，故控制器 DM 的 4 端电压高于 1.6V，H 点亮。RG 可用 MG45-32 非密封型光敏电阻，AG 可用 $\phi 3 \sim 4mm$ 的干簧管（常闭型）。

2. 磁控开关的检测

检测磁控开关的时候，最好使用指针表，首先给磁控开关接通合适的电源，将黑表笔接负极，红表笔接信号的输出端，然后在不加磁场的情况下测试输出电压，记住此电压值。之后将磁控开关接触带磁性的金属或者磁铁，如果磁控开关有输出，则说明磁控开关是好的，如接触金属部分或者磁铁和不接触金属部分或磁铁表针均无摆动，那么说明磁控开关损坏，如图 3-18 所示。

检测磁控开关时应给磁控开关接通电源

用磁控开关断续接触金属部件或磁性部件，表针应摆动

图3-18 磁控开关的检测

七、主令开关

1. 主令开关的检测

主令开关主要用于闭合、断开控制线路，以发布命令或用作程序控制，实现对电力传动和生产机械的控制，它是人机联系和对话必不可少的一种元件。如图 3-19 所示是一种主令开关，可用于控制信号灯、方向性电器等。

主令开关的检测

图3-19 主令开关

2. 主令开关的检测

在检测主令开关的时候，首先要看清主令开关是由几组开关构成的，每组中有几个常开触点和几个常闭触点。下面以四组开关且每组有一个常闭触点和一个常开触点为例进行测试。用万用表电阻挡（低挡位）或者蜂鸣挡检测，在检测时，首先在主令开关零位置时分别检测四组开关中的常闭触点，每个常闭触点应相通，再检测所有常开触点，均应不通。然后将主令开关的控制手柄扳动到向某个方向的位置，检测对应开关的常开触点应该相通，其余三组的常开触点应不通。用同样的方法分别检测另外三组开关的常开触点是否能够相通。如果手柄扳到相对应的位置时，对应的常闭触点不能断开，常开触点不能相通，则说明对应组的开关损坏，如图 3-20 所示。

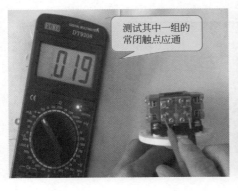
测试其中一组的常闭触点应通

测试同组常开触点应不通

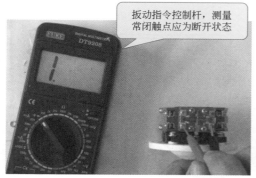 

图3-20 主令开关的检测

八、温度开关与温度传感器

1. 机械式温度开关

机械式温度开关又称旋钮温控器，实物图如图 3-21 所示。其由波纹管、感温包（测试管）、偏心轮、微动开关等组成一个密封的感应系统和一个转送信号的动力的系统。如图 3-22 所示。

将温度控制器的感温元件——感温管末端紧压在需要测试温度的位置表面上，由表面温度的变化来控制开关的开、停时间。当固定触点 1 与活动触点 2 接触时（组成闭合回路），电源被接通；温度下降，使感温腔的膜片向后移动，便导致温控器的活动触点 2 离开触点 1，电源被断开。要想得到不同的温度，只要旋动温度控制旋钮（即温度高低调节凸轮）即可；改变平衡弹簧对感温腔的压力可以实现温度的自动控制。

图3-21 温度控制器实物图

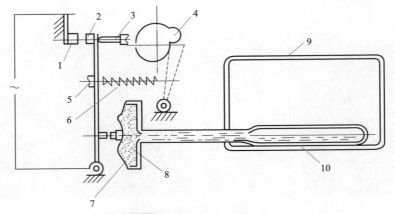

图3-22 温控器的内部结构图

1—固定触点；2—快跳活动触点；3—温度调节螺钉；4—温度调节凸轮；5—温度范围调节螺钉；

6—主弹簧；7—传动膜片；8—感温腔；9—蒸发器；10—感温管

2. 电子式温控器结构

电子式温控器感温元件为热敏电阻，因此又称为热敏电阻式温度控制器，其控温原理是将热敏电阻直接放在冰箱内适当的位置，当热敏电阻受到冰箱内温度变化的影响时，其阻值就发生相应的变化。通过平衡电桥来改变通往半导体三极管的电流，再经放大来控制压缩机运转、继电器的开启，实现对温度的控制。控制部分的原理示意图如图 3-23 所示。

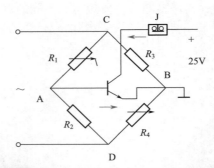

图3-23 电子式温控器控制部分原理示意图

图中 R_1 为热敏电阻，R_4 为电位器，J 为控制继电器。当电位器 R_4 不变时，如果温度升高，R_1 的电阻值就会变小，A 点的电位升高。R_1 的阻值越小，其电流越大，当集电极电流的值大于继电器 J 的吸合电流时，继电器吸合，J 触点接通电源；温度下降，热敏电阻阻值则变大，其基极电流变小，集电极电流也随着变小，当集电极电流值小于继电器 J 的吸合电流时，继电器 J 的触点断开，如此循环，温度控制在一定范围内。其实际电路原理图如图 3-24 所示。

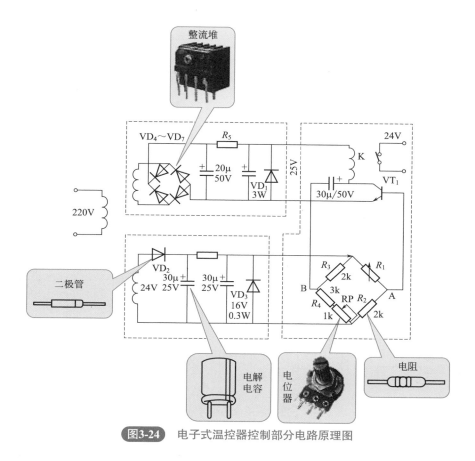

图3-24 电子式温控器控制部分电路原理图

3. 温度控制仪器（温控仪）

温控仪的端子排列及功能如图 3-25 所示，温控仪各种方式的接线如图 3-26 所示。

可根据实际应用选择三相供电还是单相供电，选用继电器或晶闸管接线方式即可。只要正确接线即可正常工作。

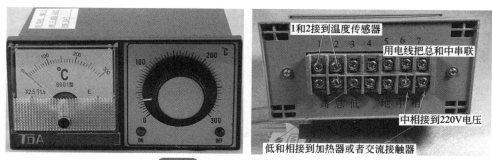

图3-25 温控仪的端子排列及功能

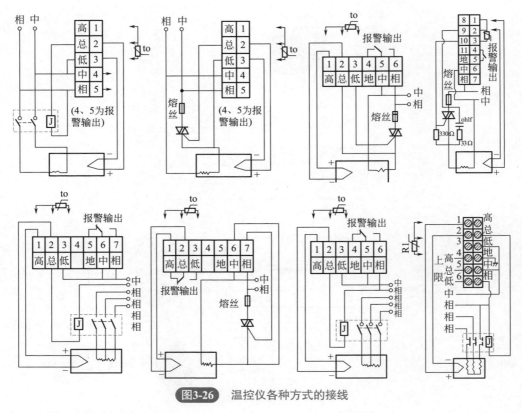

图3-26 温控仪各种方式的接线

4. 热电偶温度传感器

在许多测温方法中，热电偶测温应用最广。因为它的测量范围广，一般在 −180 ∼ 2800℃之间，准确度和灵敏度较高，且便于远距离测量，尤其是在高温范围内有较高的精度，所以国际实用温标规定在 630.74 ∼ 1064.43℃范围内用热电偶作为复现热力学温标的基准仪器，热电偶温度传感器外形如图 3-27 所示。

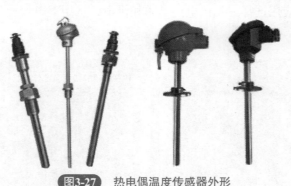

图3-27 热电偶温度传感器外形

（1）热电偶的基本工作原理　两种不同的导体A与B在一端熔焊在一起（称为热端或测温端），另一端接一个灵敏的电压表，接电压表的这一端称冷端（或称参考端）。当热端与冷端的温度不同时，回路中将产生电势，如图3-28所示，该电势的方向和大小取决于两导体的材料种类及热端和冷端的温度差（T 与 T_0 的差值），而与两导体的粗细、长短无关，这种现象称为物体的热电效应。为了正确地测量热端的温度，必须确定冷端的温度。目前统一规定冷端的温度 $T_0 = 0℃$。但实际测试时要求冷端保持在 0℃ 的条件是不方便的，希望在室温的条件下测量，这就需要加冷端补偿。热电偶测温时产生的热电势很小，一般需要用放大器放大。

图3-28 冷端补偿

在实际测量中，冷端温度不是 0℃，会产生误差，可采用冷端补偿的方法自动补偿。冷端补偿的方法很多，这里仅介绍一种采用 PN 结温度传感器作冷端补偿的方法，如图 3-29 所示。

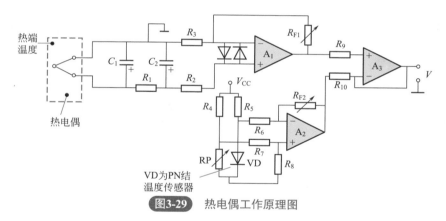

图3-29 热电偶工作原理图

热电偶产生的电势经放大器 A_1 放大后有一定的灵敏度（mV/℃），采用 PN 结温度传感器与测量电桥检测冷端的温度，电桥的输出经放大器 A_2 放大后，有与热电偶放大后相同的灵敏度。将这两个放大后的信号电压再输入增益为 1 的差动放大器电路，则可以自动补偿冷端温度变化所引起的误差。在 0℃ 时，调节 RP，使 A_2 输出为 0V，调节 R_{F2}，使 A_2 输出的灵敏度与 A_1 相同即可。一般在 0～50℃ 范围内，其补偿精度优于 0.5℃。

常用的热电偶有 7 种，其热电偶的材料及测温范围见表 3-6。

在这些热电偶中，CK 型热电偶应用最广。这是因为其热电势率较高，特性近似线性，性能稳定，价格便宜（无贵金属铂及铑），测温范围适合大部分工业温度范围。

表3-6　常用配接热电偶的仪表测温范围

热电偶名称	分度号		测温范围/℃
	新	旧	
镍铬 - 康铜		E	0 ～ 800
铜 - 康铜	CK	T	−270 ～ 400
铁 - 康铜		J	0 ～ 600
镍铬 - 镍硅	EU-2	K	0 ～ 1300
铂铑 - 铂	LB-3	S	0 ～ 1600
铂铑30- 铂10	LL-2	B	0 ～ 1800
镍铬 - 考铜	EA-2		0 ～ 600

注：镍铬 - 康铜为过渡产品，现已不用。

（2）热电偶的结构

①热电极　是构成热电偶的两种金属丝。根据所用金属种类和作用条件的不同，热电极直径一般为 0.3 ～ 3.2mm，长度为 350mm ～ 2m。此外，热电极也有用非金属材料制成的。

②绝缘管　用于防止两根热电极短路。绝缘管可以作成单孔、双孔和四孔的形式，其材料见表3-7，也可以作成填充的形式（如缆式热电偶）。

③保护管　为使热电偶有较长的寿命，保证测量准确度，通常将热电极（连同绝缘管）装入保护管内，以减少各种有害气体和有害物质的直接侵蚀，还可以避免火焰和气流的直接冲击。一般根据测温范围、加热区长度、环境气氛等来选择保护管。常用保护管材料分金属和非金属两大类，见表3-7。

④接线盒　供连接热电偶和补偿导线用，接线盒多采用铝合金制成。为防止有害气体进入热电偶，接线盒出孔和盖应尽可能密封（一般用橡皮、石棉垫圈、垫片以及耐火泥等材料来封装），接线盒内热电极与补偿导线用螺钉紧固在接线板上，保证接触良好。接线处有正负标记，以便检查和接线。

表3-7　常用绝缘管材料

常用绝缘管的材料			
绝缘管材料名称	使用温度范围/℃	绝缘管材料名称	使用温率范围/℃
橡皮、塑料	60 ～ 80	石英管	0 ～ 1300
丝、干漆	0 ～ 130	瓷管	1400
氟塑料	0 ～ 250	再结晶氧化铝管	1500
玻璃丝、玻璃管	500 ～ 600	纯氧化铝管	1600 ～ 1700

常用保护管的材料			
材料名称	长期使用温度/℃	短期使用温度/℃	使用备注
铜或铜合金	400		防止氧化表面
无缝钢管	600		镀铬或镍
不锈钢管	900～1000	1250	
28Cr铸铁（高铬铸铁）	800		
石英管	1300	1600	镀铬或镍
瓷管	1400	1600	
再结晶氧化铝管	1500	1700	
高纯氧化铝管	1600	1800	
硼化锆	1800	2100	

（3）测量　检测热电偶时，可直接用万用表电阻挡测量，如不通则热电偶有断路性故障，此方法只是估测。

（4）热电偶使用中的注意事项

a.热电偶和仪表分度号必须一致。

b.热电偶和电子电位差计不允许用铜质导线连接，而应选用与热电偶配套的补偿导线。安装时热电偶和补偿导线正负极必须相对应，补偿导线接入仪表中的输入端，正负极也必须相对应，不可接错。

c.热电偶的补偿导线安装位置尽量避开大功率的电源线，并应远离强磁场、强电场，否则易给仪表引入干扰。

d.热电偶的安装：

● 热电偶不应装在太靠近炉门和加热源处。

● 热电偶插入炉内深度可以按实际情况而定。其工作端应尽量靠近被测物体，以保证测量准确。另外，为了装卸工作方便并不至于损坏热电偶，又要求工作端与被测物体有适当距离，一般不少于100mm。热电偶的接线盒不应靠到炉壁上。

● 热电偶应尽可能垂直安装，以免保护管在高温下变形，若需要水平安装时，应用耐火泥和耐热合金制成的支架支撑。

● 热电偶保护管和炉壁之间的空隙用绝热物质（耐火泥或石棉绳）堵塞，以免冷热空气对流而影响测温准确性。

● 用热电偶测量管道中的介质温度时，应注意热电偶工作端有足够的插入深度，如管道直径较小，可采取倾斜或在管道弯曲处安装。

● 在安装瓷和铝这一类保护管的热电偶时，其所选择的位置应适当，不致因加热工件的移动而损坏保护管。在插入或取出热电偶时，应避免急冷急热，以免保护管破裂。

● 为保护测试准确度，热电偶应定期进行校验。

（5）热电偶的故障检修　热电偶在使用中可能发生的故障及排除方法见表3-8。

表3-8 热电偶的故障检修

序号	故障现象	可能的原因	修复方法
1	热电势比实际应有的小（仪表指示值偏低）	①热电偶内部电极漏电； ②热电偶内部潮湿； ③热电偶接线盒内接线柱短路； ④补偿线短路； ⑤热电偶电极变质或工作端霉坏； ⑥补偿导线和热电偶不一致； ⑦补偿导线与热电极的极性接反； ⑧热电偶安装位置不当； ⑨热电偶与仪表分度不一致	①将热电偶取出，检查漏电原因。若是因潮湿引起，应将电极烘干，若是绝缘不良引起，则应予更换； ②将热电极取出，把热电极和保护管分别烘干，并检查保护管是否有渗漏现象，质量不合格则应予更换； ③打开接线盒，清洁接线板，消除造成短路原因； ④将短路处重新绝缘或更换补偿线； ⑤把变质部分剪去，重新焊接工作端或更换新电极； ⑥换成与热电偶配套的补偿导线； ⑦重新改接； ⑧选取适当的安装位置； ⑨换成与仪表分度一致的热电偶
2	热电势比实际应有的大（仪表指示值偏高）	①热电偶与仪表分度不一致； ②补偿导线和热电偶不一致； ③热电偶安装位置不当	①更换热电偶，使其与仪表分度一致； ②换成与热电偶配套的补偿导线； ③选取正确的安装位置
3	热电势误差大	①接线盒内热电极和补偿导线接触不良； ②热电极有断续短路和断续接地现象； ③热电极似断非断现象； ④热电偶安装不牢而发生摆动； ⑤补偿导线有接地、断续短路或断路现象	①打开接线盒重新接好并紧固； ②取出热电极，找出断续短路和接地的部位，并加以排除； ③取出热电极，重新焊好电极，经检定合格后使用，否则应更换新的； ④将热电偶牢固安装； ⑤找出接地和断续的部位，加以修复或更换补偿导线

5. 温控开关的检测

用万用表电阻挡（低挡位）或者蜂鸣挡检测。检测温度控制开关（简称温控开关）时，首先要检测开关的通断状态，旋转转换开关的旋钮，应该有切断和接通两种状态；然后检测其在温度变化时的状态，可以把温控开关的温度传感器，对于低温温度控制器可以放入冰箱当中（高温度时可以用热源加温），在冷冻（或者加温）时检查开关的接通和断开状态，如放在冰箱（或加温）后开关不能够正常根据温度的变化接通或断开，说明温度开关损坏，如图3-30所示。

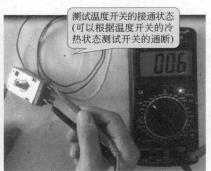

图3-30 温度开关的检测

6. 温控仪的应用电路

温度控制仪的接线图如图 3-31 所示。

温控电路与检修

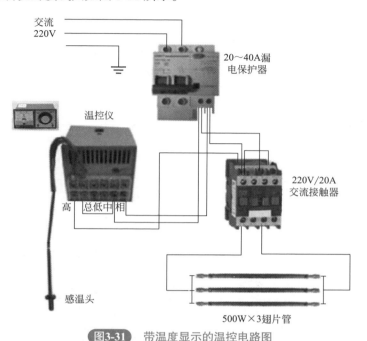

图3-31 带温度显示的温控电路图

电路中为了使用大功率加热器，使用交流接触器控制负载，根据使用的电源确定交流接触器线圈电压，一般为 220V/380V，图中加热管为 220V，如果使用 380V 供电，可以将电热管接成 Y 形接法，如果是 380V 接热管，接成三角形接法即可。

受温度器控制，当温度到达设定值高或低限值时，温控仪会控制交流接触器接通或断开，从而控制加热器工作，达到温控目的。

九、倒顺开关

1. 作用与工作原理

倒顺开关也叫顺逆开关。它的作用是连通、断开电源或负载，可以使电动机正转或反转，倒顺开关主要是给单相、三相电动机作正反转用的电气元件，但不能作为自动化元件。

三相电源提供一个旋转磁场，使三相电动机转动，因电源三相的接法不同，磁场可顺时针或逆时针旋转，若改变转向，只需要将电动机电源的任意两相相序进行改变即可完成，如原来的相序是 A、B、C，只需改变为 A、C、B 或 C、B、A。一般的倒顺开关有两排六个端子，可以通过中间触点换向接触，达到换相目的，倒顺开关接线图如图 3-32 所示，倒顺开关内部结构有两种，如图 3-33 所示。

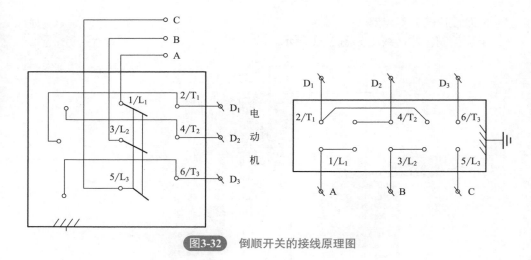

图3-32 倒顺开关的接线原理图

倒顺开关的检测

输入输出有
三排接点

图3-33 倒顺开关的两种内部结构图

以三相电动机倒顺开关为例：设进线是 A、B、C 三相，出线也是 A、B、C 三相，A、B、C 三相各相隔 120°，连接成一个圆周，设这个圆周上的 A 相、B 相、C 相是顺时针的，连接到电动机后，电动机为顺时针旋转。

如在开关内将 B 相、C 相切换一下，A 相照旧不动，使开关的出线顺序变为 A-C-B，那这个圆周上的 A 相、B 相、C 相排列就变成逆时针的，连接到电动机后，电动机也为逆时针旋转。

如将它的把手往左扳，出线相序是 A-B-C；如将它的把手扳到中间，A-B-C 相全部断开，处于关的状态；如将它的把手往右扳，出线相序是 A-C-B，电机的转动方向就与往左扳时相反。

倒顺开关三种状态工作过程如图 3-34 所示。

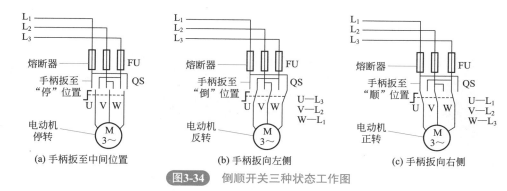

图3-34 倒顺开关三种状态工作图

2. 使用条件

a. 海拔高度：不超过 2000m。

b. 周围空气温度 −5 ~ 40℃，24h 内平均温度不超过 +35℃。

c. 大气条件：在 40℃时大气相对湿度不超过 50%，在较低温度下可以有较高的相对湿度，最湿月的月平均最低温度不超过 25℃，该月的月平均最大相对湿度不超过 90%，并需考虑因温度变化发生在产品上的凝露。

d. 与垂直面的倾斜度不超过 ±5°。

e. 环境中无爆炸危险介质，且介质中无腐蚀金属和破坏绝缘的气体及导电尘埃存在。

f. 环境中有防雨雪设备及不能充满水蒸气。

g. 无显著摇动、冲击和振动。

h. 由于倒顺开关无失压保护、零位保护，因此不得采用手动双向转换开关作为控制电器。

3. 倒顺开关的检测

用万用表电阻挡（低挡位）或者蜂鸣挡检测，在检修倒顺开关时，首先将倒顺开关放置于零的位置，也就是停的位置，用万用表电阻挡检测输入端和输出端，三组开关应均不相通，如图 3-35 所示。

图3-35 在停的位置所有开关都不通

然后将开关拨向正转的位置，检测它的三个输入端和输出端应相通，如不通，为对应开关损坏，如图 3-36 所示。

图3-36 在正转的位置开关导通情况

最后再将开关拨向反转位置,检测倒顺开关三组的输入与三组的输出的位置应有两组交叉接通,如输入输出两组开关不能交叉接通或不能接通,则说明开关损坏,如图 3-37 所示。

在反转位置开关导通情况

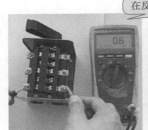  

图3-37 在反转位置开关导通情况

L₁ L₂ L₃

4. 应用

(1)倒顺开关在三相电路中的应用 如图 3-38 所示。

当倒顺开关用于三相电动机控制时,按照图中接好线以后旋转倒顺开关。在零位时,电动机不旋转;将开关拨动到正位置时,则电动机旋转(设定为正转);当手柄拨向反位置时,电动机反向旋转。这样完成了电动机的正反转控制。

(2)倒顺开关在单相电动机中的应用 单相电动机可分为单电容运行式、单电容启动式和双电容启动运行式电动机,图 3-39(a)为单电容运行式电动机用倒顺开关控制的接线图,图 3-39(b)为单电容启动及双电容启动运行电动机的接线图。

对于单电容运行式电动机来说,利用倒顺开关的正转和反转位置,实际上是利用开关触点调换了电容的两端接线,可以改变电动机的运转方向,如图 3-39 所示。

倒顺开关控制单相电容启动电动机,实际上是利用倒顺开关改变了主绕组和副绕组的连接方式,以改变电流方

D₁ D₂ D₃

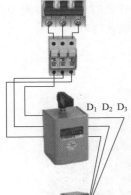

图3-38 倒顺开关在三相电路中的应用

向，从而可以控制电动机的正转或反转。在实际接线过程当中，只要按照图3-39接线图进行接线就可以正常控制电容启动式电动机的正常正反转运行，此接线同样适用于双电容启动运行式电动机的正反转控制。

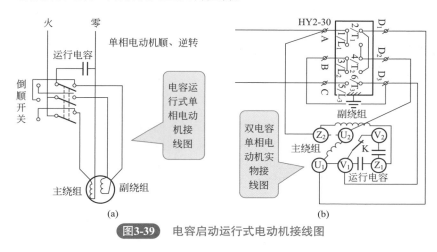

图3-39 电容启动运行式电动机接线图

十、万能转换开关

1. 万能转换开关结构

万能转换开关（文字符号 SA）的作用：适用于不频繁接通与断开的电路，实现换接电源和负载，是一种多挡式、控制多回路的主令电器。

转换开关由转轴、凸轮、触点座、定位机构、螺杆和手柄等组成。将手柄转动到不同的挡位时，转轴带着凸轮随之转动，使一些触点接通，另一些触点断开。它具有寿命长，使用可靠、结构简单等优点，适用于交流 50Hz、380V，直流 220V 及以下的电源引入，5kW 以下小容量电动机的直接启动，电动机的正、反转控制及照明控制电路中，其每小时的转换次数不宜超过 20 次。如图 3-40 所示。

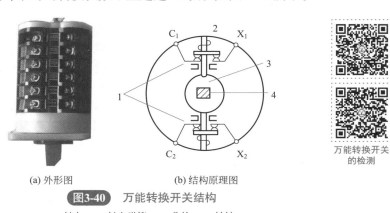

(a) 外形图　　　(b) 结构原理图

万能转换开关的检测

图3-40 万能转换开关结构

1—触点；2—触点弹簧；3—凸轮；4—转轴

2. 万能转换开关符号表示

如图 3-41 所示为开关的挡位、触点数目及接通状态，表中用"×"表示触点接通，否则为断开，由接线表才可画出其图形符号。具体画法是：用虚线表示操作手柄的位置，用有无"·"表示触点的闭合和打开状态。例如，在触点图形符号下方的虚线位置上画"·"，则表示当操作手柄处于该位置时，该触点处于闭合状态；若在虚线位置上未画"·"时，则表示当操作手柄处于该位置时，该触点处于打开状态。

- 在零位时 1、2 触点闭合。
- 往左旋转触点 5-6、7-8 触点闭合。
- 往右旋转触点 5-6、3-4 触点闭合。

LW26-25 万能转换开关是一种多挡式、控制多回路的主令电器。万能转换开关主要用于各种控制线路的转换、电压表及电流表的换相测量控制、配电装置线路的转换和遥控等。万能转换开关还可以用于直接控制小容量电动机的启动、调速和换向。如图 3-42 所示是万能转换开关的工作原理接线图。

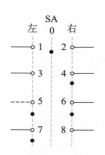

触点	位置		
	左	0	右
1-2		×	
3-4			×
5-6	×		×
7-8	×		

(a) 图形及文字符号　　(b) 触点接线表

图3-41 万能转换开关符号表示

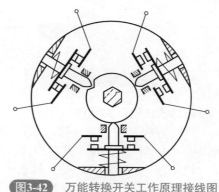

图3-42 万能转换开关工作原理接线图

万能转换开关主要根据用途、接线方式、所需触点挡数和额定电流来进行选择。

a. 万能转换开关的安装位置应与其他电气元件或机床的金属部件有一定的间隙，以免在通断过程中因电弧喷出而发生对地短路故障。

b. 万能转换开关一般应水平安装在平板上，但也可以倾斜或垂直安装。

c. 万能转换开关的通断能力不高，当用来控制电动机时，LW5 系列只能控制 5.5kW 以下的小容量电动机。若用以控制电动机的正反转，则只有在电动机停止后才能反向启动。

d. 万能转换开关本身不带保护，使用时必须与其他电器配合。

e. 当万能转换开关有故障时，必须立即切断电路，检查有无妨碍可动部分正常转动的故障，检查弹簧有无变形或失效，触点工作状态和触点状况是否正常等。

3. 万能转换开关与凸轮控制器的检测

（1）三挡位万能转换开关检测　三挡位万能转换开关种类比较多，下面以 LW5D-16 型为例讲解其检测。

用万用表电阻挡（低挡位）或者蜂鸣挡检测，在检测万能转换开关的时候，一定要熟悉它的触点接线表。在实际检测中，首先应将转换开关放在零位，按照接线表找到相通的开关测量应为接通状态，其余所有开关均应处于断开状态（某些万能转换开关在零位时所有开关均不相通），如图 3-43 所示。然后将开关拨到左或者是右的位置，根据触点接线表测量相应的触点接点，其常开触点应该是不通的，对应的闭合触点应接通，如不能按照触点接线表中的开关状态闭合断开，则说明开关有接触不良或损坏现象。

在测量过程当中，无论是向左还是向右，或者在说 I 挡、II 挡的位置，都要把所有的开关全部测量到，即相关的开关都应测量到，不能有遗漏，如图 3-44 所示。

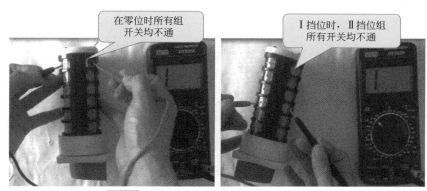

图3-43 转换开关在零位时所有开关均不通

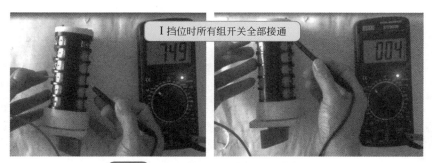

图3-44 在 I 挡位时所有组开关全部接通

（2）多挡位开关检测　多挡位开关型号也较多，下面以 LW12-16 型万能转换开关为例进行检测，LW12-16 型为 40 个触点 20 组开关，共计 6 个挡位，如图 3-45 所示。

用万用表电阻挡（低挡位）或者蜂鸣挡检测，在检测多挡位万能转换开关时，由于挡位比较多，触点组数比较多，因此检修时必须要有触点接线表，根据触点接线表，分析清楚在开关不同位置时对应的触点接通或断开状态，然后根据接通和断开状态，测量对应的开关的接通和断开情况，如在检测过程当中转换开关转到对应位置时，其控制的开关不能按照触点接线表接通或断开，则为开关损坏，在检测多挡开关的时候，要把所有触点组全部检测到，不能有遗漏。

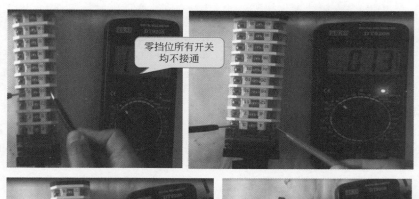

零挡位所有开关均不接通

图3-45 多挡位开关检测

十一、凸轮控制器

1. 凸轮控制器用途

凸轮控制器也是一种万能转换开关，是一种利用凸轮来操作动触点动作的控制

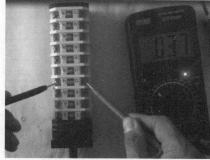

手轮
转轴
灭护罩
动触点
静触点

图3-46 凸轮控制器的结构

电器，主要用于容量小于30kW的中小型绕线转子异步电动机线路中，控制电动机的启动、停止、调速、反转和制动，也广泛地应用于桥式起重等设备。常见的KTJ1系列凸轮控制器主要由手柄（手轮）、触点系统、转轴、凸轮和外壳等部分组成，其外形与结构如图3-46所示。

凸轮控制器触点分合情况，通常使用触点分合表来表示。KTJ1-50/51型凸轮控制器的触点分合表如图3-47所示。

如图3-48所示为凸轮控制器实物。

2. 凸轮控制器选用原则

轮控制器在选用时主要考虑所控制电动机的容量、额定电压、额定电流、工作制和控制位置数目等，可查阅相关技术手册。

3. 凸轮控制器常见故障及处理措施

凸轮控制器常见故障及处理措施见表3-9。

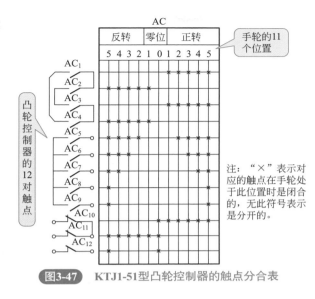

凸轮控制器的检测

注："×"表示对应的触点在手轮处于此位置时是闭合的，无此符号表示是分开的。

图3-47 KTJ1-51型凸轮控制器的触点分合表

图3-48 凸轮控制器实物

表3-9　凸轮控制器常见故障及处理方法

故障现象	故障分析	处理措施
主电路中常开主触点间短路	灭弧罩破损	调换灭弧罩
	触点间绝缘损坏	调换凸轮控制器
	手轮转动过快	降低手轮转动速度
触点过热使触点支持件烧焦	触点接触不良	修整触点
	触点压力变小	调整或更换触点压力弹簧
	触点上连接螺钉松动	旋紧螺钉
	触点容量过小	调换控制器
触点熔焊	触点弹簧脱落或断裂	调换触点弹簧
	触点脱落或磨光	更换触点
操作时有卡轧现象及噪声	滚动轴承损坏	调换轴承
	异物嵌入凸轮鼓或触点	清除异物

4. 凸轮控制器使用注意事项

a. 凸轮控制器在安装前应检查外壳及零件有无损坏，并清除内部灰尘。

b. 安装前应操作控制器手柄不少于5次，检查有无卡轧现象。凸轮控制器必须牢固可靠地安装在墙壁或支架上，其金属外壳上的接地螺钉必须与接地线可靠接地。

5. 凸轮控制器的检测

凸轮控制器的检测与多挡位万能转换开关检测方法基本相同，具体检测过程可扫上方二维码学习。

6. 凸轮控制器的应用

凸轮控制器是一种多触点、多位置的转换开关，也是万能转换开关的一种。由

图 3-49 可以看出只有三个凸轮控制器 QC_1、QC_2、QC_3 都在 "0" 位时，才可以接通

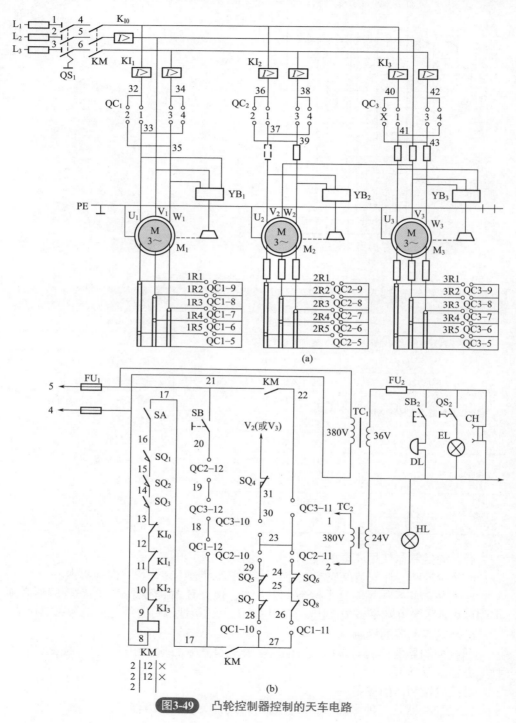

(a)

(b)

图3-49 凸轮控制器控制的天车电路

交流电源，合上开关 QS_1，使 QS_1 开关闭合，按动启动按钮 SB，接触器 KM 得电吸合并自锁，然后便可通过 $QC_1 \sim QC_3$ 分别控制各电动机，凸轮控制器的触点工作状态如图 3-50 所示。

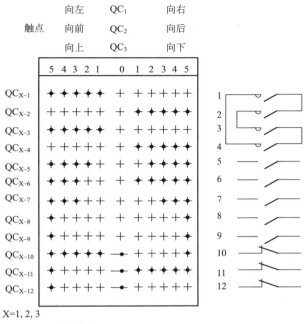

图3-50 凸轮控制器的触点工作状态

凸轮控制器 QC_3、QC_2、QC_1 分别对大车、小车、吊钩电动机 $M_3 \sim M_1$ 进行控制。各凸轮控制器的位数为 5-0-5，共有 11 个操作位和 12 副触点。其中 4 副触点（1、2、3、4）控制各相对应电动机的正反转；5 副触点（5 ～ 9）控制电动机的启动和分级短接相应电阻；两副触点（10、11）和限位开关配合，用于大车行车、小车行车和吊钩提升极限位置的保护；另一副触点（12）用于零位启动保护。

十二、熔断器

1. 熔断器的用途

熔断器是低压电力拖动系统和电气控制系统中使用最多的安全保护电器之一，其主要作用是用于短路保护，也可用于负载过载保护。熔断器主要由熔体和安装熔体的熔管及底座组成，其各部分的作用如表 3-10 所示。

表3-10 熔断器各部分作用

各部分名称	材料及作用
熔体	由铅、铅锡合金或锌等低熔点材料制成的熔体，多用于小电流电路；由银、铜等较高熔点金属制成的熔体，多用于大电流电路

续表

各部分名称	材料及作用
熔管	用耐热绝缘材料制成，在熔体熔断时兼有灭弧的作用
底座	用于固定熔管和外接引线

熔体在使用时应串联接在需要保护的电路中，熔体是用铅、锌、铜、银、锡等金属或电阻率较高、熔点较低的合金材料制作而成的。如图 3-51 所示为熔断器实物。

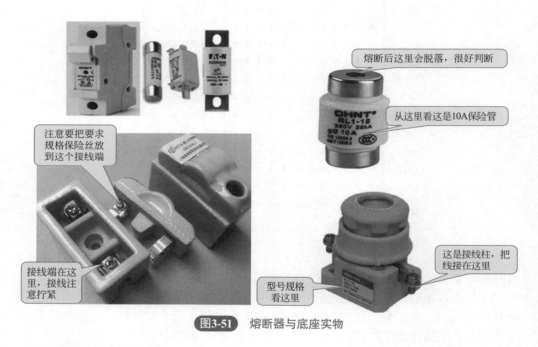

注意要把要求规格保险丝放到这个接线端

熔断后这里会脱落，很好判断

从这里看这是10A保险管

接线端在这里，接线注意拧紧

这是接线柱，把线接在这里

型号规格看这里

图3-51 熔断器与底座实物

2. 熔断器选用原则

在低压电气控制电路选用熔断器时，通常只考虑熔断器的主要参数如额定电流、额定电压和熔体的额定电流。

（1）额定电流　在电路中熔断器能够正常工作而不损坏时所通过的最大电流，该电流由熔断器各部分在电路中长时间正常工作时的温度所决定。注意：选用的熔断器的额定电流不应小于电路的额定电流。

（2）额定电压　在电路中熔断器能够正常工作而不损坏时所承受的最高电压。如果熔断器在电路中的实际工作电压大于其额定电压，那么熔体熔断时有可能会引起电弧而不能熄灭，因此选用的熔断器的额定电压应高于电路中实际工作电压。

（3）熔体额定电流　在规定的工作条件下，长时间流过熔体而熔体不损坏的最大安全电流。实际使用中，额定电流等级相同的熔断器可以选用若干个等级不同的熔体额定电流。根据不同的低压熔断器所要保护的负载，选择熔体额定电流的方法也有所不同，如表3-11所示。

表3-11　低压熔断器熔体选用原则

保护对象	选用原则
电炉和照明等电阻性负载短路保护	熔体的额定电流等于或稍大于电路的工作电流
保护单台电动机	考虑到电动机所受启动电流的冲击，熔体的额定电流应大于等于电动机额定电流的1.5～2.5倍。一般，轻载启动或启动时间短时选用1.5倍，重载启动或启动时间较长时选2.5倍
保护多台电动机	熔体的额定电流应大于等于容量最大电动机额定电流的1.5～2.5倍与其余电动机额定电流之和
保护配电电路	防止熔断器越级动作而扩大断路范围，后一级熔体的额定电流比前一级熔体的额定电流至少要小一个等级

3. 熔断器的检测

检测熔断器时，万用表选用电阻挡或者是蜂鸣器挡进行检测。在测量时如果所测量的阻值很小（几乎为零），或者蜂鸣器挡蜂鸣，指示灯亮，说明熔断器是好的。如果在测量时所测量的阻值很大或者蜂鸣器挡无蜂鸣，指示灯不亮，说明熔断器是坏的，如图3-52所示。

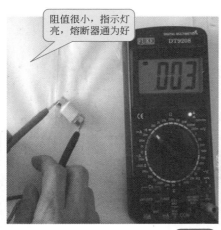

阻值很小，指示灯亮，熔断器通为好

阻值很大，指示灯不亮，熔断器为断路

图3-52　熔断器的检测

4. 熔断器常见故障及处理措施

低压熔断器的好坏判断：用指针表电阻挡测量，若熔体的电阻值为零，说明熔体是好的；若熔体的电阻值不为零，说明熔体损坏，必须更换熔体。低压熔断器的常见故障及处理方案如表3-12所示。

表3-12　低压熔断器的常见故障及处理方法

故障现象	故障分析	处理措施
电路接通瞬间，熔体熔断	熔体电流等级选择过小	更换熔体
	负载侧短路或接地	排除负载故障
	熔体安装时受机械损伤	更换熔体
熔体未见熔断，但电路不通	熔体或接线座接触不良	重新连接

5. 熔断器的应用

　　熔断器在电路当中主要起保护作用，如图3-53所示电路中主电路设有三个熔断器，辅助电路设有2个熔断器，一旦过流，对应的熔断器就会熔断，保护电路其他元件不被烧坏。电动机控制电路工作过程为：当合上空开时，电动机不会启动运转，这是因为KM线圈未通电，只有按下按钮SB_1使线圈KM通电，主电路中的KM主触点闭合，电动机M即可启动。这种只有按下启动按钮电动机才会运转，松开按钮即停转的线路，称为点动控制线路。

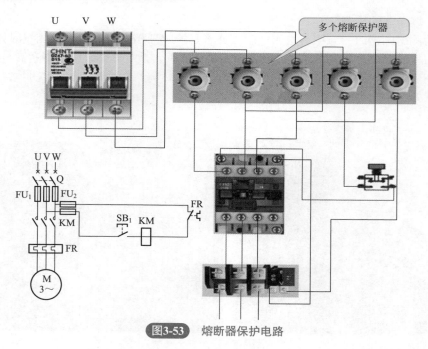

多个熔断保护器

图3-53　熔断器保护电路

十三、断路器

1. 断路器的用途

　　低压断路器又称自动空气开关或自动空气断路器，是一种重要的控制和保护电器，主要用于交直流低压电网和电力拖动系统中，既可手动又可电动分合电路。它集控制和多种保护功能于一体，对电路或用电设备实现过载、短路和欠电压等保护，也可以用于不频繁地转换电路及启动电动机。低压断路器主要由触点、灭弧系统和各种脱扣器三部分组成。常见的低压断路器外形结构及用途见表 3-13。如图 3-54 所示为断路器实物图。

表3-13　低压断路器外形结构及用途

名称	框架式	塑料外壳式
结构图	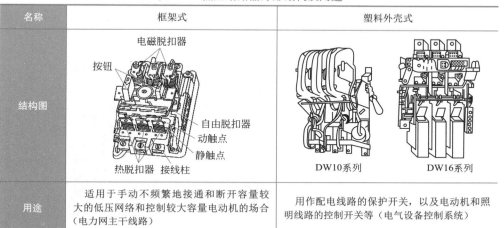	
用途	适用于手动不频繁地接通和断开容量较大的低压网络和控制较大容量电动机的场合（电力网主干线路）	用作配电线路的保护开关，以及电动机和照明线路的控制开关等（电气设备控制系统）

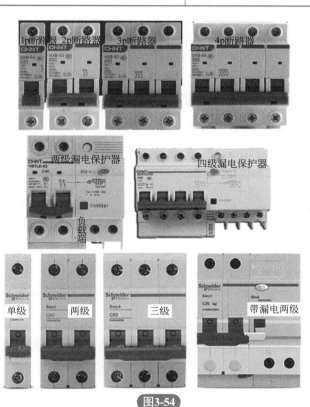

图3-54

断路器的检测

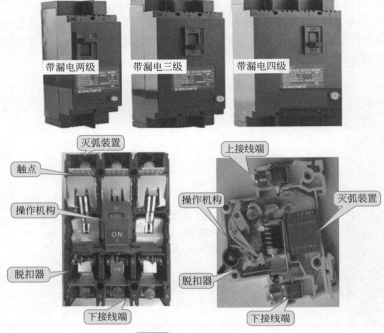

图3-54 断路器实物

2. 断路器的选用原则

在低压电气控制电路中选用低压断路器时，常常只考虑低压断路器的主要参数，如额定电流、额定电压和壳架等级额定电流。

① 额定电流　低压断路器的额定电流应不小于被保护电路的计算负载电流。即用于保护电动机时，低压断路器的长延时电流整定值等于电动机额定电流；用于保护三相笼型异步电动机时，其瞬时整定电流等于电动机额定电流的 8～15 倍，倍数与电动机的型号、容量和启动方法有关；用于保护三相绕线式异步电动机时，其瞬间整定电流等于电动机额定电流的 3～6 倍。

② 额定电压　低压断路器的额定电压应不高于被保护电路的额定电压。即低压断路器欠电压脱扣器额定电压等于被保护电路的额定电压；低压断路器分励脱扣器额定电压等于控制电源的额定电压。

③ 壳架等级额定电流　低压断路器的壳架等级额定电流应不小于被保护电路的计算负载电流。

④ 注意事项　用于保护和控制不频繁启动电动机时，还应考虑断路器的操作条件和使用寿命。

3. 通用断路器的检测

在检测断路器时，用万用表电阻挡（低挡位）或者蜂鸣挡检测，检测断路器在断开时的状态，其输入端和输出端均不应相通。然后将断路器接通检测输入端和输出端，应该相通。最后接通电源将断路器闭合，检测输出端的电压应等于输入端电压，再按漏电保护触发按钮，此时断路器应该跳开切断电源，如图 3-55 所示。如果按动试跳按钮断路器不能跳开，说明漏电功能失效，也就是断路器损坏，应更换新断路器。

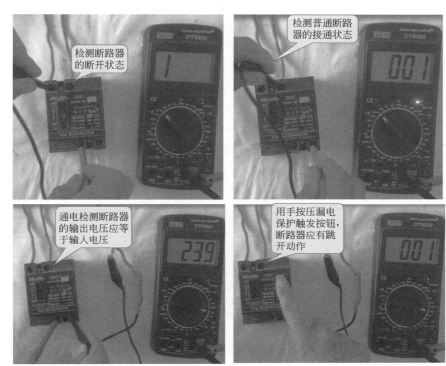

图3-55 通用断路器检测

某些断路器有过电流调整，在使用时应根据负载电流调整过电流值到合适位置。其他测试方法与测量普通断路器的测量方法相同，如图 3-56 所示。

图3-56 过电流调整型断路器检测

4. 万能式断路器

（1）万能式断路器的用途结构　万能式断路器用来分配电能，保护线路及电源设备免受过载、欠电压、短路、单相接地等故障的危害。万能式断路器具有智能化保护功能，选择性保护精确，能提高供电可靠性，避免不必要的停电。万能式断路器能广泛用于电站、工厂、矿山和现代高层建筑，特别是智能楼宇中的配电系统。万能式断路器的结构如图3-57所示。

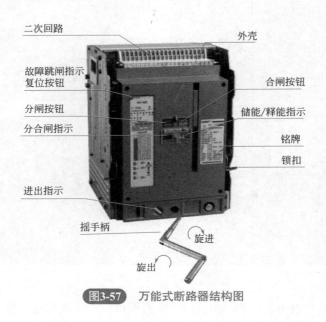

二次回路　外壳

故障跳闸指示复位按钮　合闸按钮

分闸按钮　储能/释能指示

分合闸指示　铭牌

锁扣

进出指示

摇手柄　旋进

旋出

图3-57 万能式断路器结构图

（2）万能式断路器的安装

a. 断路器安装起吊时，应把吊索正确钩挂在断路器两侧提手上，起吊时应尽可能使其保持垂直，避免磕碰，以免造成内在的不易觉察的损伤而留下隐患。

b. 检查断路器的规格是否符合要求。

c. 用500V兆欧表检查断路器各相之间及各相对地之间的绝缘电阻，在周围介质温度为（20±5）℃和相对湿度为50%～70%时绝缘电阻值应大于20MΩ，否则应进行干燥处理。

d. 检查断路器各部分动作的可靠性，电流、电压脱扣器特性是否符合要求，闭合、断开是否可靠。断路器在闭合和断开过程中其可动部分与灭弧罩等零件应无卡、碰等现象（注意：进行闭合操作时欠压线圈应通以额定电压或用螺钉紧固，以免造成误判）。

e. 安装时应严格遵守断路器的飞弧距离及安全间距（＞100mm）。

f. 断路器必须垂直安装于平整坚固的底架或固定架上，并用螺栓紧固，以免由于安装平面不平使断路器或抽屉式支架受到附加力而引起变形。

g. 抽屉式断路器安装时还必须检查主回路触刀与触刀座的配合情况及二次回

路对应触点的配合情况是否良好，如发现由于运输等原因而产生偏移，应及时予以修正。

h. 在进行电气连接前应先切断电源，确保电路中没有电压存在。连接母排或连接电缆应与断路器自然连接，若连接母排的形位尺寸不当应事先整形，不能用强制性外力使其与断路器主回路进出线勉强相接而使断路器发生变形，影响其动作的可靠性。

i. 用户应考虑到预期短路电流对母排之间可能产生强大的电动力而影响到断路器的进出线端，故必须用强度足够的绝缘板条在近断路器处对母排予以紧固。

j. 用户应对断路器进行可靠的保护接地，固定式断路器的接地处标有明显的接地标记，抽屉式断路器的接地借助于抽屉支架来实现。

k. 按线路图连接好控制装置和信号装置，在闭合操作前必须安装好灭弧罩，插好隔弧板并清除安装过程中产生的尘埃及可能遗留下来的杂物（如金属屑、导线等）。

（3）万能式断路器的使用与维护

a. 断路器使用时应将磁铁工作极面上的防锈油揩净并保持清洁。

b. 各转动轴孔及摩擦部分必须定期添加润滑油。

c. 断路器在使用过程中要定期检查，以保证使用的安全性和可靠性。

Ⅰ. 定期清刷灰尘，以保持断路器的绝缘水平。

Ⅱ. 按期对触点系统进行检查（注意：检查时应使断路器处于隔离位置）。

● 检查弧触点的烧损程度，如果动、静弧触点刚接触时，主触点的小开距小于2mm，必须重新调整或更换弧触点。

● 检查主触点的电磨损程度，若发现主触点上有小的金属颗粒形成，则应及时铲除并修复平整；如发现主触点超程小于4mm，必须重新调整；如主触点上的银合金厚度小于1mm时，必须更换触点。

● 检查软连接断裂情况，去掉折断的带层。若长期使用后软连接折断情况严重（接近1/2），则应及时更换。

d. 当断路器分断短路电流后，除必须检查触点系统外，还必须清除灭弧罩两壁烟痕及检查灭弧栅片烧损情况，如严重应更换灭弧罩。

5. 断路器的常见故障及处理措施

断路器的常见故障及处理措施见表3-14。

表3-14　断路器的常见故障及处理方法

故障现象	故障分析	处理措施
不能合闸	欠压脱扣器无电压和线圈损坏	检查施加电压和更换线圈
	储能弹簧力过大	更换储能弹簧
	反作用弹簧力过大	重新调整
	机构不能复位再扣	调整再扣接触面至规定值

电工电路从入门到精通

故障现象	故障分析	处理措施
电流达到整定值，断路器不动作	热脱扣器双金属片损坏	更换双金属片
	电磁脱扣器的衔铁与铁芯的距离太大或电磁线圈损坏	调整衔铁与铁芯的距离或更换断路器
	主触点熔焊	检查原因并更换主触点
启动电动机时断路器立即分断	电磁脱扣器瞬动整定值过小	调高整定值至规定值
	电磁脱扣器某些零件损坏	更换脱扣器
断路器闭合后经一定时间自行分断	热脱扣器整定值过小	调高整定值至规定值
断路器温升过高	触点压力过小	调整触点压力或更换弹簧
	触点表面过分磨损或接触不良	更换触点或整修接触面
	两个导电零件连接螺钉松动	重新拧紧

断路器使用注意事项：

① 安装时低压断路器垂直于配电板，上端接电源线，下端接负载。

② 低压断路器在电气控制系统中若作为电源总开关或电动机的控制开关，则必须在电源进线侧安装熔断器或刀开关等，这样可出现明显的保护断点。

③ 低压断路器在接入电路后，在使用前应将防锈油脂擦在脱扣器的工作表面上；设定好脱扣器的保护值后，不允许随意改动，避免影响脱扣器保护值。

④ 低压断路器在使用过程中分断短路电流后，要及时检修触点，发现电灼烧痕现象，应及时修理或更换。

⑤ 定期清扫断路器上的积尘和杂物，定期检查各脱扣器的保护值，定期给操作机构添加润滑剂。

6. 断路器的应用电路

点动控制电路是电动机控制电路中最常用的电路。接触器点动控制的直接启动控制电路如图 3-58 所示。

当合上空开时，电动机不会启动运转，这点因为 KM 线圈未通电，只有按下按钮 SB$_1$ 使线圈 KM 通电，主电路中的 KM 主触点闭合，电动机 M 即可启动。这种只有按下启动按钮电动机才会运转，松开按钮即停转的线路，称为点动控制线路。

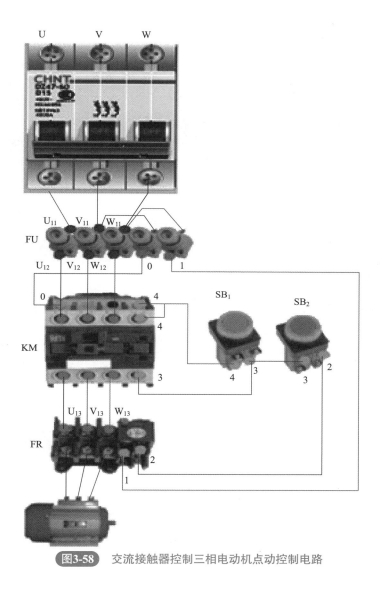

图3-58　交流接触器控制三相电动机点动控制电路

第二节　继电器与接触器的检修

一、小型电磁继电器

1. 结构

继电器是具有隔离功能的自动开关元件，广泛应用于遥控、遥测、通信、自动控制、机电一体化及电力电子设备中，是重要的控制元件之一。电磁继电器实物如

图 3-59 所示。

单触点继电器

继电器插座

多触点继电器

各种小型继电器

图3-59 电磁继电器实物图

2. 电磁继电器的主要技术参数

① 额定工作电压和额定工作电流　额定工作电压是指继电器在正常工作时线圈两端所加的电压，额定工作电流是指继电器在正常工作时线圈需要通过的电流。使用中必须满足线圈对工作电压、工作电流的要求，否则继电器不能正常工作。

② 线圈直流电阻　线圈直流电阻是指继电器线圈直流电阻的阻值。

③ 吸合电压和吸合电流　吸合电压是指使继电器能够产生吸合动作的最小电压值，吸合电流是指使继电器能够产生吸合动作的最小电流值。为了确保继电器的触点能够可靠吸合，必须给线圈加上稍大于额定电压（电流）的实际电压（电流）值，但也不能太高，一般为额定值的 1.5 倍，否则会导致线圈损坏。

④ 释放电压和释放电流　释放电压是指使继电器从吸合状态到释放状态所需的最大电压值，释放电流是指使继电器从吸合状态到释放状态所需的最大电流值。为保证继电器按需要可靠地释放，在继电器释放时，其线圈所加的电压必须小于释放电压。

⑤ 触点负荷　触点负荷是指继电器触点所允许通过的电流和所加的电压，也就是触点能够承受的负载大小。在使用时，为避免触点过电流损坏，不能用触点负荷小的继电器去控制负载大的电路。

⑥ 吸合时间　吸合时间是指给继电器线圈通电后，触点从释放状态到吸合状态所需要的时间。

3. 电磁继电器的识别

根据线圈的供电方式，电磁继电器可以分为交流电磁继电器和直流电磁继电器两种，交流电磁继电器的外壳上标有"AC"字符，而直流电磁继电器的外壳上标有

"DC"字符。根据触点的状态，电磁继电器可分为常开型继电器、常闭型继电器和转换型继电器三种。三种电磁继电器的图形符号如表 3-15 所示。

表 3-15　电磁继电器的图形符号

线圈符号	触点符号	
KR	KR-1	常开触点（动合），称 H 型
	KR-2	常闭触点（动断），称 D 型
	KR-3	转换触点（切换），称 Z 型
KR₁	KR₁₋₁　　KR₁₋₂　　KR₁₋₃	
KR₂	KR₂₋₁　　KR₂₋₂	

常开型继电器也称动合型继电器，通常用"合"字的拼音字头"H"表示，此类继电器的线圈没有电流时，触点处于断开状态，当线圈通电后触点就闭合。

常闭型继电器也称动断型继电器，通常用"断"字的拼音字头"D"表示，此类继电器的线圈没有电流时，触点处于接通状态，当线圈通电后触点就断开。

转换型继电器用"转"字的拼音字头"Z"表示，转换型继电器有 3 个一字排开的触点，中间的触点是动触点，两侧的是静触点。此类继电器的线圈没有导通电流时，动触点与其中的一个静触点接通，而与另一个静触点断开；当线圈通电后动触点移动，与原闭合的静触点断开，与原断开的静触点接通。

电磁继电器按控制路数可分为单路继电器和双路继电器两大类。双控型电磁继电器就是设置了两组可以同时通断的触点的继电器，其结构及图形符号如图 3-60 所示。

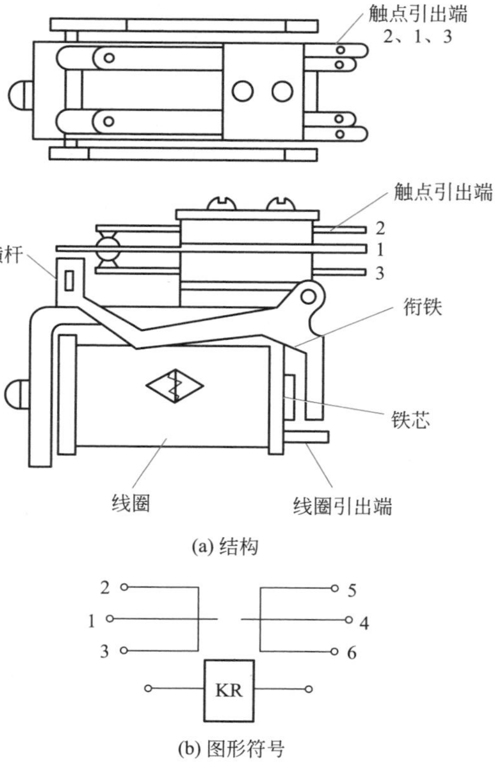

(a) 结构

(b) 图形符号

图3-60　双控型电磁继电器的结构及图形符号

4. 电磁继电器的检测

（1）判别类型（交流或直流） 电磁继电器分为交流与直流两种，在使用时必须加以区分。凡是交流继电器，因为交流电不断呈正弦变化，当电流经过零值时，电磁铁的吸力为零，这时衔铁将被释放；电流过了零值，吸力恢复又将衔铁吸入，这样，伴着交流电的不断变化，衔铁将不断地被吸入和释放，势必产生剧烈的振动。为了防止这一现象的发生，在其铁芯顶端装有一个铜制的短路环（直流电磁继电器则没有铜环），短路环的作用是：当交变的磁通穿过短路环时，在其中产生感应电流，从而阻止交流电过零时原磁场的消失，使衔铁和磁轭之间维持一定的吸力，从而消除了工作中的振动。另外，在交流继电器的线圈上常标有"AC"字样，在直流继电器上标有"DC"字样。有些标有AC/DC的继电器，则要按标称电压正确使用。

测量线圈通断，不通或阻值太小为损坏

图3-61 测量线圈电阻

（2）测量线圈电阻 根据继电器标称直流电阻值，将万用表置于适当的电阻挡，可直接测出继电器线圈的电阻值，即将两表笔接到继电器线圈的两引脚，万用表指示应基本符合继电器标称直流电阻值。如果阻值无穷大，说明线圈有开路现象，可查一下线圈的引出端，看看是否线头脱落；如果阻值过小，说明线圈短路，但是通过万用表很难判断线圈的匝间短路现象；如果断头在线圈内部或看上去线包已烧焦，那么只有查阅数据，重新绕制，或换一个相同的线圈（图3-61）。

（3）判别触点的数量和类别 在继电器外壳上标有触点及引脚功能图，可直接判别；如无标注，可拆开继电器外壳，仔细观察继电器的触点结构，即可知道该继电器有几对触点，每对触点的类别以及哪个簧片构成一组触点，对应的是哪几个引出端（测量触点状态图3-62、图3-63）。

不通电状态时测常闭触点应导通

图3-62 测量常闭触点

给线圈加电压，使继电器工作，常开触点吸合，测量时常开触点应导通

图3-63 通电后测量常开触点

（4）检查衔铁工作情况 用手拨动衔铁，看衔铁活动是否灵活，有无卡滞的现

象。如果衔铁活动受阻，应找出原因加以排除。另外，也可用手将衔铁按下，然后再放开，看衔铁是否能在弹簧（或簧片）的作用下返回原位。注意，返回弹簧比较容易被锈蚀，应作为重点检查部位。

（5）测量吸合电压和吸合电流　给继电器线圈输入一组电压，且在供电回路中串入电流表进行监测。慢慢调高电源电压，听到继电器吸合声时，记下该吸合电压和吸合电流。为求准确，可以多试几次而求平均值。

（6）测量释放电压和释放电流　如上述那样连接测试，当继电器发生吸合后，再逐渐降低供电电压，当听到继电器再次发生释放声音时，记下此时的电压和电流，亦可多试几次而求平均值以得到释放电压和释放电流。一般情况下，继电器的释放电压为吸合电压的10% ～ 50%。如果释放电压太小（小于1/10的吸合电压），则不可正常使用，这样会对电路的稳定性造成威胁，工作不可靠。

5. 电磁继电器的应用电路

图 3-64 为电视机开关控制电路。用 VT_2 作为开关管，并联在继电器 JK 两端的二极管 VD_1 作为续流（阻尼）二极管，为 VT 截止时线圈中电流突然中断产生的反电势提供通路，避免过高的反向电压击穿 VT_2 的集电结。当 CPU 为高电平输出时，VT_1 截止、VT_2 导通，JK 吸合，电视机工作；而当 CPU 输出低电平时，VT_1 导通、VT_2 截止，JK 无电能断开。

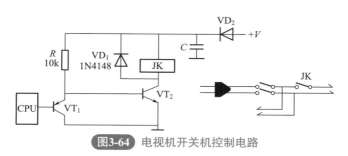

图3-64 电视机开关机控制电路

二、固态继电器

1. 固态继电器的作用结构

固态继电器（SSR）是一种全电子电路组合的元件，它依靠半导体器件和电子元件的电磁和光特性来完成其隔离和继电切换功能。固态继电器与传统的电磁继电器相比，是一种没有机械、不含运动零部件的继电器，但具有与电磁继电器本质上相同的功能。固态继电器的输入端用微小的控制信号直接驱动大电流负载，被广泛应用于工业自动化控制，如可应用于电炉加热系统、热控机械、遥控机械、电机、电磁阀以及信号灯、闪烁器、舞台灯光控制系统、医疗器械、复印机、洗衣机、消防保安系统等。固态继电器的外形如图 3-65 所示。

（1）固态继电器的特点　固态继电器的特点如下：一是输入控制电压低（3~14V），驱动电流小（3~15mA），输入控制电压与TTL、DTL、HTL电平兼容，直流或脉冲电压均能作输入控制电压；二是输出与输入之间采用光电隔离，可在以弱控强的同时，实现强电与弱电完全隔离，两部分之间的安全绝缘电压大于2kV，符合国际电气标准；三是输出无触点、无噪声、无火花、开关速度快；四是输出部分内部一般含有RC过电压吸收电路，以防止瞬间过电压而损坏固态继电器；五是过零触发型固态继电器对外界的干扰非常小；六是采用环氧树脂全灌封装，具有防尘、耐湿、寿命长等优点。固态继电器已广泛应用在各个领域，不仅可以用于加热管、红外灯管、照明灯、电机、电磁阀等负载的供电控制，而且可以应用到电磁继电器无法应用的单片机控制等领域，将逐步替代电磁继电器。

各种外形固态继电器，实现无触点开关

图3-65 固态继电器的外形

（2）固态继电器的分类　交流固态继电器按开关方式分为电压过零导通型（简称过零型）和随机导通型（简称随机型）；按输出开关元件分为双向晶闸管输出型（普通型）和单向晶闸管反并联型（增强型）；按安装方式分为印制电路板上用的针插式（自然冷却，不必带散热器）和固定在金属底板上的装置式（靠散热器冷却）；另外输入端又有宽范围输入（DC3~32V）的恒流源型和串电阻限流型等。

固态继电器按触发形式分为零压型（Z）和调相型（P）两种。

（3）固态继电器的电路结构　固态继电器主要由输入（控制）电路、驱动电路、输出（负载控制）电路、外壳和引脚构成。

①输入电路　输入电路是为输入控制信号提供的回路，使之成为固态继电器的触发信号源。固态继电器的输入电路多为直流输入，个别的为交流输入。直流输入又分为阻性输入和恒流输入。阻性输入电路的输入控制电流随输入电压呈线性正向变化；恒流输入电路在输入电压达到预置值后，输入控制电流不再随电压的升高而明显增大，输入电压范围较宽。

②驱动电路　驱动电路包括隔离耦合电路、功能电路和触发电路3个部分。隔离耦合电路目前多采用光电耦合和高频变压器耦合两种电路形式。常用的光电耦合器有发光管-光敏三极管、发光管-光晶闸管、发光管-光敏二极管阵列等。高频变压器耦合是指在一定的输入电压下，形成约10MHz的自激振荡脉冲，通过变压器磁芯将高频信号传递到变压器二次侧。功能电路可包括检波整流、零点检测、放大、加速、保护等各种功能电路。触发电路的作用是给输出器件提供触发信号。

③ 输出电路 固态继电器的功率开关直接接入电源与负载端，实现对负载电源的通断切换。固态继电器的功率开关主要使用的有大功率三极管（开关管 -Transistor）、单向晶闸管（Thyristor 或 SCR）、双向晶闸管（Triac）、功率场效应管（MOSFET）和绝缘栅型双极晶体管（IGBT）。固态继电器的输出电路也可分为直流输出电路、交流输出电路和交直流输出电路等形式。按负载类型，固态继电器可分为直流固态继电器和交流固态继电器。直流输出时可使用双极性器件或功率场效应管，交流输出时通常使用两只晶闸管或一只双向晶闸管。交流固态继电器又可分为单相交流固态继电器和三相交流固态继电器。

目前，直流固态继电器的输出器件主要使用大功率三极管、大功率场效应管、IGBT 等，交流固态继电器的控制器件主要使用单向晶闸管、双向晶闸管等。

交流固态继电器按触发方式又分为过零触发型和随机导通型两种。其中，过零触发型交流固态继电器是当控制信号输入后，在交流电源经过零电压附近时导通，不仅干扰小，而且导通瞬间的功耗小。随机导通型交流固态继电器则是在交流电源的任一相位上导通或关断，因此在导通瞬间会产生较大的干扰，并且它内部的晶闸管容易因功耗大而损坏。按采用的输出器件不同，交流固态继电器分为双向晶闸管普通型和单向晶闸管反并联增强型两种。单向晶闸管具有阻断电压高和散热性能好等优点，多被用来制造高、大电流产品和用于感性、容性负载中。

2. 固态继电器的主要参数

① 输入电流（电压） 输入流过的电流值（产生的电压值），一般标示全部输入电压（电流）范围内的输入电流（电压）最大值；在特殊声明的情况下，也可标示额定输入电压（电流）下的输入电流（电压）值。

② 接通电压（电流） 使固态继电器从关断状态转换到接通状态的临界输入电压（电流）值。

③ 关断电压（电流） 使固态继电器从接通状态转换到关断状态的临界输入电压（电流）值。

④ 额定输出电流 固态继电器在环境温度、额定电压、功率因数、有无散热器等条件下，所能承受的电流最大有效值。一般生产厂家都提供热降曲线，若固态继电器长期工作在高温状态下（40~80℃），用户可根据厂家提供的最大输出电流与环境温度曲线数据，考虑降额使用来保证它的正常工作。

⑤ 最小输出电流 固态继电器可以可靠工作的最小输出电流，一般只适用于晶闸管输出的固态继电器，类似于晶闸管的最小维持电流。

⑥ 额定输出电压 固态继电器在规定条件下所能承受稳态阻性负载的最大允许电压的有效值。

⑦ 瞬态电压 固态继电器在维持其关断的同时，能承受而不致造成损坏或失误导通的最大输出电压。超过此电压可以使固态继电器导通，若满足电流条件则是非破坏性的。瞬态持续时间一般不做规定，可以在几秒的数量级，受内部偏值网络功耗或电容器额定值的限制。

⑧ 输出电压降 固态继电器在最大输出电流下，输出两端的电压降。

⑨ 输出接通电阻 只适用于功率场效应管输出的固态继电器，由于此种固态继

电器导通时输出呈现线性电阻状态，故可以用输出接电阻来替代输出电压降表示输出的接通状态，一般采用瞬态测试法测试，以减少温升带来的测试误差。

⑩ 输出漏电流　固态继电器处于关断状态，输出端施加额定输出电压时流过输出端的电流。

⑪ 过零电压　只适用于交流过零型固态继电器，表征其过零接通时的输出电压。

⑫ 电压指数上升率　固态继电器输出端能够承受且不至于使其接通的电压上升率。

⑬ 接通时间　从输入到达接通电压时起，到负载电压上升到 90% 额定电压的时间。

⑭ 关断时间　从输入到达关断电压时起，到负载电压下降至额定电压的 10% 的时间。

⑮ 电气系统峰值　重复频率 10 次 / 秒、试验时间 1min、峰值电压幅度 600V、峰值电压波形为半正弦宽度 10μs，正反向各进行 1 次。

⑯ 过负载　一般为 1 次 / 秒、脉宽 100ms、10 次，过载幅度为额定输出电流的 3.5 倍，对于晶闸管输出的固态继电器也可按晶闸管的标示方法，单次、半周期，过载幅度为 10 倍额定输出电流。

⑰ 功耗　一般包括固态继电器所有引出端电压与电流乘积的和。对于小功率固态继电器可以分别标示输入功耗和输出功耗，而对于大功率固态继电器则可以只标示输出功耗。

⑱ 绝缘电压（输入/输出）　固态继电器的输入和输出之间所能承受的隔离电压的最小值。

⑲ 绝缘电压（输入、输出/底部基板）　固态继电器的输入、输出和底部基板之间所能承受的隔离电压的最小值。

表 3-16 和表 3-17 列出了几种 ACSSR 和 DCSSR 的主要性能参数，可供选用时参考。表中的两个重要参数为输出负载电压和输出负载电流，在选用器件时应加以注意。

表 3-16　几种 ACSSR 的主要参数

型号	输入电压/V	输入电流/mA	输出负载电压/V	断态漏电流/mA	输出负载电流/A	通态压降/V
V23103-S 2192-B402	3~30	<30	24~280	4.5	2.5	1.6
G30-202P	3~28		75~250	<10	2	1.6
GTJ-1AP	3~30	<30	30~220	<5	1	1.8
GTJ-2.5AP	3~30	<30	30~220	<5	2.5	1.8
SP1110		5~10	24~140	<1	1	
SP2210		10~20	24~280	<1	2	
JGX-10F	3.2~14	20	25~250	10	10	

表3-17 几种DCSSR主要参数

型号	#675	GTJ-0.5DP	GTJ-1DP	16045580
输入电压/V	10~32	6~30	6~30	5~10
输入电流/mA	12	3~30	3~30	3~8
输出负载电压/V	4~55	24	24	25
输出负载电流/A	3	0.5	1	1
断态漏电流/mA	4	10（μA）	10（μA）	1
通态压降/V	2（2A时）	1.5（1A时）	1.5（1A时）	0.6
开通时间/μs	500	200	200	
关断时间/ms	2.5	1	1	

3. 固态继电器的检测

（1）输入部分检测　检测固态继电器输入部分如图3-66所示。固态继电器输入部分一般为光电隔离器件，因此可用万用表检测输入两引脚的正反向电阻，测试结果应为一次有阻值，一次无穷大。如果两次测试结果均为无穷大，说明固态继电器输入部分已经开路损坏；如果两次测试阻值均很小或者几乎为零，说明固态继电器输入部分短路损坏。

（a）正向测量　　　　　　　　　　　　　（b）反向测量

图3-66 检测输入部分

（2）输出部分检测　检测固态继电器输出部分如图3-67所示。用万用表测量固态继电器输出端引脚之间的正反向电阻，均应为无穷大。单向直流型固态继电器除外，因为单向直流型固体继电器输出器件为场效应管或IGBT，这两种管在输出两脚之间会并接反向二极管，所以使用万用表测量时也会呈现出一次有阻值、一次为无穷大的现象。

（3）通电检测固态继电器　在上一步检测的基础上，给固态继电器输入端接入规定的工作电压，这时固态继电器输出端两引脚之间应导通，万用表指针指示阻值很小，如图3-68所示。断开固态继电器输入端的工作电压后，其输出端两引脚之间应截止，万用表指针指示为无穷大，如图3-69所示。

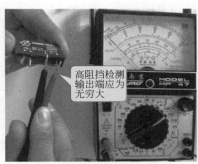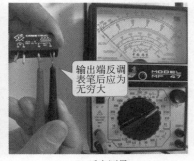

(a) 正向测量　　　　　　　　　　　　　(b) 反向测量

图3-67　检测输出部分

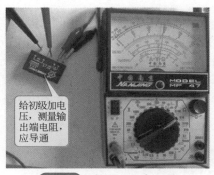

图3-68　接入工作电压时　　　　　　　图3-69　断开工作电压时

4. 固态继电器的应用

如图 3-70 所示为光电式水龙头电路。当手靠近时，挡住 VD_1 发光，CX20106 的⑦脚为高电平，K 吸合，带动电磁阀工作，水流出；洗手完毕，VD_1 又照到 PH302，K 截止，电磁阀不工作，并关闭水阀。

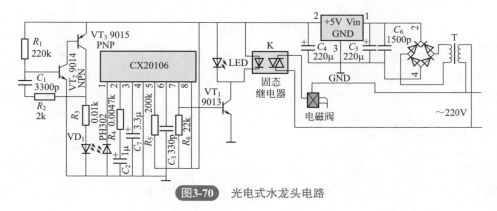

图3-70　光电式水龙头电路

三、中间继电器

1. 中间继电器外形及结构

常见的交直流中间继电器，结构如图3-71、图3-72所示。交直流中间继电器是整体结构，采用螺管直动式磁系统及双断点桥式触点。其基本结构交直通用，但交流铁芯为平顶形；直流铁芯与衔铁为圆锥形接触面，以获得较平坦的吸力特性。触点采用直列式布置，对数可达8对，可按6开2闭、4开4闭或2开6闭任意组合。变换反力弹簧的反作用力，可获得动作特性的最佳配合。如图3-73所示为中间继电器实物图。

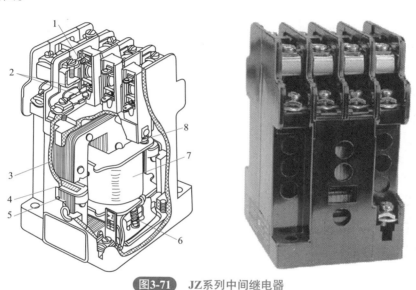

图3-71　JZ系列中间继电器

1—常闭触点；2—常开触点；3—动铁芯；4—短路环；5—静铁芯；6—反作用弹簧；7—线圈；8—复位弹簧

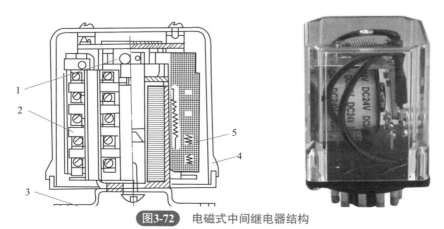

图3-72　电磁式中间继电器结构

1—衔铁；2—触点系统；3—支架；4—罩壳；5—电压线圈

中间继电器的检测

图3-73 中间继电器实物

2. 中间继电器选用原则

（1）种类、型号与使用类别 继电器种类的选用，主要看被控制和保护对象的工作特性；型号主要依据控制系统提出的灵敏度或精度要求进行选择；使用类别决定了继电器所控制的负载性质及通断条件，应与控制电路的实际要求相比较，视其能否满足需要。

（2）使用环境 根据使用环境选择继电器，主要考虑继电器的防护和使用区域。如对于含尘埃及腐蚀性气体、易燃、易爆的环境，应选用带罩壳的全封闭式继电器。对于高原及湿热带等特殊区域，应选用适合其使用条件的产品。

（3）额定数据 继电器的额定数据在选用时主要注意线圈额定电压、触点额定电压和触点额定电流。线圈额定电压必须与所控电路相符，触点额定电压可为继电器的最高额定电压（即继电器的额定绝缘电压）。继电器的最高工作电流一般小于该继电器的额定发热电流。

（4）工作制 继电器一般适用于8小时工作制（间断长期工作制）、反复短时工作制和短时工作制。在选用反复短时工作制时，由于吸合时有较大的启动电流，所以使用频率应低于额定操作频率。

3. 中间继电器使用注意事项

（1）安装前的检查

a. 根据控制电路和设备的要求，检查继电器铭牌数据和整定值是否与要求相符。

b. 检查继电器的活动部分是否灵活、可靠，外罩及壳体是否有损坏或短缺件等情况。

c. 清洁继电器表面的污垢，去除部件表面的防护油脂及灰尘，如中间继电器双

E形铁芯表面的防锈油，以保证运行可靠。

（2）安装与调整　安装接线时，应检查接线是否正确，接线螺钉是否拧紧；对于线芯很细的导线应对折一次，以增加线芯截面积，以免造成虚连。

对电磁式控制继电器，应在触点不带电的情况下，使吸引线圈带电操作几次，看继电器动作是否可靠。

对电流继电器的整定值作最后的校验和整定，以免造成其控制及保护失灵而出现严重事故。

（3）运行与维护　定期检查继电器各零部件有无松动、卡住、锈蚀、损坏等现象，一经发现及时修理。保持触点清洁与完好，在触点磨损至1/3厚度时应考虑更换。触点烧损应及时修理。

如在选择时估计不足，使用时控制电流超过继电器的额定电流，或为了使工作更加可靠，可将触点并联使用。如需要提高分断能力时（一定范围内）也可用触点并联的方法。

4. 中间继电器的检测

检测中间继电器时，首先用万用表的电阻挡或者是蜂鸣挡测量所有的常闭触点是否相通，再检测所有的常开触点均为断开状态，然后用万用表测量线圈电阻值，应该有一定的电阻值。根据线圈的电压值不同，其电阻值有所变化，额定电压越高，线圈电阻值越大。如阻值为零或很小，为线圈烧毁，阻值为无穷大为线圈断路，如图 3-74 所示。

一般情况下，用万用表按上述规律检测后认为中间继电器基本是好的。进一步测量可用螺丝刀按一下中间继电器的联动杆，测量常开触点应该闭合接通。判断中间继电器的电磁机械操作部件，可以进行通电试验，也就是给中间继电器加入额定的工作电压，此时中间继电器能吸合，然后用万用表测量其常开触点应相通。如图 3-74 所示，经上述测量说明中间继电器是好的。

5. 中间继电器常见故障与处理措施

电磁式继电器的结构和接触器十分接近，其故障的检修可参照接触器进行。下面只对不同之处作简单介绍。

长期使用时，油污、粉尘、短路等现象会造成继电器触点虚连，有时会产生重大事故，这种故障一般检查时很难发现，除非进行接触可靠性试验，为此，继电器用于特别重要的电气控制回路时应注意下列情况：

① 尽量避免用 12V 及以下的低压电作为控制电压。在这种低压控制回路中，因虚连引起的事故较常见。

② 控制回路采用 24V 作为额定控制电压时，应将其触点并联使用，以提高工作可靠性。

③ 控制回路必须用低电压控制时，采用 48V 较优。

6. 中间继电器的应用

如由一只中间继电器构成的缺相保护电路可参考第六章彩图 6-49。

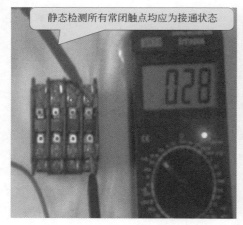

静态检测所有常闭触点均应为接通状态

静态检测所有常开触点均为断开状态

按压触点控端，测试所有常开触点应接通

测试线圈电阻应有一定阻值，如为很大或不通为断路，阻值很小为短路

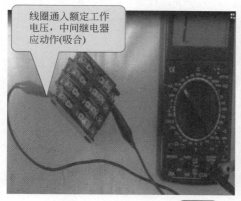

线圈通入额定工作电压，中间继电器应动作(吸合)

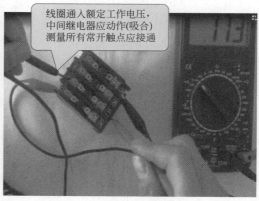

线圈通入额定工作电压，中间继电器应动作(吸合)测量所有常开触点应接通

图3-74 中间继电器的检测

四、热继电器

1. 热继电器外形及结构

（1）热继电器外形及结构　热继电器是利用电流的热效应来推动机构使触点闭合或断开的保护电器，主要用于电动机的过载保护、断相保护、电流的不平衡运行保护及其他电气设备发热状态的控制。常见的双金属片式热继电器的外形结构及符号如图3-75所示。如图3-76所示热继电器实物图。

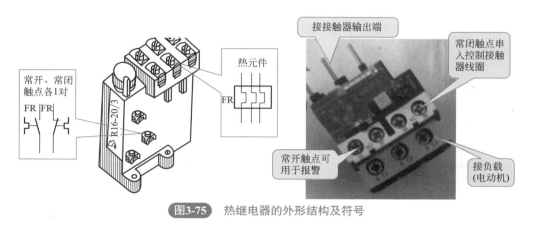

图3-75 热继电器的外形结构及符号

图3-76 热继电器实物

（2）热继电器的选用原则　热继电器的技术参数主要有额定电压、额定电流、整定电流和热元件规格，选用时，一般只考虑其额定电流和整定电流两个参数，其他参数只有在特殊要求时才考虑。

① 额定电压是指热继电器触点长期正常工作所能承受的最大电压。

② 额定电流是指热继电器允许装入热元件的最大额定电流，根据电动机的额定电流选择热继电器的规格，一般应使热继电器的额定电流略大于电动机的额定电流。

③ 整定电流是指长期通过热元件而热继电器不动作的最大电流。一般情况下，热元件的整定电流为电动机额定电流的0.95～1.05倍；若电动机拖动的是冲击性负载或启动时间较长及拖动设备不允许停电的场合，热继电器的整定电流值可取电动机额定电流的1.1～1.5倍；若电动机的过载能力较差，热继电器的整定电流可取电动机额定电流的0.6～0.8倍。

④ 当热继电器所保护的电动机绕组是Y形接法时，可选用两相结构或三相结构的热继电器；当电动机绕组是△形接法时，必须采用三相结构带端相保护的热继电器。

2. 常见故障与检修

热继电器的常见故障及处理措施见表3-18。

表3-18　热继电器的常见故障及处理方法

故障现象	故障分析	处理措施
热元件烧断	负载侧短路，电流过大	排除故障、更换热继电器
	操作频率过高	更换合适参数的热继电器
热继电器不动作	热继电器的额定电流值选用不合适	按保护容量合理选用
	整定值偏大	合理调整整定值
	动作触点接触不良	消除触点接触不良因素
	热元件烧断或脱焊	更换热继电器
	动作机构卡阻	消除卡阻因素
	导板脱出	重新放入并调试
热继电器动作不稳定，时快时慢	热继电器内部机构某些部件松动	将这些部件加以紧固
	在检查中弯折了双金属片	用2倍电流预试几次或将双金属片拆下来热处理以除去内应力
	通电电流波动太大或接线螺钉松动	检查电源电压或拧紧接线螺钉
热继电器动作太快	整定值偏小	合理调整整定值
	电动机启动时间过长	按启动时间要求，选择具有合适的可返回时间的热继电器
	连接导线太细	选用标准导线
	操作频率过高	更换合适的型号
	使用场合有强烈冲击和振动	采取防振动措施
	可逆转频繁	改用其他保护方式
	安装热继电器与电动机环境温差太大	按两低温差情况配置适当的热继电器

故障现象	故障分析	处理措施
主电路不通	热元件烧断	更换热元件或热继电器
	接线螺钉松动或脱落	紧固接线螺钉
控制电路不通	触点烧坏或动触片弹性消失	更换触点或弹簧
	可调整式旋钮在不合适的位置	调整旋钮或螺钉
	热继电器动作后未复位	按动复位按钮

热继电器使用注意事项：

① 必须按照产品说明书中规定的方式安装，安装处的环境温度应与所处环境温度基本相同。当与其他电器安装在一起时，应注意将热继电器安装在其他电器的下方，以免其动作特性受到其他电器发热的影响。

② 热继电器安装时，应清除触点表面尘污，以免因接触电阻过大或电路不通而影响热继电器的动作性能。

③ 热继电器出线端的连接导线应按照标准选择。导线过细，轴向导热性差，热继电器可能提前动作；反之，导线过粗，轴向导热快，继电器可能滞后动作。

④ 使用中的热继电器应定期通电校验。

⑤ 热继电器在使用中应定期用布擦净尘埃和污垢，若发现双金属片上有锈斑，应用清洁棉布蘸汽油轻轻擦除，切忌用砂纸打磨。

⑥ 热继电器在出厂时均调整为手动复位方式，如果需要自动复位，只要将复位螺钉顺时针方向旋转 3 ～ 4 圈，并稍微拧紧即可。

3. 热继电器的检测

检修热继电器时，用万用表电阻挡（低挡位）或者蜂鸣挡检测，测量其输入和输出端的电阻值应很小或为零，说明常闭触点为接通的状态。如果阻值较大或者不通，则为热继电器损坏。

再用万用表检测热继电器的常开触点和常闭触点，其常开触点应为断开状态，常闭触点应为接通状态，如图 3-77 所示。

4. 热继电器的应用

图 3-78 为热继电器保护电路，整个电路由断路器、启动按钮、停止按钮、接触器或中间继电器、热保护器及电动机构成，热继电器在应用时，应将热继电器串入电动机的回路当中。

接通电源之后，电流通过断路器加到启动、停止按钮，当按动启动按钮时，接触器线圈得到供电，触点吸合，电流通过热继电器流向电动机，电动机旋转；当按动停止按钮时，则断开接触器的线圈的供电，电动机停止运转。

当电动机过载时，热继电器过流发热，内部双金属片变形，其常闭触点会断开，自动切断接触器的线圈供电，则接触器断开，电动机停止运行。

检测输入与输出端应接通

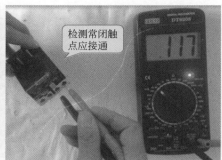

检测常闭触点应接通

热继电器的检测

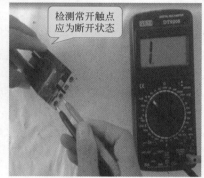

检测常开触点应为断开状态

图3-77　热继电器的检测

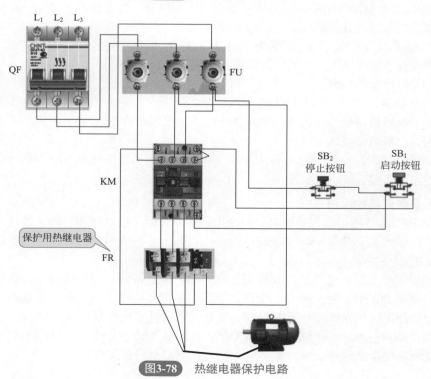

图3-78　热继电器保护电路

由于热继电器一旦被触发，不能够自动复位，因此，当排除电动机过流故障后，应手动调整复位按钮进行复位，为再次启动做好准备。

五、时间继电器

1. 时间继电器外形及结构

（1）时间继电器外形及结构　时间继电器是一种按时间原则进行控制的继电器，从得到输入信号（线圈的通电或断电）起，需经过一段时间的延时后才输出信号（触点的闭合或分断）。它广泛用于需要按时间顺序进行控制的电气控制线路中。时间继电器有电磁式、电动式、空气阻尼式、晶体管式等，目前电力拖动线路中应用较多的是空气阻尼式时间继电器和晶体管式时间继电器，它们的外形结构及特点见表3-19。

表3-19　常见时间继电器外形结构及特点

名称	空气阻尼式时间继电器	晶体管式时间继电器
结构图		
特点	延时范围较大，不受电压和频率波动的影响，可以做成通电和断电两种延时形式，结构简单、寿命长、价格低；但延时误差较大，难以精确地整定延时值，且延时值易受周围环境温度、尘埃等影响，主要用于延时精度要求不高的场合	机械结构简单、延时范围广、精度高、消耗功率小、调整方便及寿命长。适用于延时精度较高，控制回路相互协调需要无触点输出的场合

空气阻尼式时间继电器是交流电路中应用较广泛的一种时间继电器，主要由电磁系统、触点系统、空气室、传动机构、基座组成，其外形结构及符号如图3-79所示。

（2）时间继电器的选用原则　时间继电器选用时，需考虑的因素主要如下。

① 根据系统的延时范围和精度选择时间继电器的类型和系列。在延时精度要求不高的场合，一般可选用价格较低的空气阻尼式时间继电器（JS7-A系列）；反之，对精度要求较高的场合，可选用晶体管式时间继电器。

② 根据控制线路的要求选择时间继电器的延时方式（通电延时和断电延时），同时，还必须考虑线路对瞬间动作触点的要求。

③ 根据控制线路电压选择时间继电器吸引线圈的电压。

图3-79 时间继电器的外形结构及符号

2. 时间继电器的检测

（1）机械式时间继电器的检测　机械式时间继电器在检测时，用万用表电阻挡（低挡位）或者蜂鸣挡检测，检测时间继电器的线圈是否良好。正常时应有一定的阻值，如果阻值过小为线圈烧毁，如果阻值过大或不通，说明线圈断了，并且额定电压不同阻值也有所不同，无论过大或过小均为损坏。当时间继电器线圈良好的时候，检测时间继电器控制的两组开关的常闭触点和常开触点是否正常。然后给继电器通入额定的工作电压，此时时间继电器应该动作。通电后如时间继电器不能按照正常要求动作，说明机械传动部分和气囊有可能出现了故障，应进行更换；如可以正常动作，则应再次测量，常闭触点应断开，常开触点应接通，如图3-80所示。

（2）电子式时间继电器的检测　检修电子式时间继电器时，主要检查常闭触点的接通状态和常开触点的断开状态，如图3-81所示。

如果电子式时间继电器的常闭触点和常开触点的接通、断开状态正常，可以给时间继电器加入合适的电压，观察其常开触点和常闭触点的接通和断开状态是否正常。同时调整电子式时间继电器的延时时间，检查时间是否是标准时间，如时间不正常则为内部定时电路故障，有电子电路基础可以拆开修理，也可以更换整个时间继电器。

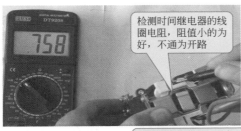
检测时间继电器的线圈电阻，阻值小的为好，不通为开路

通电检测线圈及继电器动作情况

机械式时间继电器的检测

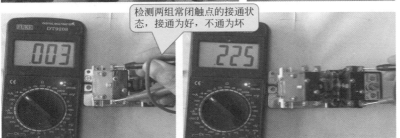
检测两组常闭触点的接通状态，接通为好，不通为坏

检测两组常开触点的接通状态，接通为坏，不通为好

图3-80 机械式时间继电器的检测

静态检测常闭触点应为接通状态

静态检测常开触点应为断开状态

接入电路通电调整延时时间

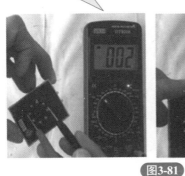

电子式时间继电器的检测

图3-81 电子式时间继电器的检测

3. 时间继电器（JS7-A系列）常见故障及处理措施

时间继电器（JS7-A 系列）常见故障及处理措施见表3-20。

表3-20 时间继电器常见故障及处理方法

故障现象	故障分析	处理措施
延时触点不动作	电磁线圈断线	更换线圈
	电源电压过低	调高电源电压
	传动机构卡住或损坏	排除卡住故障，更换部件
延时时间缩短	气室装配不严、漏气	修理或更换气室
	橡皮膜损坏	更换橡皮膜
延时时间变长	气室内有灰尘，使气道阻塞	消除气室内灰尘，使气道畅通

4. 时间继电器使用注意事项

a. 时间继电器应按说明书规定的方向安装。

b. 时间继电器的整定值应预先在不通电时整定好，并在试车时校正。

c. 时间继电器金属地板上的接地螺钉必须与接地线可靠连接。

d. 通电延时型和断电延时型可在整定时间内自行调换。

e. 使用时，应经常清除灰尘及油污，否则延时误差将更大。

5. 时间继电器的应用电路

两个交流接触器控制的 Y-△降压启动电路运行图如图 3-82 所示。图中 KM_1 为线路接触器，KM_2 为 Y-△转换接触器，KT 为降压启动时间继电器。

启动时，合上电源开关 QS，按下启动按钮 SB_2，使接触器 KM_1 和时间继电器 KT 线圈同时得电吸合并自锁，KM_1 主触点闭合，电动机接入三相交流电源，由于 KM_1 的常闭辅助触点（8-9）断开，KM_2 处于断电状态，电动机接成星形连接进行降压启动并升速。

当电动机转速接近额定转速时，时间继电器 KT 动作，其通电延时断开触点 KT（4-7）断开，通电延时闭合触点（4-8）闭合。前者使 KM_1 线圈断电释放，其主触点断开，切断电动机三相电源。而触点 KM_1（8-9）闭合与后者 KT（4-8）一起，使 KM_2 线圈得电吸合并自锁，其主触点闭合，电动机定子绕组接成三角形连接，KM_2 的辅助常开触点断开，使电动机定子绕组尾端脱离短接状态，另一触点 KM_2（4-5）断开，使 KT 线圈断电释放。由于 KT（4-7）复原闭合，使 KM_1 线圈重新得电吸合，于是电动机在三角形连接下正常运转。KT 时间继电器延时动作的时间就是电动机连成星形降压启动的时间。

本电路与其他 Y-△换接控制电路相比，节省一个接触器，但由于电动机主电路中采用 KM_2 常闭触点来短接电动机三相绕组尾端，容量有限，故该电路适用于13kW 以下电动机的启动控制。

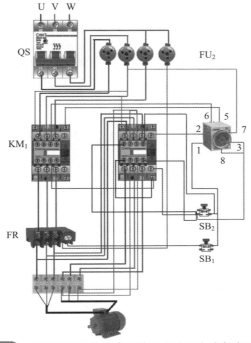

图3-82 两个交流接触器控制的Y-△降压启动电路运行图

六、速度继电器

1. 速度继电器作用及基本原理

速度继电器是以速度大小为信号，与接触器配合，实现对电动机的反接制动，故速度继电器又称反接制动继电器。速度继电器的结构如图 3-83 所示，实物图如图 3-84 所示。

图3-83 速度继电器结构图　　　**图3-84** 速度继电器实物图

速度继电器的轴与电动机的轴连接在一起，轴上有圆柱形永久磁铁，永久磁铁外边的外环，嵌着笼型绕组并可以转动一定的角度。

当速度继电器由电动机带动时，它的永久磁铁的磁通切割外环的笼型绕组，在其中产生感应电势与电流。此电流又与永久磁铁的磁通相互作用产生，作用于笼型绕组的力而使外环转动。和外环固定在一起的支架上的顶块使动合触点闭合，动断触点断开。速度继电器外环的旋转方向由电动机确定，因此，顶块可向左拨动触点，也可向右拨动触点使其动作，当速度继电器轴的速度低于某一转速时，顶块便恢复原位，处于中间位置。速度继电器的电路符号如图 3-85 所示。

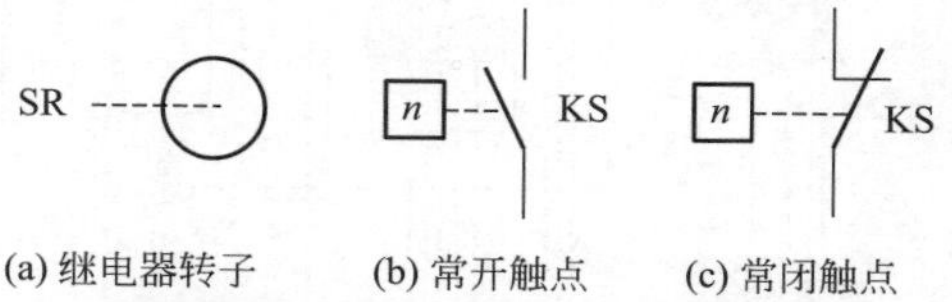

SR ----○ $\boxed{n}$ ⟋ KS $\boxed{n}$ ⟋ KS

(a) 继电器转子   (b) 常开触点   (c) 常闭触点

图3-85   速度继电器的电路符号

2. 速度继电器的检测

用万用表电阻挡（低挡位）或者蜂鸣挡检测，速度继电器在检测时主要在静态时检测它的常闭触点和常开触点的接通和断开状态，当良好时，如有条件可以给速度继电器施加外力使速度继电器旋转，当速度继电器旋转时，其常闭触点会断开，常开触点会接通，如不符合上述规律则速度继电器损坏。

3. 速度继电器的应用

反接制动控制电路如图 3-86 所示。反接制动实质上是改变异步电动机定子绕组中的三相电源相序，从而产生与转子转动方向相反的转矩，因而起制动作用。

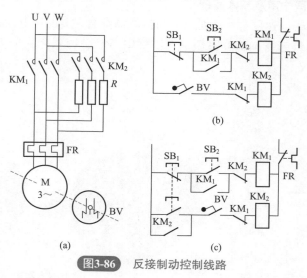

图3-86   反接制动控制线路

反接制动过程为：当想要停车时，首先将三相电源切换，然后当电动机转速接近零时，再将三相电源切除。控制线路就是要实现这一过程。

电动机在正方向运行时，如果把电源反接，电动机转速将由正转急速下降到零；如果反接电源不及时切除，则电动机又要从零速反向启动运行。因此我们必须在电动机制动到零速时，将反接电源切断，电动机才能真正停下来。控制线路是用速度继电器来"判断"电动机停与转的。电动机与速度继电器的转子是同轴连接在一起的，电动机转动时，速度继电器的动合触点闭合，电动机停止时其动合触点打开。

图 3-86（b）的工作过程如下：

按下 $SB_2 \to KM_1$ 通电（电动机正转运行）$\to BV$ 的动合触点闭合。

按下 $SB_1 \to KM_1$ 断电 $\to KM_2$ 通电（开始制动）$\to n \approx 0$，BV 复位 $\to KM_2$ 断电（制动结束）。

七、接触器

1. 接触器的用途

（1）接触器的用途　接触器工作时利用电磁吸力的作用把触点由原来的断开状态变为闭合状态或由原来的闭合状态变为断开状态，以此来控制电流较大的交直流主电路和容量较大的控制电路。在低压控制电路或电气控制系统中，接触器是一种应用非常普遍的低压控制电器，并具有欠电压保护的功能。可以用它对电动机进行远距离频繁接通、断开的控制，也可以用它来控制其他负载电路，如电焊机等。

接触器按工作电流不同可分为交流接触器和直流接触器两大类。交流接触器的电磁机构主要由线圈、铁芯和衔铁组成，交流接触器有三对主常开触点，用来控制主电路通断；有两对辅助常开和两对辅助常闭触点，可以实现控制电路的通断控制。直流接触器的电磁机构与交流接触器相同。直流接触器有两对主常开触点。

接触器的优点：使用安全、易于操作和能实现远距离控制、通断电流能力强、动作迅速等。缺点：不能分离短路电流，在电路中接触器常与熔断器配合使用。

交、直流接触器分别有 CJ10、CZ0 系列，03TB 是引进的交流接触器，CZ18 直流接触器是 CZ0 的换代产品。接触器的图形、文字符号如图 3-87 所示。交流接触器的外形和接线端子说明、结构及符号如图 3-88、图 3-89 所示。

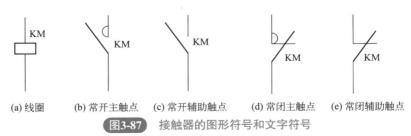

(a) 线圈　　(b) 常开主触点　(c) 常开辅助触点　(d) 常闭主触点　(e) 常闭辅助触点

图3-87　接触器的图形符号和文字符号

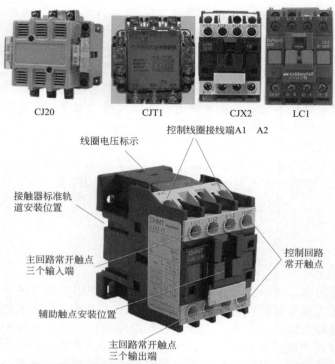

CJ20　　　　　CJT1　　　　　CJX2　　　　　LC1

控制线圈接线端A1　A2

线圈电压标示

接触器标准轨
道安装位置

主回路常开触点
三个输入端

控制回路
常开触点

辅助触点安装位置

主回路常开触点
三个输出端

温馨
提示　CJX2-XX10为辅助触点1常开，0常闭(未通电主触点为断开状态，辅助触点断开)
　　　CJX2-XX01为辅助触点0常开，1常闭(未通电主触点为断开状态，辅助触点闭合)
　　　CJX2-XX11为辅助触点1常开，1常闭(未通电主触点为断开状态，辅助触点一开一闭)

图3-88 交流接触器外形和接线端子说明

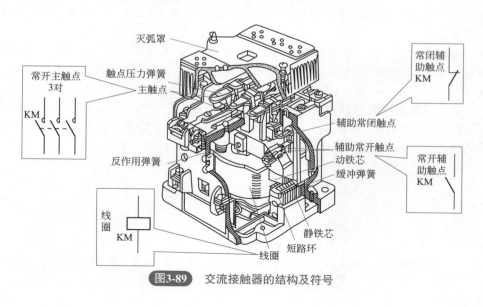

灭弧罩

常闭辅
助触点
KM

常开主触点
3对

触点压力弹簧
主触点

KM

辅助常闭触点

辅助常开触点
动铁芯
缓冲弹簧

常开辅
助触点
KM

反作用弹簧

线圈
KM

静铁芯
短路环

线圈

图3-89 交流接触器的结构及符号

（2）接触器的选用原则　在低压电气控制电路中选用接触器时，常常只考虑接触器的主要参数，如主触点额定电流、主触点额定电压、吸引线圈的电压。

a. 接触器主触点的额定电压应不小于负载电路的工作电压，主触点的额定电流应不小于负载电路的额定电流，也可根据经验公式计算。

根据所控制的电动机的容量或负载电流种类来选择接触器类型，如交流负载电路应选用交流接触器来控制，而直流负载电路就应选用直流接触器来控制。

b. 交流接触器的额定电压有两个：一是主触点的额定电压，由主触点的物理结构、灭弧能力决定；二是吸引线圈额定电压，由吸引线圈的电感量决定。主触点和吸引线圈的额定电压是根据不同场所的需要而设计的。例如主触点 380V 额定电压的交流接触器，其吸引线圈的额定电压有 36V、127V、220V 与 380V 多种规格。接触器吸引线圈的电压选择：交流线圈电压有 36V、110V、127V、220V、380V；直流线圈电压有 24V、48V、110V、220V、440V。从人身安全的角度考虑，线圈电压可选择低一些，但当控制线路简单、线圈功率较小时，为了节省变压器，可选220V 或 380V。

c. 接触器的触点数量应满足控制支路数的要求，触点类型应满足控制线路的功能要求。

2. 接触器的检测

检测接触器时，用万用表电阻挡（低挡位）或者蜂鸣挡检测，首先检测其常开触点均为断开状态，然后用螺丝刀按压连杆，再检测接触器的常开触点，应为接通状态。然后用万用表检测电磁线圈应有一定的阻值，如阻值为零或很小，说明线圈短路，如阻值为无穷大则为线圈开路，应进行更换。当检测线圈为正常时，可以给接触器施加额定工作电压，此时接触器应动作，再用万用表检测常开触点应为接通状态。如接通合适的工作电源后，接触器不能动作，则说明接触器的机械控制部分出现了问题，应进行更换。如图 3-90 所示。

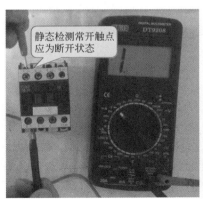
静态检测常开触点应为断开状态

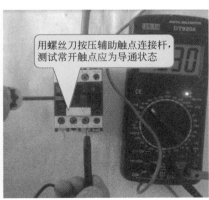
用螺丝刀按压辅助触点连接杆，测试常开触点应为导通状态

接触器的检测

图3-90

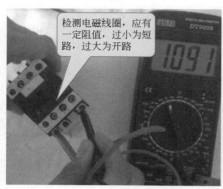
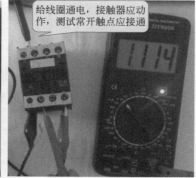

检测电磁线圈，应有一定阻值，过小为短路，过大为开路

给线圈通电，接触器应动作，测试常开触点应接通

图3-90 接触器的检测

很多接触器当常开常闭触点不够用的时候，可以挂接辅助触点，辅助触点一般有两组常闭和两组常开触点（可以根据实际情况选用不同型号）。在检测时可以先静态检测辅助触点的常闭和常开触点的接通与断开状态，然后将辅助触点挂接在接触器上给接触器通电，之后再分别用万用表电阻挡（低挡位）或者蜂鸣挡检测其常闭触点和常开触点的工作状态。如常闭触点和常开触点不能够正常的接通或断开，应更换触点。如图 3-91 所示。

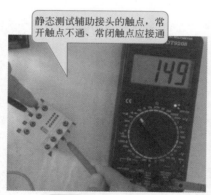
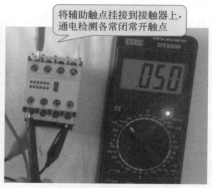

静态测试辅助接头的触点，常开触点不通、常闭触点应接通

将辅助触点挂接到接触器上，通电检测各常闭常开触点

图3-91 辅助触点挂接到接触器上时，通电检测各常闭常开触点

3. 接触器的常见故障及处理措施

接触器的常见故障及处理措施见表3-21。

表3-21 交流接触器常见故障及处理措施

故障现象	故障分析	处理措施
触点过热	通过动、静触点间的电流过大	重新选择大容量触点
	动、静触点间接触电阻过大	用刮刀或细锉修整或更换触点

故障现象	故障分析	处理措施
触点磨损	触点间电弧或电火花造成电磨损	更换触点
	触点闭合撞击造成机械磨损	更换触点
触点熔焊	触点压力弹簧损坏使触点压力过小	更换弹簧和触点
	线路过载使触点通过的电流过大	选用较大容量的接触器
铁芯噪声大	衔铁与铁芯的接触面接触不良或衔铁歪斜	拆下清洗、修整端面
	短路环损坏	焊接短路环或更换
	触点压力过大或活动部分受到卡阻	调整弹簧、消除卡阻因素
衔铁吸不上	线圈引出线的连接处脱落，线圈断线或烧毁	检查线路，及时更换线圈
	电源电压过低或活动部分卡阻	检查电源，消除卡阻因素
衔铁不释放	触点熔焊	更换触点
	机械部分卡阻	消除卡阻因素
	反作用弹簧损坏	更换弹簧

（1）接触器常见故障及其原因

① 交流接触器在吸合时振动和有噪声

a. 电压过低，其表现为噪声忽强忽弱。例如，电网电压较低，只能维持接触器的吸合。大容量电动机启动时，电路压降较大，相应的接触器噪声也大，而启动过程完毕噪声则小。

b. 短路环断裂。

c. 静铁芯与衔铁接触面之间有污垢和杂物，致使空气隙变大，磁阻增加。当电流过零时，虽然短路环工作正常，但极面间的距离变大，不能克服恢复弹簧的反作用力，从而产生振动。如接触器长期振动，将导致线圈烧毁。

d. 触点弹簧压力太大。

e. 接触器机械部分故障，一般是机械部分不灵活，铁芯极面磨损，磁铁歪斜或卡住，接触面不平或偏斜。

② 线圈断电，接触器不释放　线路故障、触点焊住、机械部分卡住、磁路故障等因素，均可使接触器不释放。检查时，应首先分清是电路故障还是接触器本身的故障；是磁路的故障还是机械部分的故障。

区分电路故障与接触器故障的方法：将电源开关断开，看接触器是否释放。如释放，说明故障在电路中，电路电源没有断开；如不释放，则是接触器本身的故障。区分机械故障和磁路故障的方法：断电后，用螺丝刀木柄轻轻敲击接触器外壳。如释放，一般是磁路的故障；如不释放，一般是机械部分的故障，其原因如下。

a. 触点熔焊在一起。

b. 机械部分卡住，转轴生锈或歪斜。

c. 磁路故障，可能是被油污粘住或剩磁的原因，使衔铁不能释放。区分这两种情况的方法：将接触器拆开，看铁芯端面上有无油污，有油污说明铁芯被粘住，无油污可能是剩磁作用。造成油污粘住的原因多数是在更换或安装接触器时，没有把铁芯端面的防锈凡士林油擦去。剩磁造成接触器不能释放的原因是在修磨铁芯时，将E形铁芯两边的端面修磨过多，使去磁气隙消失，剩磁增大，铁芯不能释放。

③接触器自动跳开

a. 接触器（指CJ10系列）后底盖固定螺钉松脱，使静铁芯下沉，衔铁行程过长，触点超行程过大，如遇电网电压波动就会自行跳开。

b. 弹簧弹力过大（多数为修理时，更换弹簧不合适所致）。

c. 直流接触器弹簧调整过紧或非磁性垫片垫得过厚。

④线圈通电衔铁吸不上

a. 线圈损坏，用欧姆表测量线圈电阻。如电阻很大或电路不通，说明线圈断路；电阻很小，可能是线圈短路或烧毁。如测量结果与正常值接近，可使线圈再一次通电，听有没有"嗡嗡"的声音，是否冒烟。冒烟说明线圈已烧毁，不冒烟而有"嗡嗡"声，可能是机械部分卡住。

b. 线圈接线端子接触不良。

c. 电源电压太低。

d. 触点弹簧压力和超程调整得过大。

⑤线圈过热或烧毁

a. 线圈通电后由于接触器机械部分不灵活或铁芯端面有杂物，使铁芯吸不到位，引起线圈电流过大而烧毁。

b. 加在线圈上的电压太低或太高。

c. 更换接触器时，其线圈的额定电压、频率及通电持续率低于控制电路的要求。

d. 线圈受潮或机械损伤，造成匝间短路。

e. 接触器外壳的通气孔应上下装置，如错将其水平装置，空气不能对流，时间长了也会把线圈烧毁。

f. 操作频率过高。

g. 使用环境条件特殊，如空气潮湿，腐蚀性气体在空气中含量过高，环境温度过高。

h. 交流接触器派生直流操作的双线圈，因常闭联锁触点熔焊不能释放而使线圈过热。

⑥线圈通电后接触器吸合动作缓慢

a. 静铁芯下沉，使铁芯极面间的距离变大。

b. 检修或拆装时，静铁芯底部垫片丢失或撤去的层数太多。

c. 接触器的装置方法错误，如将接触器水平装置或倾斜角超过5°，有的还悬空装。这些不正确的装置方法，都可能造成接触器不吸合、动作不正常等故障。

⑦ 接触器吸合后静触点与动触点间有间隙　这种故障有两种表现形式，一是所有触点都有间隙，二是部分触点有间隙。前者是因机械部分卡住，静、动铁芯间有杂物。后者可能是由于该触点接触电阻过大、触点发热变形或触点上面的弹簧片失去弹性。

检查双断点触点终压力的方法如图3-92所示，将接触器触点的接线全部拆除，打开灭弧罩，把一条薄纸放在动静触点之间，然后给线圈通电，使接触器吸合，这时，可将纸条向外拉，如拉不出来，说明触点接触良好，如很容易拉出来或毫无阻力，说明动静触点有间隙。

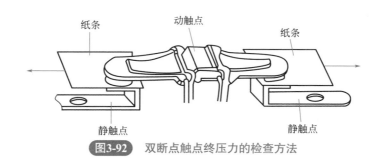

纸条　　动触点　　纸条

静触点　　静触点

图3-92　双断点触点终压力的检查方法

检查辅助触点时，因小容量的接触器的辅助触点装置位置很狭窄，可用测量电阻的方法进行检查。

⑧ 静触点（相间）短路

a. 油污及铁尘造成短路。

b. 灭弧罩固定不紧，与外壳之间有间隙，接触器断开时电弧逐渐烧焦两相触点间的胶木，造成绝缘破坏而短路。

c. 可逆运转的联锁机构不可靠或联锁方法使用不当，由于误操作或正反转过于频繁，致使两台接触器同时投入运行而造成相间短路。

另外由于某种原因造成接触器动作过快，一接触器已闭合，另一接触器电弧尚未熄灭，形成电弧短路。

d. 灭弧罩破裂。

⑨ 触点过热　触点过热是接触器（包括交、直流接触器）主触点的常见故障。除分断短路电流外，其主要原因是触点间接触电阻过大，触点温度很高，致使触点熔焊，这种故障可从以下几个方面进行检查。

a. 检查触点压力，包括弹簧是否变形、触点压力弹簧片弹力是否消失。

b. 触点表面氧化。铜材料表面的氧化物是一种不良导体，会使触点接触电阻增大。

c. 触点接触面积太小、不平、有毛刺、有金属颗粒等。

d. 操作频率太高，使触点长期处于大于几倍的额定电流下工作。

e. 触点的超程太小。

⑩ 触点熔焊

a. 操作频率过高或过负载使用。

b. 负载侧短路。

c. 触点弹簧片压力过小。

d. 操作回路电压过低或机械卡住，触点停顿在刚接触的位置。

⑪ 触点过度磨损

a. 接触器选用欠妥，在反接制动和操作频率过高时容量不足。

b. 三相触点不同步。

⑫ 灭弧罩受潮　有的灭弧罩是石棉和水泥制成的，容易受潮，受潮后绝缘性能降低，不利于灭弧。而且当电弧燃烧时，电弧的高温使灭弧罩里的水分汽化，进而使灭弧罩上部压力增大，电弧不能进入灭弧罩。

⑬ 磁吹线圈匝间短路　由于使用保养不善，使线圈匝间短路，磁场减弱，磁吹力不足，电弧不能进入灭弧罩。

⑭ 灭弧罩炭化　在分断很大的短路电流时，灭弧罩表面烧焦，形成一种炭质导体，也会延长灭弧时间。

⑮ 灭弧罩栅片脱落　由于固定螺钉或铆钉松动，造成灭弧罩栅片脱落或缺片。

（2）接触器的修理

① 触点的修整

a. 触点表面的修磨：铜触点因氧化、变形积垢，会造成触点的接触电阻和温升增加。修理时可用小刀或锉刀修理触点表面，但应保持原来的形状。修理时，不必把触点表面锉得过分光滑，这会使接触面减少，也不要将触点磨削过多，以免影响使用寿命。不允许用砂纸或砂布修磨，否则会使砂粒嵌在触点的表面，反而使接触电阻增大。

银和银合金触点表面的氧化物，遇热会还原为银，不影响导电。触点的积垢可用汽油或四氯化碳清洗，但不能用润滑油擦拭。

b. 触点整形：触点严重烧蚀后会出现斑痕及凹坑，或静、动触点熔焊在一起。修理时，将触点凸凹不平的部分和飞溅的金属熔渣细心地锉平整，但要尽量保持原来的几何形状。

c. 触点的更换：镀银触点被磨损而露出铜质或触点磨损超过原高度的1/2时，应更换新触点。更换后要重新调整压力、行程，保证新触点与其他各相（极）未更换的触点动作一致。

d. 触点压力的调整：有些电器触点上装有可调整的弹簧，借助弹簧可调整触点的初压力、终压力和超行程。触点开始接触时的压力叫初压力，初压力来自触点弹簧的预先压缩，应使触点减少振动，避免触点的熔焊及减轻烧蚀程度；触点的终压力指动、静触点完全闭合后的压力，应使触点在工作时接触电阻减小；超行程指衔铁吸合后，弹簧在被压缩位置上还应有的压缩余量。

② 电磁系统的修理

a. 铁芯的修理：先确定磁极端面的接触情况，在极面间放一软纸板，使线圈通电，衔铁吸合后将在软纸板上印上痕迹，由此可判断极面的平整程度。如接触面积在80%以上，可继续使用，否则要进行修理。修理时，可将砂布铺在平板上，来回研磨铁芯端面（研磨时要压平，用力要均匀）便可得到较平的端面。对于E形铁芯，其中柱的间隙不得小于规定间隙。

b. 短路环的修理：如短路环断裂，应重新焊住或用铜材料按原尺寸制一个新的换上，要固定牢固且不能高出极面。

③ 灭弧装置的修理

a. 磁吹线圈的修理：如并联型磁吹线圈断路，可以重新绕制，其匝数和线圈绕向要与原来一致，否则不起灭弧作用。串联型磁吹线圈短路时，可拨开短路处，涂绝缘漆烘干定型后方可使用。

b. 灭弧罩的修理：灭弧罩受潮，可将其烘干；灭弧罩炭化，可以刮除；灭弧罩破裂，可以黏合或更新；栅片脱落或烧毁，可用铁片按原尺寸重做。

（3）接触器使用注意事项

a. 安装前检查接触器铭牌与线圈的技术参数（额定电压、电流、操作频率等）是否符合实际使用要求；检查接触器外观，应无机械损伤，用手推动接触器可动部分时，接触器应动作灵活，灭弧罩应完整无损，固定牢固；测量接触器的线圈电阻和绝缘电阻正常。

b. 接触器一般应安装在垂直面上，倾斜度不得超过5°；安装和接线时，注意不要将零件失落或掉入接触器内部，安装空的螺钉应装有弹簧垫圈和平垫圈，并拧紧螺钉以防振动松脱；安装完毕，检查接线正确无误后，在主触点不带电的情况下操作几次，然后测量产品的动作值和释放值，所测得数值应符合产品的规定要求。

c. 使用时应对接触器作定期检查，观察螺钉有无松动，可动部分是否灵活等；接触器的触点应定期清扫，保持清洁，但不允许涂油，当触点表面因电灼作用形成金属小颗粒时，应及时清除。拆装时注意不要损坏灭弧罩，带灭弧罩的交流接触器绝不允许不带灭弧罩或带破损的灭弧罩运行。

4. 接触器应用电路

三个交流接触器控制的 Y- △降压启动电路如图 3-93 所示。从主回路可知，如果控制线路能使电动机接成星形（即 KM_1 主触点闭合），并且经过一段延时后再接成三角形（即 KM_1 主触点打开，KM_2 主触点闭合），则电动机就能实现降压启动，而后再自动转换到正常速度运行。控制线路的工作过程如下。

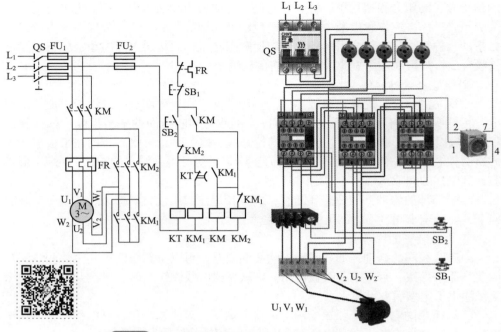

图3-93 三个交流接触器控制Y-△降压启动运行电路图

首先合上 QS：

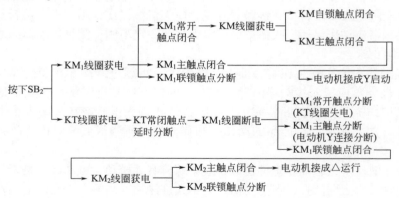

第三节 其他电气控制器件的检测

一、频敏变阻器

1. 频敏变阻器的用途

频敏变阻器是一种利用铁磁材料的损耗随频率变化来自动改变等效阻值的低压

电器。频敏变阻器主要用于绕线转子回路，作为启动电阻，实现电动机的平稳无级启动。BP 系列频敏变阻器主要由铁芯和绕组两部分组成，其外形结构与符号如图 3-94 所示。如图 3-95 所示为频敏变阻器实物。

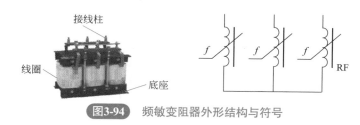

图3-94 频敏变阻器外形结构与符号

图3-95 频敏变阻器实物

常见的频敏变阻器有 BP1、BP2、BP3、BP4 和 BP6 等系列，每一系列有其特定用途，各系列用途详见表 3-22。

表3-22 各系列频敏变阻器选用场合

频繁程度	轻载	重载
偶尔	BP1、BP2、BP4	BP4G、BP6
频繁	BP3、BP1、BP2	

2. 频敏变阻器常见故障及处理措施

频敏变阻器常见的故障主要有线圈绝缘电阻降低或绝缘损坏、线圈断路或短路及线圈烧毁等情况，发生故障应及时进行更换。

a. 频敏变阻器应牢固地固定在基座上，当基座为铁磁物质时应在中间垫入 10mm 以上的非磁性垫片，以防影响频敏变阻器的特性，同时变阻器还应可靠接地。

b. 连接线应按电动机转子额定电流选用相应截面的电缆线。

c. 试车前，应先测量对地绝缘电阻，如阻值小于 1MΩ，则须先进行烘干处理后方可使用。

d. 试车时，如发现启动转矩或启动电流过大或过小，应对频敏变阻器进行调整。

e. 使用过程中应定期清除尘垢，并检查线圈的绝缘电阻。

3. 频敏变阻器的检测

由于频敏变阻器应用的线较粗，因此用万用表测试时只要各绕组符合连接要求，用万用表电阻挡（低挡位）或者蜂鸣挡检测，单组线圈接通即可认为是好的，检查外观应无烧毁现象。

二、电磁铁

1. 电磁铁用途及分类

电磁铁是一种把电磁能转换为机械能的电气元件，被用来远距离控制和操作各种机械装置及液压、气压阀门等，另外它可以作为电器的一个部件，如接触器、继电器的电磁系统。

电磁铁利用电磁吸力来吸持钢铁零件，操纵、牵引机械装置以完成预期的动作等。电磁铁主要由铁芯、衔铁、线圈和工作机构组成，有牵引电磁铁、制动电磁铁、起重电磁铁、阀用离合器等。常见的制动电磁铁与 TJ2 型闸瓦制动器配合使用，共同组成电磁抱闸制动器，如图 3-96 所示。

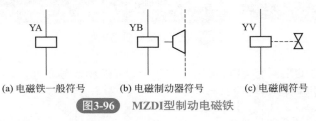

(a) 电磁铁一般符号　　(b) 电磁制动器符号　　(c) 电磁阀符号

图3-96　MZDI型制动电磁铁

电磁铁的分类如下：

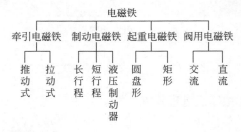

如图 3-97 所示为电磁铁的实物。

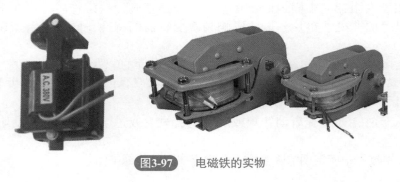

图3-97　电磁铁的实物

2. 电磁铁的选用原则

电磁铁在选用时应遵循以下原则：

a. 根据机械负载的要求选择电磁铁的种类和结构形式。

b. 根据控制系统电压选择电磁铁线圈电压。

c. 电磁铁的功率应不小于制动或牵引功率。

3. 电磁铁的常见故障及处理措施

（1）电磁铁的常见故障及处理措施　如表3-23所示。

表3-23　电磁铁的常见故障及处理方法

故障现象	故障分析	处理措施
电磁铁通电后不动作	电磁铁线圈开路或短路	测试线圈阻值，修理线圈
	电磁铁线圈电源电压过低	调整电源电压
	主弹簧张力过大	调整主弹簧张力
	杂物卡阻	清除杂物
电磁铁线圈发热	电磁铁线圈短路或接头接触不良	修理或调换线圈
	动、静铁芯未完全吸合	修理或调换电磁铁铁芯
	电磁铁的工作制或容量规格选择不当	调换容量规格或工作制合格的电磁铁
	操作频率太高	降低操作频率
电磁铁工作时有噪声	铁芯上短路环损坏	修理短路环或调换铁芯
	动、静铁芯极面不平或有油污	修整铁芯极面或清除油污
	动、静铁芯歪斜	调整对齐
线圈断电后衔铁不释放	机械部分被卡住	修理机械部分
	剩磁过大	增加非磁性垫片

（2）电磁铁使用注意事项

a. 安装前应清除灰尘和杂物，并检查衔铁有无机械卡阻。

b. 电磁铁要牢固地固定在底座上，并在紧固螺钉下放弹簧垫圈锁紧。

c. 电磁铁应按接线图接线，并接通电源，操作数次，检查衔铁动作是否正常以及有无噪声。

d. 定期检查衔铁行程的大小，该行程在运行过程中由于制动面的磨损而增大。当衔铁行程达到正常值时，即进行调整，以恢复制动面和转盘间的最小空隙。不让行程增加到正常值以上，否则可能引起吸力显著降低。

e. 检查连接螺钉的旋紧程度，注意可动部分的机械磨损。

4. 电磁铁的检测

用万用表电阻挡（低挡位）或者蜂鸣挡检测，检测电磁铁时，首先用万用表检测电磁铁的线圈，正常情况下电磁铁的线圈应有一定的阻值，其额定工作电压越高，其阻值越大。如检测电磁铁线圈阻值很小或为零，说明线圈短路；线圈阻值为无穷大，则说明线圈开路，如图 3-98 所示。

电磁铁的检测

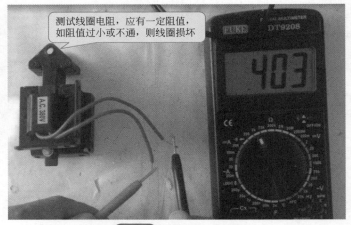

测试线圈电阻，应有一定阻值，如阻值过小或不通，则线圈损坏

图3-98 电磁铁的检测

如测试线圈正常，则应检测电磁铁的动铁芯的动作状态是否灵活，如有卡滞现象为动铁芯出现了问题，当动铁芯能够灵活动作时，可以给电磁铁通入额定的工作电压，此时动铁芯应快速动作。如图 3-99 所示。

不通电状态将电磁铁动铁芯拉出

通电后磁铁动铁芯应动作

图3-99 通电后磁铁动铁芯应动作

电磁铁在电磁抱闸制动控制电路中的应用可参考第六章第四节。

第四章

变压器与低压电力配电系统

第一节　低压变压器

　　变压器是转换交流电压、电流和阻抗的器件，当一次绕组中通有交流电流时，铁芯（或磁芯）中便产生交流磁通，使二次绕组中感应出电压（或电流）。变压器由铁芯（或磁芯）和绕组组成，绕组有两个或两个以上的线圈，其中接电源的绕组称为一次绕组，其余的绕组称为二次绕组。

　　变压器利用电磁感应原理，从一个电路向另一个电路传递电能或传输信号。输送的电能的多少由用电器的功率决定。

　　变压器在电路图中用字母"T"表示，常见的几种变压器的外形及图形符号如图4-1所示。

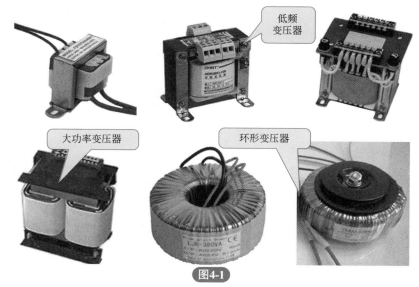

低频变压器

大功率变压器

环形变压器

图4-1

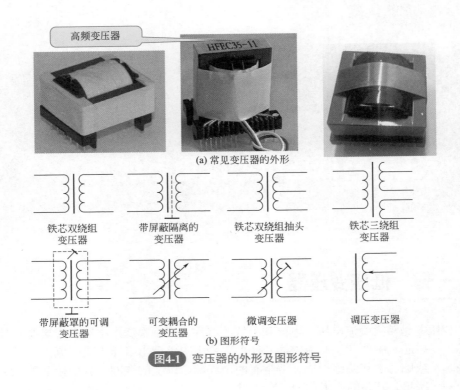

(a) 常见变压器的外形

铁芯双绕组 变压器 　　带屏蔽隔离的 变压器 　　铁芯双绕组抽头 变压器 　　铁芯三绕组 变压器

带屏蔽罩的可调 变压器 　　可变耦合的 变压器 　　微调变压器 　　调压变压器

(b) 图形符号

图4-1 变压器的外形及图形符号

一、变压器的命名与分类

1.变压器的命名

（1）低频变压器的型号命名　　低频变压器的型号命名由下列三部分组成。

① 第一部分　主称，用字母表示。

② 第二部分　功率，用数字表示，单位是 W。

③ 第三部分　序号，用数字表示，用来区别不同的产品。

表 4-1 列出了低频变压器型号主称字母含义。

表4-1　低频变压器型号主称字母及含义对照表

主称字母	含义	主称字母	含义
DB	电源变压器	HB	灯丝变压器
CB	音频输出变压器	SB或ZB	音频（定阻式）输送变压器
RB	音频输入变压器	SB或EB	音频（定压式或自耦式）输送变压器
GB	高压变压器		

（2）调幅收音机中频变压器的型号命名　　调幅收音机中频变压器型号命名由下

列三部分组成：

　　①第一部分　主称，由字母的组合表示名称、用途及特征。

　　②第二部分　外形尺寸，由数字表示。

　　③第三部分　序号，用数字表示，代表级数。例如，1 表示第一级中频变压器，2 表示第二级中频变压器，3 表示第三级中频变压器。

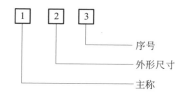

表 4-2 列出了调幅收音机中频变压器主称代号及外形尺寸数字代号的含义。

表 4-2　调幅收音机中频变压器主称代号及外形尺寸数字代号含义

主称		尺寸	
字母	名称、特征、用途	数字	外形尺寸/mm×mm×mm
T	中频变压器	1	7×7×12
L	线圈或振荡线圈	2	10×10×14
T	磁性瓷芯式	3	12×12×14
F	调幅收音机用	4	20×25×36
S	短波段		

　　例如，TTF-2-2 表示调幅式收音机用的磁芯式中频变压器，其外形尺寸为 10mm×10mm×14mm。

　　（3）电视机中频变压器的型号命名　电视机中频变压器的型号命名由下列四部分组成。

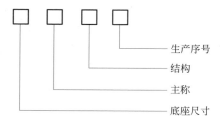

　　①第一部分　用数字表示底座尺寸，如 10 表示 10（mm）×10（mm）。

　　②第二部分　主称，用字母表示名称及用途，见表 4-3。

　　③第三部分　用数字表示结构，2 为调磁帽式，3 为调螺杆式。

　　④第四部分　用数字表示生产序号。

表4-3　电视机中频变压器主称代号含义

主称字母	含义	主称字母	含义
T	中频变压器	V	图像回路
L	线圈	S	伴音回路

例如，10TS2221 表示为磁帽调节式伴音中频变压器，底座尺寸为 10mm×10mm，产品生产（区别）序号为 221。

2. 变压器的分类

变压器种类很多，分类方式也不一样。变压器一般可以按冷却方式、绕组数、防潮方式、电源相数或用途进行划分。

按冷却方式划分，变压器可以分为油浸（自冷）变压器、干式（自冷）变压器和氟化物（蒸发冷却）变压器；按绕组数划分，变压器可以分为双绕组变压器、三绕组变压器、多绕组变压器以及自耦变压器等；按防潮方式划分，变压器可以分为开放式变压器、密封式变压器和灌封式变压器等；按铁芯或线圈结构划分，变压器可以分为壳式变压器、芯式变压器、环形变压器、金属箔变压器；按电源相数划分，变压器可以分为单相变压器、三相变压器、多相变压器；按用途划分，变压器可以分为电源变压器、调压变压器、高频变压器、中频变压器、音频变压器和脉冲变压器。

（1）电源变压器　电源变压器的主要功能是功率传送、电压转换和绝缘隔离，电源变压器作为一种主要的软磁电磁元件，在电源技术和电力电子技术中应用广泛。电源变压器的种类很多，但基本结构大体一致，电源变压器主要由铁芯、线圈、线框、固定零件和屏蔽层构成。如图4-2所示为电源变压器的外形。

（2）音频变压器　音频变压器又称低频变压器，是一种工作在音频范围内的变压器，常用于信号的耦合以及阻抗的匹配。一些纯功放电路对变压器的品质要求比较高。音频变压器主要分为输入变压器和输出变压器，通常它们分别用在功率放大器输出级的输入端和输出端。如图4-3所示为音频变压器的外形。

图4-2　电源变压器的外形

耦合及阻抗匹配

图4-3　音频变压器的外形

（3）中频变压器　中频变压器又被称为"中周"，是超外差式收音机特有的一种器件。中频变压器的整个结构都装在金属屏蔽罩中，下有引出脚，上有调节孔。中频变压器不仅具有普通变压器转换电压、电流及阻抗的特性，还具有谐振某一特定频率的特性。如图4-4所示为中频变压器的外形。

（4）高频变压器　高频变压器（又称为开关变压器）通常是指工作于射频范围的变压器，主要应用于开关电源中。高频变压器的体积通常都很小，高频变压器的磁芯虽然小，最大磁通量也不大，但是其工作在高频状态下，磁通量改变迅速，因此能够在磁芯小、线圈匝数少的情况下，产生足够的电动势。如图4-5所示为高频变压器的外形。

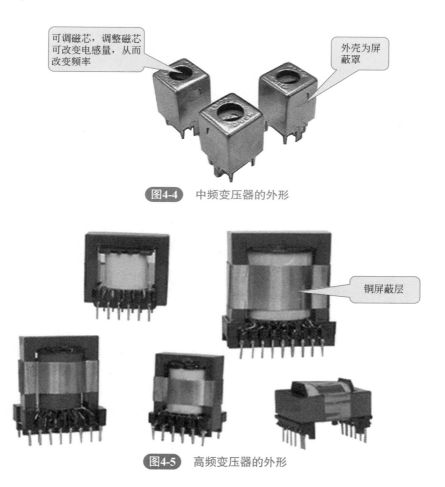

可调磁芯，调整磁芯可改变电感量，从而改变频率

外壳为屏蔽罩

图4-4 中频变压器的外形

铜屏蔽层

图4-5 高频变压器的外形

二、变压器的参数

（1）电压比　变压器两组绕组圈数分别为 N_1 和 N_2，N_1 为一次侧，N_2 为二次侧。在一次绕组上加一交流电压，在二次绕组两端就会产生感应电动势。当 $N_2 > N_1$ 时，则二次侧感应电动势要比一次侧所加的电压还要高，这种变压器称为升压变压器；当 $N_2 < N_1$ 时，则二次侧感应电动势低于一次侧电压，这种变压器称为降压变压器。

一、二次电压和线圈圈数间具有下列关系：

$$n=U_1/U_2=N_1/N_2$$

式中，n 为电压比（圈数比）。

当 $n > 1$ 时，$N_1 > N_2$，$U_1 > U_2$，该变压器为降压变压器；反之，则为升压变压器。

另有电流比 $I_1/I_2=N_2/N_1$，电功率 $P_1=P_2$。

提 示

上面公式只在理想变压器只有一个二次绕组时成立。当有两个二次绕组时，$P_1=P_2+P_3$，$U_1/N_1=U_2/N_2=U_3/N_3$，电流则必须利用电功率的关系式去求，有多个二次绕组时依此类推。

（2）额定功率　额定功率是指变压器长期安全稳定工作所允许负载的最大功率，二次绕组的额定电压与额定电流的乘积称为变压器的容量，即为变压器的额定功率，一般用 P 表示。变压器的额定功率为一定值，由变压器的铁芯大小、导线的横截面积这两个因素决定。铁芯越大，导线的横截面积越大，变压器的功率也就越大。

（3）工作频率　变压器铁芯损耗与频率关系很大，故变压器应根据使用频率来设计和使用，这种使用频率称为变压器的工作频率。

（4）绝缘电阻　绝缘电阻表示变压器各绕组之间、各绕组与铁芯之间的绝缘性能。绝缘电阻的阻值与所使用绝缘材料的性能、温度和湿度有关。变压器的绝缘电阻越大，性能越稳定。绝缘电阻计算公式为：

绝缘电阻 = 施加电压 / 漏电流

（5）空载电压调整率　电源变压器的电压调整率是表示变压器负载电压与空载电压差别的参数。电压调整率越小，表明电压器线圈的内阻越小，电压稳定性越好。电压调整率计算公式为：

电压调整率 =（空载电压 – 负载电压）/ 空载电压

（6）效率　在额定功率时，变压器的输出功率和输入功率的比值称为变压器的效率，即：

$$\eta=(P_2 \div P_1) \times 100\%$$

式中，η 为变压器的效率；P_1 为输入功率，P_2 为输出功率。当变压器的输出功率 P_2 等于输入功率 P_1 时，效率 η 等于 100%，变压器将不产生任何损耗，但实际上这种变压器是没有的。变压器传输电能时总要产生损耗，这种损耗主要有铜损和铁损。

变压器的铜损是指变压器绕组电阻所引起的损耗。当电流通过绕组电阻发热时，一部分电能就转变为热能而损耗。由于绕组一般都由带绝缘的铜线缠绕而成，因此称为铜损。

变压器的铁损包括两个方面：一是磁滞损耗，当交流电流通过变压器时，通过变压器硅钢片的磁力线的方向和大小随之变化，使得硅钢片内部分子相互摩擦释放出热能，从而损耗了一部分电能，这便是磁滞损耗。二是涡流损耗，当变压器工作时，铁芯中有磁力线穿过，在与磁力线垂直的平面上就会产生感应电流，由于此电流自成闭合回路形成环流，且呈旋涡状，故称为涡流。涡流的存在使铁芯发热，消耗能量，这种损耗称为涡流损耗。

变压器的效率与变压器的功率等级有密切关系。通常功率越大，损耗与输出功率就越小，效率也就越高；反之，功率越小，效率也就越低。

（7）温升　温升主要是指绕组的温度，即当变压器通电工作后，其温度上升到稳定值时比周围环境温度升高的数值。

（8）空载电流　变压器二次侧开路时，一次侧仍有一定的电流，这部分电流称为空载电流。空载电流由磁化电流（产生磁通）和铁损电流（由铁芯损耗引起）组成。

（9）频率响应　频率响应用来衡量变压器传输不同频率信号的能力。

在高频段和低频段，由于二次绕组的电感、漏电等造成变压器传输信号的能力下降，使频率响应变差。

（10）变压器的参数标注　变压器一般都采用直接标注法，将额定电压、额定功率、额定频率等用字母和数字直接标注在变压器上，下面通过例子加以说明。

a.某音频输出变压器的二次绕组引脚处标有10Ω的字样，说明该变压器的二次绕组负载阻抗为10Ω，只能接阻抗为10Ω的负载。

b.某电源变压器上标出DB-60-4。DB表示电源变压器，60表示额定功率为60V·A，4表示产品的序号。

c.有的电源变压器还会在外壳上标出变压器各绕组的结构，然后在各绕组符号上标出电压数值，说明各绕组的输出电压。

三、低压电源变压器的检测

低压电源变压器的检测可扫二维码学习。

低压电源变压器
的检测

第二节　电力变压器

一、电力变压器的结构

输配电系统中使用的变压器称为电力变压器。电力变压器主要由铁芯、绕组、油箱（外壳）、变压器油、套管以及其他附件构成，如图4-6所示。

（1）变压器的铁芯　电力变压器的铁芯不仅构成变压器的磁路作导磁用，也作为变压器的机械骨架。铁芯由芯柱和铁轭两部分组成，芯柱用来套装绕组，而铁轭则连接芯柱形成闭合磁路。

图4-6　电力变压器

按铁芯结构变压器可分为芯式和壳式两类。芯式铁芯的芯柱被绕组包围，如图 4-7 所示；壳式铁芯包围着绕组顶面、底面以及侧面，如图 4-8 所示。

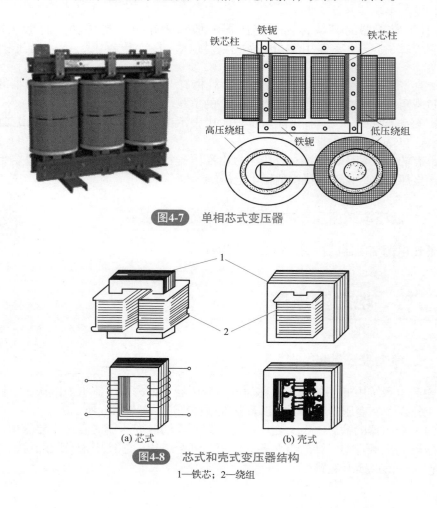

图4-7　单相芯式变压器

(a) 芯式　　　　(b) 壳式

图4-8　芯式和壳式变压器结构

1—铁芯；2—绕组

芯式结构用铁量少，构造简单，绕组安装及绝缘容易，电力变压器多采用此种结构。壳式结构机械强度高，用铜（铝）量（即电磁线用量）少，散热容易，但制造复杂，用铁量（即硅钢片用量）大，常用于小型变压器和低压大电流变压器（如电焊机、电炉变压器）中。

为了减少铁芯中的磁滞损耗和涡流损耗及提高变压器的效率，铁芯材料多采用高硅钢片，如 0.35mm 的 D41～D44 热轧硅钢片或 D330 冷轧硅钢片。为加强片间绝缘，避免片间短路，每张叠片两个面和四个边都涂覆 0.01mm 左右厚的绝缘漆膜。

为减小叠片接缝间隙（即减少磁阻从而降低励磁电流），铁芯装配采用叠接形式（错开上下接缝，交错叠成）。

近年来，国内出现了渐开线式铁芯结构。它是先将每张硅钢片卷成渐开线状，再叠成圆柱体；铁轭用长条卷料冷轧硅钢片卷成三角形，上、下轭与芯柱对接。这种结构具有使绕组内圆空间得到充分利用、轭部磁通减少、器身高度降低、结构紧凑、体小量轻、制造检修方便、效率高等优点。如一台容量为 10000kV·A 的渐开线铁芯变压器，要比目前大量生产的同容量冷轧硅钢片铝线变压器的总重量轻 14.7%。

对装配好的变压器，其铁芯还要可靠接地（在变压器结构上是首先接至油箱）。

（2）变压器的绕组　绕组是变压器的电路部分，由电磁线绕制而成，通常采用纸包扁线或圆线。近年来，在变压器生产中铝线变压器所占比重越来越大。

变压器绕组结构有同芯式和交叠式两种，如图 4-9 所示。大多数电力变压器（1800kV·A 以下）都采用同芯式绕组，即它的高低压绕组套装在同一铁芯芯柱上。为了便于绝缘，一般低压绕组放在里面（靠近芯柱），高压绕组套在低压绕组的外面（离开芯柱），如图 4-9（a）所示。但对于容量较大而电流也很大的变压器，由于低压绕组引出线工艺上的困难，则将低压绕组放在外面。

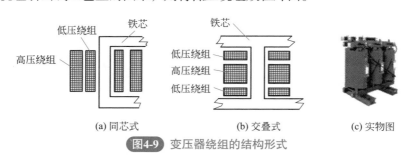

(a) 同芯式　　　　　　(b) 交叠式　　　　　　(c) 实物图
图4-9　变压器绕组的结构形式

交叠式绕组的线圈为饼式，高低压绕组彼此交叠放置。为了便于绝缘，通常靠铁轭处，即最上和最下的两组绕组都是低压绕组。交叠式绕组的主要优点是漏抗小、机械强度好、引线方便，主要用于低压大电流的电焊变压器、电炉变压器和壳式变压器中，如大于 400kV·A 的电炉变压器绕组就是采用这样的结构。

同芯式绕组结构简单，制造方便。按绕组绕制方式的不同又分为圆筒式、螺旋式、分段式和连续式四种。不同的结构具有不同的电气特性、机械特性及热特性。

如图 4-10 所示为圆筒式绕组，其中图 4-10（a）的线匝沿高度（轴向）绕制，如螺旋状。这种绕组制造工艺简单，但机械强度、承受短路能力都较差，因此多用在电压低于 500V、容量为 10 ～ 750kV·A 的变压器中。如图 4-10（b）所示为多层圆筒绕组，可用在容量为 10 ～ 560kV·A、电压为 10kV 以下的变压器中。

(a) 扁铜线圈　　　　　　(b) 圆筒线圈

图4-10　变压器绕组

绕组引出的出头标志规定采用如表 4-4 所示的符号。

表4-4　绕组引出的出头标志

绕组	单相变压器		三相变压器		
	起头	末头	起头	末头	中性点
高压绕组	A	X	A、B、C	X、Y、Z	O
中压绕组	Am	Xm	Am、Bm、Cm	Xm、Ym、Zm	Om
低压绕组	a	X	a、b、c	xyz	O

（3）油箱及变压器油　变压器油在变压器中不但起绝缘作用，而且有散热、灭弧作用。新油呈淡黄色，投入运行后呈淡红色。不同种类变压器油不能随便混合使用。变压器在运行中对绝缘油要求很高，每隔六个月要采样分析试验其酸价、闪光点、水分等是否符合标准（表4-5）。变压器油绝缘耐压强度很高，但混入杂质后绝缘耐压强度将迅速降低，因而必须保持纯净，并应尽量避免与外界空气，尤其是水汽或酸性气体接触。

油箱（外壳）用于装变压器铁芯、绕组和变压器油。为了加强冷却效果，通常在油箱两侧或四周装有很多散热管，以加大散热面积。

表4-5　变压器油的试验项目和标准

序号	试验项目	试验标准	
		新油	运行中的油
1	5℃时的外状	透明	—
2	50℃时的黏度	不大于1.8Pa·s	—
3	闪光点	不低于135℃	不应比新油低5℃以上

序号	试验项目	试验标准	
		新油	运行中的油
4	凝固点	用于室外变电所开关（包括变压器带负载调压接头开关）的绝缘油，其凝固点不应高于下列标准：①气温不低于10℃的地区，-25℃；②气温不低于-20℃的地区，-35℃；③气温低于-20℃的地区，-45℃。凝固点为-25℃的变压器油用在变压器内时，可不受地区气温的限制。在月平均最低气温不低于-10℃的地区，当没有凝固点为-25℃的绝缘油时，允许使用凝固点为-10℃的油	—
5	机械混合物	无	无
6	游离碳	无	无
7	灰分	不大于0.005%	不大于0.01%
8	活性硫	无	无
9	酸价	不大于0.05［KOH/（mg/g）］	不大于0.4［KOH/（mg/g）］
10	钠试验	不应大于2级	
11	氧化后酸价	不大于0.35［KOH/（mg/g）］	—
12	氧化后沉淀物	不大于0.1%	
13	绝缘强度试验：①用于6kV以下的电气设备；②用于6～35kV的电气设备；③用于35kV及以上的电气设备	①25kV ②30kV ③40kV	①20kV ②25kV ③35kV
14	酸碱反应	无	无
15	水分	无	无
16	介质损耗角正切值（有条件时试验）	20℃时不大于0.01，70℃时不大于0.04	20℃时不大于0.02，70℃时不大于0.7

（4）套管及变压器的其他附件　变压器外壳与铁芯是接地的。为了使带电的高、低压绕组能从中引出，常用套管绝缘并固定导线。采用的套管根据电压等级决定，配电变压器上都采用纯瓷套管；电压在35kV及以上采用充油套管或电容套管以加强绝缘。高、低压侧的套管是不一样的，高压套管高而大，低压套管低而小，一般可由套管来区分变压器的高、低压侧。

变压器的附件还包括：

① 油枕（又称储油柜）　形如水平旋转的圆筒，如图4-6所示。油枕的作用是减小变压器油与空气的接触面积。油枕的容积一般为总油量的10%～13%，其中保持一半油、一半气，使油在受热膨胀时得以缓冲。油枕侧面装有借以观察油面高度

的玻璃油表。为了防止潮气进入油枕，并能定期采取油样以供试验，在油枕及油箱上分别装有呼吸器、干燥箱和放油阀门、加油阀门、塞头等。

② 安全气道（又称防爆管）　800kV·A 以上变压器箱盖上设有 φ80mm 圆筒管弯成的安全气道。气道另一端用玻璃密封做成防爆膜，一旦变压器内部绕组短路，防爆膜首先破碎泄压以防油箱爆炸。

③ 气体继电器（又称瓦斯继电器或浮子继电器）　800kV·A 以上变压器在油箱盖和油枕连接管中装有气体继电器。气体继电器有三种保护作用：当变压器内故障所产生的气体达到一定程度时，接通电路报警；当由于严重漏油而油面急剧下降时，迅速切断电路；当变压器内突然发生故障而导致油流向油枕冲击时，切断电路。

④ 分接开关　为调整二次电压，常在每相高压绕组末段的相应位置上留有三个（有的是五个）抽头，并将这些抽头接到一个开关上，这个开关就称作"分接开关"。分接开关的接线原理如图 4-11 所示。利用分接开关调整的电压范围在额定电压的 ±5% 以内。电压调节应在停电后才能进行，否则有发生人身和设备事故的危险。

任何一台变压器都应安装分接开关，这是因为当外加电压超过变压器绕组额定电压的 10% 时，变压器磁通密度将大大增加，使铁芯饱和而发热，增加铁损，不能保证变压器安全运行。变压器应根据电压系统的变化来调节分接头，以保证电压不致过高而烧坏用户的电机、电器，避免电压过低引起电动机过热或其他电器不能正常工作等。

⑤ 呼吸器　呼吸器的构造如图 4-12 所示。

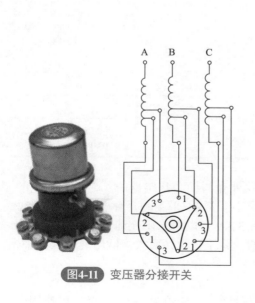

图4-11　变压器分接开关

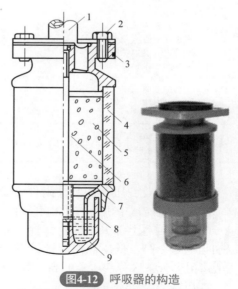

图4-12　呼吸器的构造

1—连接管；2—螺钉；3—法兰盘；4—玻璃管；
5—硅胶；6—螺杆；7—底座；8—底罩；9—变压器油

在呼吸器内装有变色硅胶，油枕内的绝缘油通过呼吸器与大气连通，内部干燥剂可以吸收空气中的水分和杂质，以保持变压器内绝缘油的良好绝缘性能。呼吸器内的硅胶在干燥情况下呈浅蓝色，当吸潮达到饱和状态时渐渐变为淡红色，这时，应将硅胶取出在 140℃ 高温下烘焙 8h，即可恢复原特性。

二、电力变压器的型号与铭牌

（1）电力变压器的型号　电力变压器的型号由两部分组成：拼音符号部分表示其类型和特点；数字部分斜线左方表示额定容量，单位为 kV・A，斜线右方表示一次电压，单位为 kV。如 SFPSL-31500/220 表示三相强迫油循环三绕组铝线 31500kV・A/220kV 电力变压器；又如 SL-800/10（旧型号为 SJL-800/10）表示三相油浸自冷式双绕组铝线 800kV・A/10kV 电力变压器。电力变压器型号中所用拼音代表的型号含义见表 4-6。

表4-6　电力变压器型号中所用拼音代表的符号含义

项目	类别	代表符号	
		新型号	旧型号
相数	单相	D	D
	三相	S	S
绕组外冷却介质	矿物油	不标注	J
	不燃性油	B	未规定
	气体	Q	未规定
	空气	K	G
	成型固体	C	未规定
箱壳外冷却方式	空气自冷	不标注	不标注
	风冷	F	F
	水冷	W	S
循环方式	油自然循环	不标注	不标注
	强迫油循环	P	P
	强迫油导向循环	D	不标注
	导体内冷	N	N
线圈数	双绕组	不标注	不标注
	三绕组	S	S
	自耦（双绕组及三绕组）	O	O

续表

项目	类别	代表符号	
		新型号	旧型号
调压方式	无励磁调压	不标注	不标注
	有载调压	Z	Z
导线材质	铝线	不标注	L

注：为最终实现用铝线生产变压器，新标准中规定铝线变压器型号中不再标注"L"字样。但在由用铜线过渡到用铝线的过程中，事实上生产厂家在铭牌所示型号中仍沿用"L"代表铝线，以示与铜线区别。

（2）电力变压器的铭牌　电力变压器的铭牌见图4-13。下面对铭牌所列各数据的意义作简单介绍。

铝线圈电力变压器						
产品标准			型号　SJL-630/10			
额定容量630kV·A		相数3	额定频率　50Hz			
额定电压	高压	10000V	额定电流	高压	32.3A	
	低压	400～230V		低压	808A	
使用条件	户外式	绕组温升　65℃		油面温升　55℃		
阻抗电压		%　75℃	冷却方式	油浸自冷式		

油重70kg　　　　　　　　器身重1080kg　　　　　　　　总重1200kg

绕组连接图		向量图		连接组标号	开关位置	分接电压
高压	低压	高压	低压			
C B A Z₃ Y₃ X₃ Z₂ Y₂ X₂ Z₁ Y₁ X₁	c b a 0	C — A B	c — a 0 b	Y/Y0-12	Ⅰ	10500V
					Ⅱ	10000V
					Ⅲ	9500V
出厂序号		×× 　二厂		20　年　月　出品		

图4-13　变压器的铭牌

① 型号含义

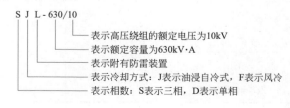

S J L - 630/10
- 表示高压绕组的额定电压为10kV
- 表示额定容量为630kV·A
- 表示附有防雷装置
- 表示冷却方式：J表示油浸自冷式，F表示风冷
- 表示相数：S表示三相，D表示单相

此变压器使用在室外，故附有防雷装置。

② 额定容量　额定容量表示变压器可能传递的最大功率，用视在功率表示，单位为 kV·A。

$$三相变压器额定容量 = \sqrt{3} \times 额定电压 \times 额定电流$$
$$单相变压器额定容量 = 额定电压 \times 额定电流$$

③ 额定电压　一次绕组的额定电压是指加在一次绕组上的正常工作电压值，它是根据变压器的绝缘强度和允许发热条件规定的。二次绕组的额定电压是指变压器在空载时，一次绕组加上额定电压后二次绕组两端的电压值。

在三相变压器中，额定电压是指线电压，单位为 V 或 kV。

④ 额定电流　变压器绕组允许长时间连续通过的工作电流，就是变压器的额定电流，单位为 A。在三相变压器中系指线电流。

⑤ 温升　温升是指变压器在额定运行情况时允许超出周围环境温度的数值，它取决于变压器所用绝缘材料的等级。在变压器内部，绕组发热最厉害。这台变压器采用 A 级绝缘材料，故规定绕组的温升为 65℃，箱盖下的油面温升为 55℃。

⑥ 阻抗电压（或百分阻抗）　阻抗电压通常以 % 表示，表示变压器内部阻抗压降占额定电压的百分数。

三、电力变压器的试验检查与维修

1. 变压器油

（1）变压器油在变压器中的作用　变压器油是一种绝缘性能良好的液体介质，是矿物油。变压器油的主要作用有以下三方面：

a. 使变压器芯子与外壳及铁芯有良好的绝缘作用。变压器油是充填在变压器芯子和外壳之间的液体绝缘。变压器油充填于变压器内各部空隙间，加强了变压器绕组的层间和匝间的绝缘强度，同时，对变压器绕组绝缘起到了防潮作用。

b. 使变压器运行中加速冷却，变压器油在变压器外壳内，通过上、下层间的温差作用，构成油的对流循环。变压器油可以将变压器芯子的温度通过对流循环经变压器的散热器与外界低温介质（空气）间接接触，再把冷却后的低温绝缘油经循环回到变压器芯子内部。如此循环，达到冷却的目的。

c. 变压器油除能起到上述两种作用外，还可以在某种特殊运行状态时起到加速变压器外壳内灭弧的作用。变压器油是经常运动的，当变压器内有某种故障而引起电弧时，变压器油能够加速电弧的熄灭。例如，变压器的分接开关接触不良或绕组的层间与匝间短路引起电弧，变压器油可以通过运动冲击电弧，使电弧拉长，并降低电弧温度，增强了变压器油内的去游离作用，熄灭电弧。

（2）变压器油的技术性能

① 变压器油的牌号　按照绝缘油的凝固点而确定。

常用变压器油的牌号有：10 号油，凝固点在 -10℃，北京地区室内变压器常采用这种变压器油；25 号油，凝固点为 -25℃，室外变压器常采用 25 号油；45 号油，

凝固点为 -45℃，在气候寒冷的地区被广泛使用，北京地区的个别山区室外变压器常采用这种变压器油。

② 变压器油的技术性能指标

a. 耐压强度。耐压强度是指单位体积的变压器油承受的电压强度。通常采用油杯进行油耐压试验。试验时将取出的油样放入油杯内，然后放入两个直径为25mm，厚为6mm 的电极，测两个电极间隙为2.5mm 时的击穿电压值。一般交接试验中的变压器油耐压为25kV，新油耐压为30kV。新标准规定，对于10kV 运行中的变压器绝缘油，耐压放宽至20kV。

b. 凝固点。变压器油达到某一温度时，变压器油的黏度达到最大，该点的温度即为变压器油的凝固点。

c. 闪点。变压器油达到某一温度时，油蒸发出的气体如果临近火源即可引起燃烧，此时变压器油所达到的温度称为闪点。变压器油的闪点不能低于135℃。

d. 黏度。指变压器油在50℃时的黏度（运动黏度，单位为 mm^2/s ）。为便于对流散热，变压器油黏度小一些为好，但是黏度影响变压器油的闪点。

e. 密度。变压器油密度越小，说明油的质量越好，油中的杂质及水分越容易沉淀。

f. 酸价。变压器油的酸价表示每克油所中和氢氧化钠的数量，其单位为 KOH/（mg/g）。酸价表明变压器油的氧化程度，酸价出现表示变压器油开始氧化，因此变压器油的酸价越低对变压器越有利。

g. 安定度。变压器油的安定度是抗老化程度的参数。安定度越大，说明变压器油质量越好。

h. 灰分。灰分表明变压器油内含酸、碱、硫、游离碳、机械混合物的数量，也可说是变压器油的纯度，因此，灰分含量越小越好。

（3）取变压器油样　为了监测变压器的绝缘状况，每年需要取变压器油进行试验（变压器油的试验项目和标准见表4-5），这就要求采取一系列的措施，保证反映变压器油的真实绝缘状态。

① 变压器取油样的注意事项

a. 取油样使用的瓶子需经干燥处理。

b. 运行中变压器取油样，应在干燥天气时进行。

c. 油量应一次取够。根据试验的需要，做耐压试验时油量不少于0.5L，做简化试验时油量不少于1L。

② 变压器取油样的方法　变压器取油样应注意方法正确，否则将影响试验结果的正确性。

a. 取油样时，在变压器下部放油阀门处进行。可先放出2L 变压器油，并擦净阀门，再用变压器油冲洗若干次。

b. 用取出的变压器油冲洗样瓶两次，才能灌瓶。

c. 灌瓶前把瓶塞用净油洗干净，将变压器油灌入瓶后立即盖好瓶盖，并用石蜡封严瓶口，以防受潮。

d. 取油样时，先检查油标管；变压器是否缺油，变压器缺油不能取油样。

e.启瓶时要求室温与取油样温度不能温差过大，最好在同一温度下进行，否则会影响试验结果。

（4）变压器补油　变压器补油应注意以下各方面：

a.补入的变压器油要求与运行中变压器油的牌号一致，并经试验合格（含混合试验）。

b.补油应从变压器油枕上的注油孔处进行，补油要适量。

c.补油如果在运行中进行，补油前首先将重瓦斯掉闸位置改接为信号位置。

d.不能从下部油门处补油。

e.在补油过程中，注意及时排放油中气体；运行24h之后，才能将重瓦斯投入掉闸位置。

2. 变压器分接开关的调整与检查

运行中系统电压过高或过低影响设备的正常运行时，需要将变压器分接开关进行适当调整，以保持变压器二次侧电压的正常。

10kV变压器分接开关有三个位置，调压范围为±5%。当系统的电压变化不超过额定电压的±5%时，可以通过调节变压器分接开关的位置解决电压过高或过低的问题。

对于无载调压的配电变压器，分接开关有三挡，即Ⅰ挡时，为10500/400V；Ⅱ挡时，为10000/400V；Ⅲ挡时，为9500/400V。

如果系统电压过高超过额定电压，反映于变压器二次侧母线电压高，需要将变压器分接开关调到Ⅰ挡位置；如果系统电压低达不到额定电压，反映变压器二次侧电压低，则需要将变压器分接开关调至Ⅲ挡位置。即所谓的"高往高调，低往低调"。变压器分接开关的调整要注意相对地稳定，不可频繁调整，否则将影响变压器运行寿命。

（1）变压器吊芯检查，对变压器分接开关的检查

a.检查变压器分接开关（无载调压变压器）的触点与变压器绕组的连接，应紧固、正确，各接触点应接触良好，转换触点应正确在某确定位置上，并与手把指示位置相一致。

b.分接开关的拉杆、分接头的凸轮、小轴销子等部件应完整无损，转动盘应动作灵活、密封良好。

c.变压器分接开关传动机械的固定应牢靠，摩擦部分应有足够的润滑油。

（2）变压器绕组直流电阻的测试要求　下面介绍在调整变压器分接开关时，对绕组直流电阻的测试要求和电阻值的换算方法。

调节变压器分接开关时，为了保证安全，需要测量变压器绕组的直流电阻，了解分接开关的接触情况，因此应按照以下要求进行：

a.测量变压器高压绕组的直流电阻应在变压器停电后，并且履行安全工作规程有关规定以后进行。

b.变压器应拆去高压引线，以避免造成测量误差，并且要求在测量前后对变压器进行人工放电。

c.测量直流电阻所使用的电桥，误差等级不能小于0.5级，容量大的变压器应

使用 0.05 级 QJ-5 型直流电桥。

　　d. 测量前应查阅该变压器原始资料，预先掌握数据。为了使测量结果可靠，在调整分接开关前、后分别测量绕组的直流电阻。每次测量之前，先用万用表的电阻挡对变压器绕组的直流电阻进行粗测，同时按照测量数值的范围对电桥进行"预置数"，即将电桥的校臂电阻旋钮按照万用表测出的数值调好。注意电桥的正确操作方法，不能损坏设备。

　　e. 测量变压器绕组的直流电阻应记录测量时变压器的温度。测量之后应换算到 20℃时的电阻值，一般可按下式计算：

$$R_{20} = \frac{T + 20}{T + T_a} R_a$$

式中　R_{20}——折算到 20℃时，变压器绕组的直流电阻；

　　　　R_a——温度为 a 时，变压器绕组的直流电阻；

　　　　T——系数（铜为 235，铝为 225）；

　　　　T_a——测量时变压器绕组温度。

　　f. 变压器绕组 Y 接线时，按下式计算每相绕组的直流电阻：

$$R_U = \frac{R_{UW} + R_{UV} - R_{VW}}{2}$$

$$R_V = \frac{R_{UV} + R_{VW} - R_{UW}}{2}$$

$$R_W = \frac{R_{VW} + R_{UW} - R_{UV}}{2}$$

　　g. 按照变压器原始报告中的记录数值与变压器测量后换算到同温度下的数值进行比较，检查有无明显差别。所测三相绕组直流电阻的不平衡误差按下式计算，其误差不能超过 ±2%。

$$\Delta R\% = \frac{R_D - R_C}{R_C} 100\%$$

式中　$\Delta R\%$——三相绕组直流电阻差值百分数；

　　　　R_D——电阻值最大一相绕组的电阻值；

　　　　R_C——电阻值最小一相绕组的电阻值。

　　试验发现有明显差别时应分析原因，或倒回原挡位再次测量。

　　h. 试验合格后，将变压器恢复到具备送电的条件，送电观察分接开关调整之后的母线电压。

3. 变压器的绝缘检查

　　变压器的绝缘检查主要是指交接试验、预防性试验和运行中的绝缘检查。

　　变压器的绝缘检查主要包含绝缘电阻摇测、吸收比、绝缘油耐压试验和交流耐压试验。下面介绍运行中对变压器绝缘检查的要求和影响变压器绝缘的因素以及变压器绝缘在不同温度时的换算。

（1）变压器绝缘检查的要求

a. 变压器应进行清扫，并摇测变压器一、二次绕组的绝缘电阻。

b. 变压器油要求每年取油样进行油耐压试验，10kV 以上的变压器油还要做油的简化试验。

c. 运行中的变压器每 1～3 年应进行预防性绝缘试验（又称绝保试验）。

（2）影响变压器绝缘的因素　电气绝缘试验是通过测量、试验、分析的方法，检测和发现绝缘的变化趋势，掌握其规律，发现问题。通过对电力变压器的绝缘电阻测量和绝缘耐压等试验，对变压器能否继续运行作出正确判断。因此应准确测量，排除对设备绝缘影响的诸因素。

通常影响变压器绝缘的因素有以下方面：

a. 温度的影响。测量时，因为温度的变化将影响绝缘测量的数值，所以进行试验时应记录测试时的温度，必要时进行不同温度下的绝缘测量值的换算。变压器绝缘电阻的数值随变压器绕组温度的不同而变化，因此对运行变压器绝缘电阻的分析应换算至同一温度时进行。通常温度越高，变压器的绝缘电阻值越低。

b. 空气湿度的影响。对于油浸自冷式变压器，由于空气湿度的影响，变压器绝缘子表面的泄漏电流增加，导致变压器绝缘电阻数值的变化，当湿度较大时绝缘电阻显著降低。

c. 测量方法对变压器绝缘的影响。测量方法的正确与否直接影响变压器绝缘电阻的大小。例如，使用兆欧表测量变压器绝缘电阻时，应注意所用的测量线是否符合要求，仪表是否准确等。

d. 电容值较大的设备（如电缆及容量大的变压器、电机等）需要通过吸收比试验来判断绝缘是否受潮，取 R_{60}/R_{15}：温度在 10～30℃时，绝缘良好值为 1.3～2，低于该数值说明绝缘受潮，应进行干燥处理。

（3）变压器绕组的绝缘电阻在不同温度时的换算　对于新出厂的变压器可按表4-7进行换算。

表4-7　变压器绕组不同温差绝缘电阻换算系数表

温度差 $t_2 - t_1$/℃	5	10	15	20	25	30	35	40	45	55	60
绝缘电阻换算系数	1.23	1.5	1.84	2.25	2.75	3.4	4.15	5.1	6.2	7.5	11.2

注：t_2——出厂试验时温度；t_1——接试验时温度。

变压器运行中绝缘电阻温度系数可按下式计算（换算为 120℃）：

$$K = 10\left(\frac{t - 20}{40}\right)$$

式中　K——绝缘电阻换算系数；

　　　t——测定时的温度。

如果要将绝缘电阻换算至任意温度时，可按下式计算：

$$M\Omega_{tR} = M\Omega_t \times 10\left(\frac{t_R - t}{40}\right)$$

式中　　$M\Omega_{tR}$——换算到任意温度时的绝缘电阻值；

$M\Omega_t$——试验时实测温度时的绝缘电阻值；

t——试验时实测温度；

t_R——换算后的温度。

例如，将变压器绕组绝缘电阻换算为20℃时，则上式即为：

$$M\Omega_{20} = M\Omega_t \times 10^{\left(\dfrac{20-t}{40}\right)}$$

4. 变压器的检修与验收

（1）变压器的检修周期　变压器的检修一般分为大修、小修，其检修周期规定如下：

① 变压器的小修

a. 线路配电变压器至少每两年小修二次。

b. 室内变压器至少每年小修一次。

② 变压器的大修　对于10kV及以下的电力变压器，假如不经常过负荷运行，可每10年左右大修一次。

（2）变压器的检修项目　变压器小修的项目如下：

a. 检查引线、接头接触有无问题。

b. 测量变压器二次绕组的绝缘电阻值。

c. 清扫变压器的外壳以及瓷套管。

d. 消除巡视中所发现的缺陷。

e. 填充变压器油。

f. 清除变压器油枕集泥器中的水和污垢。

g. 检查变压器各部位油阀门是否堵塞。

h. 检查气体继电器引线绝缘，受腐蚀者应更换。

i. 检查呼吸器和出气瓣，清除脏物。

j. 采用熔断器保护的变压器，检查熔丝或熔体是否完好，二次侧熔丝的额定电流是否符合要求。

k. 柱上配电变压器应检查变台杆是否牢固，木质电杆有无腐朽。

（3）变压器大修后的验收检查　变压器大修后，应检查实际检修质量是否合格，检修项目是否齐全。同时，还应验收试验资料以及有关技术资料是否齐全。

① 变压器大修后应具备的资料

a. 变压器出厂试验报告。

b. 交接试验和测量记录。

c. 变压器吊芯检查报告。

d. 干燥变压器的全部记录。

e. 油、水冷却装置的管路连接图。

f. 变压器内部接线图、表计及信号系统的接线图。

g. 变压器继电保护装置的接线图和整个设备的构造图等。

② 变压器大修后应达到的质量标准

a. 油循环通路无油垢，不堵塞。

b. 铁芯夹紧螺栓绝缘良好。

c. 线圈、铁芯无油垢，铁芯的接地应良好无问题。

d. 绕组绝缘良好，各部固定部分无损坏、松动。

e. 高、低压绕组无移动、变位。

f. 各部位连接良好，螺栓拧紧，部位固定。

g. 紧固楔垫排列整齐，没有发生变形。

h. 温度计（扇形温度计）的接线良好，用 500V 兆欧表测量绝缘电阻应大于 $1M\Omega$。

i. 调压装置内清洁，触点接触良好，弹力符号标准。

j. 调压装置的转动轴灵活，封油口完好紧密，转动触点的转动正确、牢固。

k. 瓷套管表面清洁，无污垢。

l. 套管螺栓、垫片、法兰和填料等完好、紧密，没有渗漏油现象。

m. 油箱、油枕和散热器内清洁，无锈蚀、渣滓。

n. 本体各部的法兰、触点和孔盖等紧固，各油门开关灵活，各部位无渗漏油现象。

o. 防爆管隔膜密封完整，并有用玻璃刀刻画的十字痕迹。

p. 油面指示计和油标管清洁透明，指示准确。

q. 各种附件齐全，无缺损。

第三节　小型变电所及配电屏配电与计量仪表配线

一、小型变电所的配电系统及配电线路连接

小型变电所的配电系统如图 4-14 所示，高压侧装有高压隔离开关与熔断器。为了防止雷电波沿架空线路侵入变电所，应安装避雷器 F，为了测量各相负荷电流与测量电能消耗，低压侧装设有电流互感器。有的变电所在高压侧也装置电流互感器，可测量包括变压器在内的有功与无功电能消耗。

工厂的变电所与配电所是全厂供电的枢纽，它的位置应尽量靠近厂内的负荷中心（即用电最集中的地方），并应考虑到进线和出线方便。

配电线路连接方式有放射式和干线式两种。

放射式如图 4-15 所示，这种接线方式是每一独立负载或一群集中负载均由单独的配电线供电。这种配电线路的优点是供电可靠性强、维护方便，某一配电线路发生故障不会影响其他线路的运行；缺点是导线消耗量大、配电设备多、费用较高。

干线式如图 4-16 所示。这种方式是每一独立负载或一群负载按其所在位置依次接到某一配电干线上。这种线路优点是所用导线和电器均较放射式少，因此比较经济；缺点是当干线发生故障时，接在它上面的所有设备均将停电。

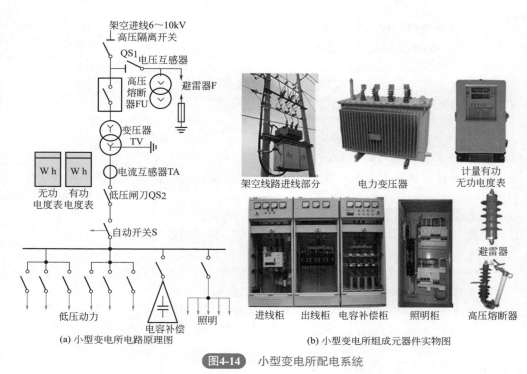

(a) 小型变电所电路原理图   (b) 小型变电所组成元器件实物图

图4-14 小型变电所配电系统

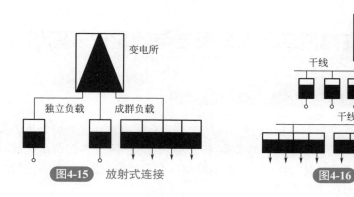

图4-15 放射式连接   **图4-16** 干线式连接

二、计量仪表的接线

（1）电压互感器　电压互感器是一种特殊的双绕组变压器。用于高压测量线路中，可使电压表与高压电路隔开，不但扩大了仪表量程，并且保证了工作人员的安全。

图4-17为电压互感器的外形。在测量电压时，电压互感器匝数多的高压绕组接被测线路，匝数少的低压绕组接电压表，如图4-18所示。虽然低压绕组接上了电压表，但电压表阻抗很大，加之低压绕组电压不高，因而工作中的电压互感器在实际上相当于普通单相变压器的空载运行状态。根据$U_1 \approx \dfrac{W_1}{W_2}U_2 = K_U U_2$可知，被测高电

压数值等于次级测出的电压乘上互感器的变压比。

图4-17 电压互感器的外形

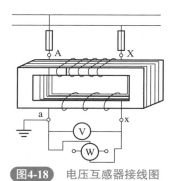

图4-18 电压互感器接线图

电压互感器的铁芯大都采用性能较好的硅钢片制成，并尽量减小磁路中的气隙，使铁芯处于不饱和状态。在绕组绕制上，尽量设法减少两个绕组间的漏磁。

电压互感器的准确度可分为 0.2、0.5、1.0 和 3.0 等四级。电压互感器有干式、油浸式、浇注绝缘式等。电压互感器符号的含义见表4-8，数字部分表示高压侧额定电压，单位为千伏（kV）。例 JDJJ1-35，即表示 35kV 单相油浸式具有接地保护的电压互感器。JDJJ1 中的"1"表示第一次改型设计。

表4-8 电压互感器型号中符号含义

第一个符号	J	电压互感器	第二个符号	D	单相	第三个符号	J	油浸式	第四个符号	F	胶封式
				S	三相		G	干式		J	接地保护
							C	瓷箱式		W	五柱三线圈
	HJ	仪用电压互感器		C	串级结构		Z	浇注绝缘		B	三柱带补偿线圈

使用电压互感器时，必须注意副边绕组不可短路，工作中不应使副边电流超过额定值，否则会将互感器烧毁。此外，电压互感器的副绕组和铁壳必须可靠接地。如不接地，万一高、低压绕组间的绝缘损坏，低压绕组和测量仪表对地将出现一高电压，这对工作人员来说是非常危险的。

（2）电流互感器 在大电流的交流电路中，常用电流互感器将大电流转换为一定比例的小电流（一般为5A），以供测量和继电器保护之用。如图4-19（a）所示，电流互感器在使用中，它的原绕组与待测负载串联，副绕组与电流表连成一闭合回路［图4-19（b）］。如前所述，原、副绕组电流之比 $\dfrac{I_1}{I_2}=\dfrac{W_2}{W_1}$。为使副边获得较小电流，原绕线的匝数应很

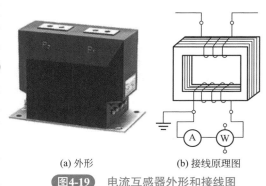

(a) 外形　　(b) 接线原理图

图4-19 电流互感器外形和接线图

少（一匝或几匝），并用粗导线绕成，副绕组的匝数较多，用较细导线绕成。根据 $I_1=\dfrac{W_2}{W_1}I_2=K_1I_2$ 可知，被测的负载电流就等于电流表的读数乘上电流互感器的变流比。

提 示

> 　　在使用中，电流互感器的次级切不可开路，这是电流互感器与普通变压器的不同之处。普通变压器的初级电流I_1的大小由次级电流I_2的大小决定，但电流互感器的情况就不一样，其初级电流大小不取决于次级电流，而是取决于待测电路中负载的大小，即不论次级是接通还是开路，原绕组中总有一定大小的负载电流流过。若副绕组开路，则原绕组的磁势将使铁芯的磁通剧增，而副绕组的匝数又多，其感应电动势很高，将会击穿绝缘、损坏设备并危及人身安全。为安全起见，电流互感器的副绕组和铁壳应可靠接地。电流互感器的准确度分为0.2、0.5、1.0、3.0、10.0五级。

　　电流互感器的原边额定电流可为0～15000A，而副边额定电流通常都采用5A。有的电流互感器具有圆环形铁芯，被测线路的导线可在其圆环形铁芯上穿绕几匝（称为穿心式），以实现不同变流比。

三、电压测量电路

　　采用一个转换开关和一个电压表测量三相电压的方式为电压测量方法，测量三个线电压的电路如图 4-20 所示。其工作原理是：当扳动转换开关 SA，使它的 1-2、7-8 触点分别接通时，电压表测量的是 A、B 两相之间的电压 U_{AB}；扳动 SA 使 5-6、11-12 触点分别接通时，测量的是 U_{BC}；当扳动 SA 使其触点 3-4、9-10 分别接通时，测量的是 U_{AC}。

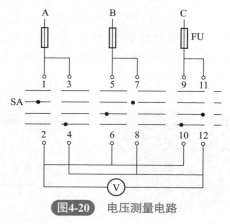

图4-20 电压测量电路

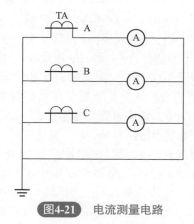

图4-21 电流测量电路

四、电流测量电路

　　电流测量电路如图 4-21 所示。图中 TA 为电流互感器，每相一个，其一次绕组串接在主电路中，二次绕组各接一个电流表。三个电流互感器的二次绕组接成星形，其公共点必须可靠接地。

五、配电屏上的功率表、功率因数表的测量线路接线

在配电屏上常采用功率表（W）、功率因数表cos φ、频率表（Hz）、三个电流表（A）经两个电流互感器TA和两个电压互感器TV的联合接线线路，如图4-22所示。

接线时应注意以下几点。

a. 三相有功功率表（W）的电流线圈、三相功率因数表（cos φ）的电流线圈以及电流表（A）的电流线圈，与电流互感器二次侧串联成电流回路。A相、C相两电流回路不能互相接错。

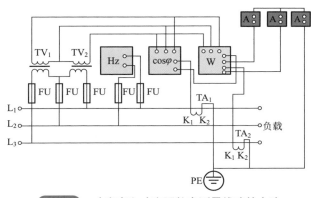

图4-22 功率表和功率因数表测量线路的方法

b. 三相有功功率表（W）的电压线圈、三相功率因数表（cos φ）的电压线圈，与电压互感器二次侧并联成电压回路，各相电压相位不可接错。

c. 电流互感器二次侧"K_2"或"$-$"端，与第三个电流表（A）末端相连接，并须作可靠接地。

第四节 承担低压线路总负荷的万能断路器安装、接线与检修

在现代企业的变配电系统中，几乎全部采用万能式断路器对低压电力负荷进行控制，下面以NA1-2000 ～ 6300万能式断路器为例进行介绍。NA1-2000 ～ 6300万能式断路器外形和结构如图4-23所示。

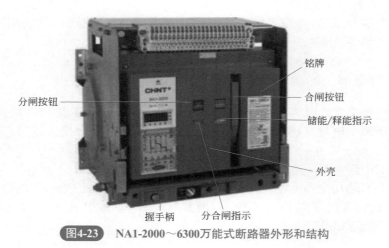

分闸按钮

铭牌

合闸按钮

储能/释能指示

外壳

握手柄　分合闸指示

图4-23 NA1-2000～6300万能式断路器外形和结构

一、用途和分类

1. 断路器的用途

NA1-2000 ～ 6300 万能式断路器（以下简称断路器）适用于交流 50Hz、60Hz，额定工作电压 400V、690V，额定工作电流 6300A 及以下的配电网络中，用来分配电能和保护线路，使电源设备免受过载、欠电压、短路、单相接地等故障的危害，该断路器具有智能化保护功能，其选择性保护精确，能提高供电可靠性，避免不必要的停电。

该断路器能广泛适用于电站、工厂、矿山（特别是 690V）和现代高层建筑，特别是智能楼宇中的配电系统。

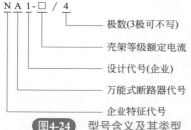

NA 1-□ / 4

极数(3极可不写)

壳架等级额定电流

设计代号(企业)

万能式断路器代号

企业特征代号

图4-24 型号含义及其类型

2. 断路器的分类

断路器的型号含义及其类型如图 4-24 所示。

断路器有抽屉式和固定式两种类型，如图 4-25 所示。

抽屉座　　　　　　　　本体

断路器由本体和抽屉座两部分组成。断路器本体插入抽屉座中成为抽屉式。

(a) 抽屉式断路器

固定式安装使用固定支架

(b) 固定式断路器

图4-25　NA1-2000～6300万能式断路器类型

二、万能式断路器的安装

1. 抽屉式断路器的安装

如图 4-26 所示，将抽屉座固定在配电柜安装板上，并用四个 M10 螺栓紧固。拉出导轨，将断路器本体按图示放置在导轨上。将断路器本体向内推入，直至推不动为止。

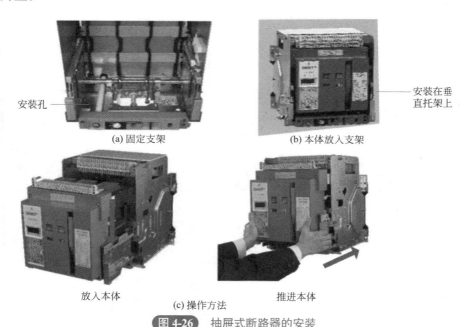

安装孔

安装在垂直托架上

(a) 固定支架　　　　　　　　(b) 本体放入支架

放入本体　　　　　　　　推进本体

(c) 操作方法

图 4-26　抽屉式断路器的安装

抽出手柄，并将手柄六角头完全插入抽屉座手柄孔内，顺时针转动手柄，直至位置指示器转至"连接"位置，并能听到抽屉室内两侧发出"咔嗒"两声，拉出手柄并放入原位。

2. 固定式断路器的安装

将断路器放在安装支架上，并紧固，将主回路母线直接连接到固定式断路器母线上。如图 4-27 所示。

3. 断路器主电路连接

NA1-2000 ～ 6300 万能式断路器既可以上进线也可以下进线，这样方便了配电柜内安装。如图 4-28 所示。

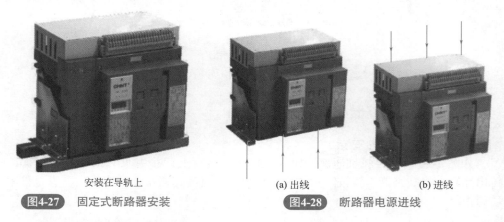

安装在导轨上

图4-27 固定式断路器安装

(a) 出线

(b) 进线

图4-28 断路器电源进线

a. 母排连接如图 4-29 所示。

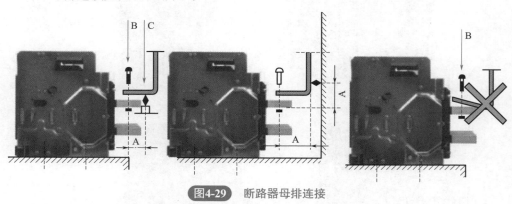

图4-29 断路器母排连接

b. 电缆连接如图 4-30 所示。

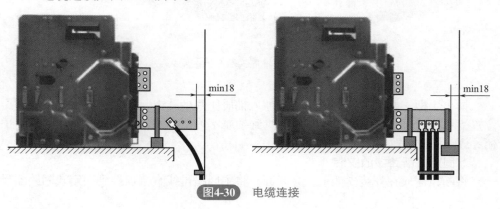

min18

min18

图4-30 电缆连接

三、万能式断路器控制电路的接线

如图 4-31 所示，SB_1 为分励按钮、SB_2 为紧急分闸按钮、SB_3 为合闸按钮、Q 为欠压脱扣器、F 为分励脱扣器、X 为合闸电磁铁、M 为储能电机、XT 为接线端子、SA 为行程开关。需要注意的是如果 Q、F、X 的控制电源电压不同时，应分别接不同电源，智能脱扣器电源为直流时，如有外挂电源模块，务必通过模块上 U_1、U_2 输入，不可直接接入 1、2 端。

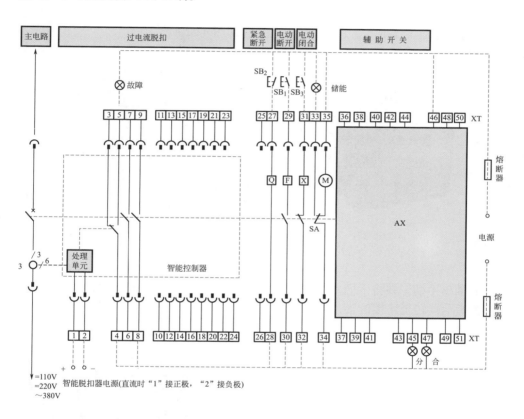

供用户使用AX辅助开关型式：

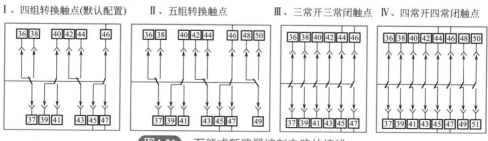

Ⅰ、四组转换触点(默认配置)　　Ⅱ、五组转换触点　　Ⅲ、三常开三常闭触点　Ⅳ、四常开四常闭触点

图4-31 万能式断路器控制电路的接线

信号输出回路中，控制回路注意加熔断器保护，端子 35 可直接接电源（自动储能），也可串联常开按钮后接电源（手控预储能）。

四、万能式断路器的使用

（1）插入操作

a. 拉出导轨。

b. 将断路器本体放置在导轨上，注意断路器两突出支架座应卡入导轨凹槽处。

c. 将断路器本体推入，直至推不动为止，如图 4-32 所示。

(a) 拉出导轨　　　　　　　　　　　　(b) 推入本体

图 4-32　推入操作

d. 抽出手柄，并将手柄六角头完全插入抽屉座手柄孔内，顺时针转动手柄，直至位置指示器转至连接位置，并能听到抽屉座"咔嗒"声，抽出手柄放回原处，如图 4-33 所示。

(a) 抽出手柄　　　　　　　　　　　　(b) 旋转手柄

图4-33　抽出手柄操作

（2）抽出操作　　首先将断路器本体从连接位置移动至分离位置（将手柄逆时针方向摇动），将手柄拔出后，按图4-34位置拉出断路器本体，将断路器本体从抽屉内取出后，将抽出导轨放回原处。

(a) 手柄摇出

(b) 抽出本体

(c) 上抬抽出

图4-34 拉出断路器本体

（3）储能操作

① 手动储能　将储能手柄上下反复扳动 6、7 次，直至听到"咔嗒"声，当手感觉不到反力，储能指示同时显示储能，手动储能结束。如图 4-35 所示。

② 电动储能　控制回路通电后，电动机构立即进行储能。

（4）分合闸操作

① 手动分合闸　如图 4-36 所示。

a. 合闸。当断路器处于储能、断开状态时，按压绿色按钮，断路器合闸。

b. 分闸。当断路器处于闭合状态时，按压红色按钮断路器即分闸。

合闸前，欠压脱扣器必须先接通电源！

(a) 合闸

(b) 分闸

图4-35 储能操作　　**图4-36** 手动分合闸

② 电动分合闸

a. 合闸。当断路器处于储能、断开状态时，将额定电压施加于电磁铁上，使断路器合闸。

b. 分闸。当断路器处于闭合状态时，将额定电压施加于分励脱扣器，便能将断路器分闸。

五、断路器的维护和检修

① 在运行维护和检修操作前，必须先进行以下程序：

● 应在断路器主回路，二次回路断电状态下进行。

● 使断路器分闸，检查操作机构弹簧是否释放。

● 对于抽屉式断路器，应先将本体从抽屉座中抽出；对固定式断路器，应先拉下隔离刀闸。

② 断路器的维护（每半年至少 1 次）：

● 应检查断路器的周围环境是否满足一般规定的要求。

● 所有摩擦、转动部件按期添加润滑油。

● 应检查断路器与母线连接处螺栓是否被拧紧，接触是否良好。

● 应检查断路器本体及抽屉座绝缘间的尘埃堆积状态，定期清扫。

● 应检查断路器二次回路端子连接是否可靠。

● 应检查断路器智能控制器是否显示正常。

● 应检查智能控制器保护特性整定值是否正确。

● 应检查断路器分合指示是否正确可靠。

③ 断路器的检修（每年至少 1 次）：

● 检查断路器保护部分是否完整、整洁，如壳体，底架等绝缘部件。

● 检查断路器基座（与底板连接）是否牢固，在操作时应无振动。

● 手动分合机构应动作灵活，无卡阻，二次回路辅助开关转换应可靠正确。

● 手动抽屉座摇进、摇出、分离、试验、连接位置应正确，联锁应可靠动作。

● 二次回路通电时，分励脱扣器、闭合电磁铁、欠电压脱扣器动作应符合产品技术规定，电动操作机构应能动作正常。

● 灭弧室的触点系统、触指应完整，位置应准确，镀银层应完好，灭弧室内应清扫干净（注意在打扫灭弧室时不得合分机构）。

● 断路器与连接母线之间应连接可靠，螺栓应拧紧。

● 检查本体与抽屉座连接的接触件表面是否干净、整洁，应予以清扫，保证连接可靠。

检修完毕后，用 500V 兆欧表检查断路器绝缘电阻，在周围介质温度为（20±5）℃，相对湿度在 50%～70% 时，断路器绝缘电阻应不小于 20MΩ。

断路器常见故障和解决方法如表 4-9 所示。

表 4-9　断路器常见故障与解决方法

问题	原因	解决方法
断路器跳闸	过载故障脱扣（指示灯亮）	① 在智能控制器上检查分断电流值动作时间； ② 分析负载及电流方向的情况； ③ 如果过载，请排除过载故障； ④ 如果是实际运行电流与长延时动作电流整定值不匹配，则请根据实际运行电流修改长延时动作电流整定值，以适当的匹配保护； ⑤ 按下 Reset 复位按钮，重新合闸断路器
	短路故障脱扣 （LS 或 LI 指示灯亮）	① 在智能控制器上检查分断电流值及动作时间； ② 如果短路，请寻找短路原因并排除短路故障； ③ 检查智能控制器的整定值； ④ 检查断路器的完好状态； ⑤ 按下 Reset 复位按钮，重新合闸断路器

问题	原因	解决方法
断路器跳闸	接地故障脱扣（LI指示灯亮）	①在智能控制器上检查分断电流值及动作时间； ②如果有接地故障，请寻找故障原因并排除接地故障； ③修改智能控制器的接地故障电流整定值； ④如果无接地故障，请检查故障电流整定值是否与实际保护相匹配； ⑤按下Reset复位按钮，重新合闸断路器
	机械联锁动作，欠电压脱扣器故障； 稳定工作电压小于70%U_e； 欠电压脱扣器控制单元故障	检查两台装有机械联锁的断路器的工作状态。 ①检查欠压脱扣器电源是否接通； ②检查欠压脱扣器电源电压必须不小于85%U_e； ③更换欠压脱扣器控制单元
断路器不能闭合	智能控制器上Reset没有复位（凸出面板）	按下Reset复位按钮，重新合闸断路器
	抽屉式断路器二次回路接触不好	把握屉式断路器摇到"接通"位置（听到咔嗒）两声
	断路器未储能	检查二次回路是否接通： ①检查电动机控制电源电压必须不小于85%U_e； ②检查电动机储能机构，若有故障，请与制造厂联系更换电动机操作机构
	机械联锁动杆坏，断路器已被锁住	检查两台装有机械联锁的断路器的工作状态
	闭合电磁铁锁定控制电压小于85%U_e； 闭合电磁铁故障已损坏	①检查闭合电磁铁电源电压不小于85%U_e； ②更换闭合电磁铁
断路器闭合后跳闸（故障指示灯亮）	立即跳闸，闭合了规定电流，延时跳闸，闭合了过敏电流	①在智能控制器上检查分断电流值及动作时间； ②如果是短路，请寻找短路原因并排除短路故障； ③如果是过载，请寻找过载原因并排除过载故障； ④检查断路器的完好状态； ⑤修改智能控制器的电流整定值； ⑥按下Reset复位按钮，重新合闸断路器
断路器不能断开	不能在本地手动断开断路器，机械操作机构故障； 不能远距离电动断开断路器，机械操作机构故障； 分励脱扣器电流电压小于70%U_e； 分励脱扣器损坏	①检查机械操作机构，若有卡死等故障，请与制造厂联系； ②检查分励脱扣器电压是否小于80%U_e； ③更换分励脱扣器
	不能手动储能	储能装置机械故障，与制造厂联系
断路器不能储能	不能电动储能； 锁定控制电动储能装置控制电源电压小于85%U_e； 储能装置机械故障	①检查电动储能装置控制电源电压不小于85%U_e； ②检查储能装置机械机构，如有故障与制造厂联系

问题	原因	解决方法
抽屉式断路器摇柄不能插入、摇进摇出断路器	断开位置有挂锁； 插拔导轨或断路器本体没有完全推进去	除去挂锁； 把导轨或断路器本体推到底
抽屉式断路器在"断开"位置不能抽出断路器	手柄未拔出； 断路器没有完全到达"断开"位置	拔出手柄； 把断路器完全扳到"断开"位置
抽屉式断路器不能摇到"接通"位置	有异物落入抽屉座内、卡死摇进机构或摇进机构跳齿等故障	检查及排除异物，若仍不能摇进，则与制造厂联系
	断路器本体与抽屉座的壳架等级额定电流不相配	选配相同壳架等级额定电流的断路器本体及抽屉座
储能控制器屏蔽无显示	智能控制器没有接上电源	请用户检查智能控制器是否已接上电源，若无，请立即接电源
	智能控制器有故障	切断智能控制器控制电源，然后再送电源，若故障依然存在，请与制造厂联系
	额定控制电源电压小于$85\%U_s$；闭合电磁铁故障已损坏	检查智能控制器电源电压必须不小于$85\%U_e$；更换闭合电磁铁
智能控制器故障指示灯亮，按下清零按钮后仍在亮	智能控制器有故障	切断智能控制器控制电源，然后再送电源，若故障依然存在，请与制造厂联系

第五节　NA1 3200智能控制器使用及操作

智能控制器的
使用与操作

　　智能控制器是NA1万能断路器的核心部件，用作配电线路保护。为方便读者学习，将本节内容做成电子版，读者可以扫描二维码下载学习智能控制器的面板操作、参数设置和故障排除等知识。

第六节 电力电容器和无功功率补偿器

电力电容器是电力系统中经常使用的元件，它的主要作用是并联在线路上以提高线路的功率因数，安装电容器能改善电能质量，降低线路上的电能损耗，提高供电设备的利用率。

电力电容器外形如图 4-37 所示。

图4-37 电力电容器外形

一、电力电容器补偿原理与计算

（1）结构和型号 电容器由外壳和内芯组成。外壳用密封钢板焊接而成，外壳上装有出线绝缘套管、吊攀和接地螺钉。内芯由一些电容元件串并联组成。电容元件用铝箔制作电极、用复合绝缘膜作为绝缘介质。

电容器内以绝缘油作为浸渍介质。有的电容器内部还装有熔丝和放电电阻，用来使已击穿的电容器自动退出运行或停止运行后自动放电到安全电压。

电力电容器的型号含义如下：

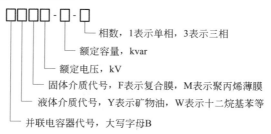

相数，1表示单相，3表示三相
额定容量，kvar
额定电压，kV
固体介质代号，F表示复合膜，M表示聚丙烯薄膜
液体介质代号，Y表示矿物油，W表示十二烷基苯等
并联电容器代号，大写字母B

电容器的额定电压多为 0.4kV 和 10.5kV，也有 0.23kV、0.525kV、6.3kV 等额定电压的产品。当前普遍采用的低压并联补偿电容器是金属化聚丙烯膜电力电容器，它是一种自愈式并联电容器，具有耐压强度高，机械强度、化学稳定性、耐热性及电老化性能都较好的优点，其容量范围为 0.5 ~ 100kvar，有单相、三相结构，可选择使用。

（2）补偿原理　在电力系统中，电动机及其他有线圈的设备统称"感性负载"，感性负载除从线路中取得一部分电流做功外，还要从线路上消耗一部分不做功的电感电流，这就使得线路上的电流要额外地加大一些。功率因数cosφ就是用来衡量这一部分不做功的电流的。当电感电流为零时，功率因数等于1；当电感电流所占比例逐渐增大时，功率因数逐渐下降。显然，功率因数越低，线路额外负担越大，发电机、电力变压器及配电装置的额外负担也较大，这除了降低线路及电力设备的利用率外，还会增加线路上的功率损耗，增大电压损失，降低供电质量，因此，应当采取措施提高功率因数。提高功率因数最方便的方法是在感性负载的两端并联适当容量的电容器，产生电容电流抵消电感电流，将不做功的无功电流减小到一定的范围以内。

补偿用电力电容器可以安装在高压边，也可以安装在低压边；可以集中安装，也可以分散安装。

（3）补偿容量计算

① 利用公式进行计算　对于一个感性负载系统，若已知其负载的有功功率P（kW），以及感性负载两端并联电容前后的功率因数$\cos\varphi_1$和$\cos\varphi_2$，则可按下式直接求得补偿容量Q（kvar）：

$$Q = P\left(\sqrt{\frac{1}{\cos^2\varphi_1} - 1} - \sqrt{\frac{1}{\cos^2\varphi_2} - 1}\right)$$

② 利用查表求补偿容量　可根据表4-10查出每一千瓦有功功率所需补偿容量（kvar/kW）。

表4-10　每一千瓦有功功率所需补偿容量（kvar/kW）

补偿前	补偿后（$\cos\varphi_2$）				
$\cos\varphi_1$	0.8	0.82	0.86	0.88	0.90
0.44	1.288	1.342	1.393	1.445	1.499
0.46	1.180	1.234	1.285	1.377	1.394
0.48	1.076	1.130	1.181	1.233	1.287
0.50	0.981	1.035	1.086	1.138	1.192
0.52	0.890	0.944	0.995	1.047	1.101
0.54	0.808	0.862	0.913	0.965	1.019
0.56	0.728	0.782	0.833	0.885	0.939
0.58	0.655	0.709	0.760	0.812	0.966
0.60	0.583	0.637	0.688	0.740	0.794
0.62	0.515	0.569	0.620	0.672	0.726
0.64	0.450	0.504	0.555	0.607	0.661
0.66	0.388	0.442	0.493	0.545	0.599
0.68	0.327	0.381	0.432	0.484	0.538
0.70	0.270	0.324	0.375	0.427	0.481
0.72	0.212	0.266	0.317	0.369	0.523
0.74	0.157	0.211	0.262	0.314	0.368
0.76	0.103	0.157	0.208	0.260	0.314
0.78	0.052	0.106	0.157	0.209	0.263

补偿前	补偿后（$\cos\varphi_2$）				
$\cos\varphi_1$	0.92	0.94	0.96	0.98	1.0
0.44	1.612	1.675	1.749	1.836	2.039
0.46	1.504	1.567	1.641	1.728	1.931
0.48	1.100	1.463	1.537	1.624	1.827
0.50	1.305	1.368	1.442	1.529	1.732
0.52	1.214	1.277	1.351	1.438	1.641
0.54	1.132	1.195	1.269	1.356	1.559
0.56	1.052	1.115	1.189	1.276	1.479
0.58	0.979	1.042	1.116	1.203	1.406
0.60	0.907	0.970	1.044	1.131	1.334
0.62	0.839	0.902	0.976	1.063	1.266
0.64	0.774	0.837	0.911	0.998	1.201
0.66	0.712	0.775	0.849	0.936	1.139
0.68	0.651	0.714	0.788	0.875	1.078
0.70	0.594	0.657	0.731	0.818	1.021
0.72	0.536	0.599	0.673	0.760	0.963
0.74	0.481	0.544	0.618	0.705	0.906
0.76	0.427	0.490	0.564	0.651	0.854
0.78	0.376	0.439	0.513	0.600	0.803

二、电力电容器的安装与接线

（1）电容器安装

a. 电容器所在环境温度不应超过40℃，周围空气相对湿度不应大于80%，海拔高度不应超过1000m；周围不应有腐蚀性气体或蒸气，不应有大量灰尘或纤维；所安装环境应无易燃、易爆危险或强烈振动。

b. 电容器室应有良好的通风。

c. 总油量300kg以上的高压电容器应安装在单独的防爆室内；总油量300kg以下的高压电容器和低压电容器应视其测量的多少安装在有防爆墙的间隔内或有隔板的间隔内。

d. 电容器应避免阳光直射。

e. 电容器分层安装时，层与层之间不得有隔板，以免阻碍通风。电容器之间的距离不得小于50mm；下层之间的净距不应小于20cm；下层电容器底面对地高度不宜小于30cm。电容器铭牌应面向通道。

f. 电容器外壳和钢架必须采取接地的措施。

g. 电容器应有合格的放电装置。

h. 总容量60kvar及以上的低压电容器组应装电压表。

（2）电容器的接线　电容器在配电柜内实际接线如图4-38所示。

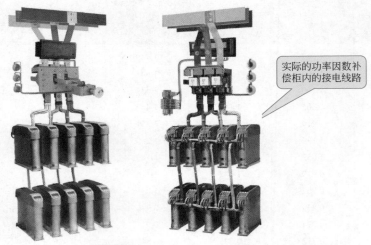

实际的功率因数补偿柜内的接电线路

图4-38　电容器在配电柜内实际接线

三相电容器内部一般为三角形接线；单相电容器应根据其额定电压和线路的额定电压确定接线方式；电容器额定电压与线路线电压相符时应采用三角形接线；电容器额定电压与线路相电压相符时应采用星形接线。

为了使补偿效果最佳，应将电容器分成若干组分别接向电容器母线。每组电容器应能分别进行控制、保护和放电。电容器的基本接线方式如图4-39所示。

电容器安全运行与故障处理

无功功率自动补偿器

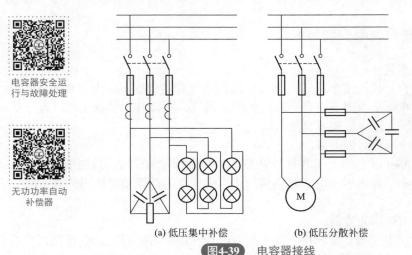

(a) 低压集中补偿　　　　(b) 低压分散补偿

图4-39　电容器接线

电力电容器的接线与注意事项、安全运行、故障判断与处理以及无功功率自动补偿器的安装、运行与故障排除可扫二维码详细学习。

第五章

家装照明配电线路

第一节　配电箱及电路

一、配电箱与住户内配电电路

1. 基本配电箱的配电方法

（1）电路工作原理　一般居室的电源线都布成暗线，需在建筑施工中预埋塑料空心管，并在管内穿好细铁丝，以备引穿电源线。待工程安装完工时，把电源线经电能表及用电器控制空开后通过预埋管引入居室内的客厅，客厅墙上方预留一暗室，暗室为室内配电箱，然后分别把暗线经过配电箱分布到各房间。总之，要根据居室布局尽可能地把电源一次安装到位。住户配电分为户内配电与户外配电，配电方式有多种，可以根据房间单独配电（小户型常使用此方法，即一个房间使用一个漏电空开），也可以根据所带负载用途进行配电（大户型多使用此法，尤其是空调器，一般都是单独供电）。如图 5-1 所示为按照房间配电接线图。

户外的电能表通过 QS 加到室内，由于现在大多数使用过流型的保险，这个室内配电箱 FU 可以不用。该内部布线按房间来单独配线，户内客厅、卧室、卫生间的配线单独设置电路。当电路出现故障时，可以单独检修各居室。

> **说　明**
>
> 在实际接线时应注意空开之间的线不能够借用，有些电工为了省事会将卧室借用到客厅，这样造成两个空开之间的线共用，从而一旦使用某个用电器时，会造成跳闸。还需注意，在布局厨房时，一定要多留几个备用插座，后续使用其他电器时更方便，而且厨房的供电所有插座部分最好单走，这样维修起来比较方便。

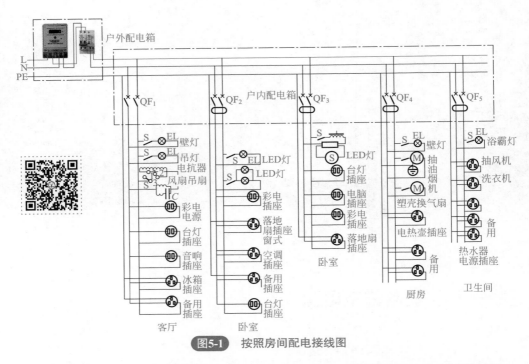

图5-1 按照房间配电接线图

如图 5-2 所示为按照用途配电接线图，也就是说照明、空调、卫生间的插座、厨房的插座、各卧室都可使用单独的空开，相对来讲，这种用途布线的方式比较方便、实用。同样在各室布局时，一定要多留几个备用插座，后续使用其他电器时更方便，而且厨房的供电所有插座部分最好单走，这样维修起来比较方便。

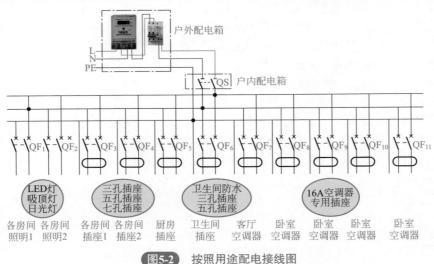

图5-2 按照用途配电接线图

（2）电气控制部件与作用　控制线路所选元器件作用表如表5-1所示。

表5-1　电路所选元器件作用表

名称	符号	元器件外形	元器件作用
两级断路器	QF		电路中的电流超过一定值时，它会自动断开，只有排除故障后才能接通使用
保险管	FU		在电流异常升高到一定程度的时候，自身熔断切断电流，从而保护电路安全运行
漏电保护器	QF		在用电设备发生漏电故障时，对致命危险有人身触电保护作用，具有过载和短路保护功能
二开单控面板开关	S		当任意一个开关状态改变，可以使中间连接的电器和电源在接通与断开状态切换
单开单控面板开关	S		当开关状态改变，可以使中间连接的电器和电源在接通与断开状态切换
单开双控面板开关	S		两个面板开关控制一盏灯
空调插座			通过它可插入各种接线。这样便于与其他电路接通或断开
五孔插座			通过它可插入各种接线。这样便于与其他电路接通或断开
灯具	EL		照明和室内装饰

注：对于元器件的选择，电气参数要符合，具体元器件的型号和外形要根据现场要求和实际配电箱结构选择。

（3）电路接线组装　按照房间配电如图5-3所示；按照用途配电如图5-4所示。

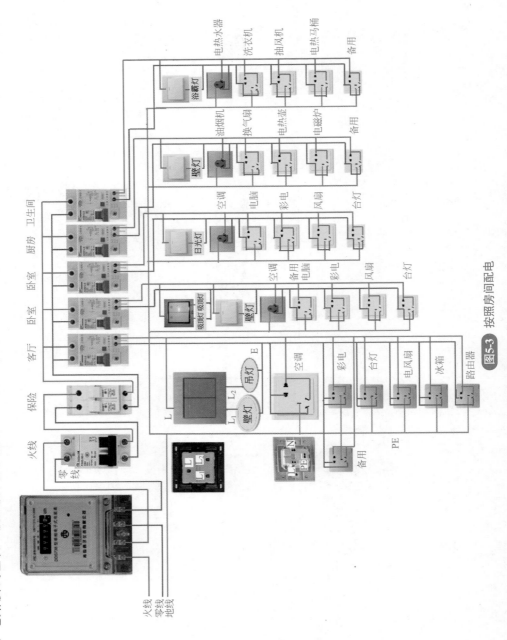

图5-3 按照房间配电

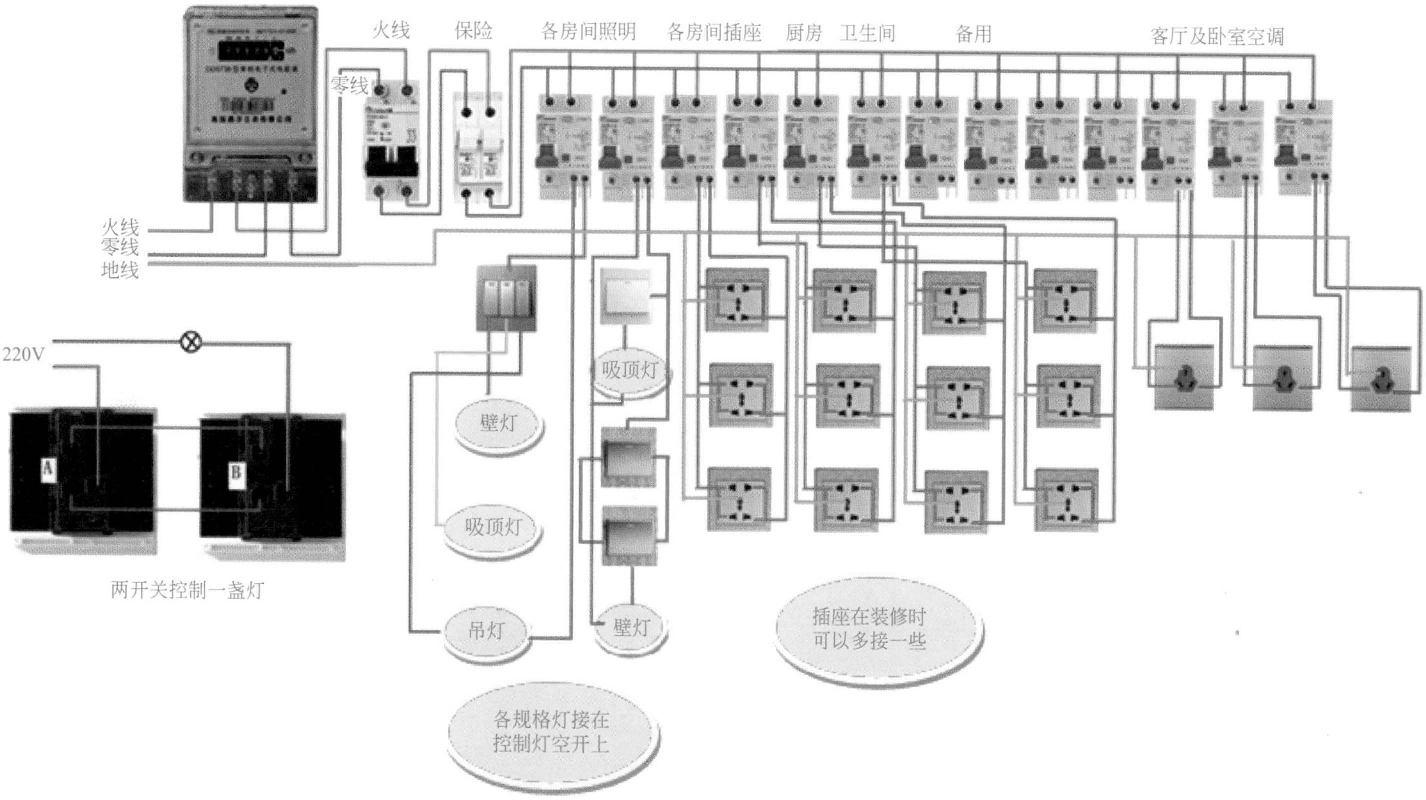

图5-4　按照用途配电

客厅及卧室空调

备用

卫生间

厨房

各房间插座

各房间照明

保险

火线

零线

火线
零线
地线

插座在装修时
可以多接一些

各规格灯接在
控制灯空开上

壁灯
吸顶灯
吊灯

吸顶灯
壁灯

两开关控制一盏灯

220V

B

A

（4）调试与检修　特别注意事项：各路空开不可以相互间共用线（有些电工为了省事多在中途共用零线），否则用到某路电源时会出现跳闸现象。如当所有配电全部接好后，可使用各种电器进行实验（实验时可以用白炽灯代替），当某路插座或用电器工作时跳闸，多为插座或灯共用了某路线（多为共用了零线）所致，需要细心查找共用线，拆开后找到某路空开接好即可。

2. 三室两厅配电电路

如图 5-5 所示为三室两厅配电电路，它共有 11 个回路，总电源处不装漏电保护器。这样做主要是由于房间面积大，分路多，漏电电流不容易与总漏电保护器匹配，安装总漏电保护器容易引起误动或拒动。另外，还可以防止回路漏电引起总漏电保护器跳闸，从而使整个住房停电。因而可以在回路上装设漏电保护器。

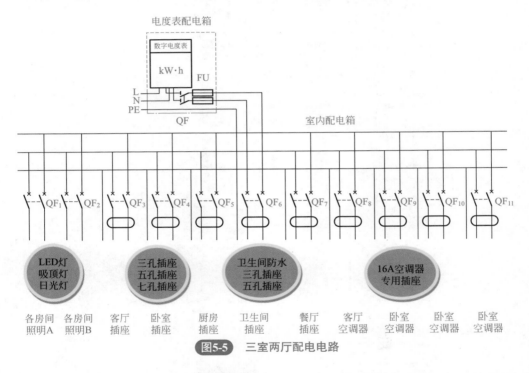

图5-5　三室两厅配电电路

元器件选择：总开关采用双极 63A 隔离开关；照明回路上安装 6A 双极断路器；空调器回路根据容量不同可选用 15 ～ 32A 的漏电保护器；插座回路可选用 10 ～ 25A 的漏电保护器；电路进线采用截面积 16mm^2 的塑料铜导线；空调回路采用截面积 4 ～ 6mm^2 塑料铜导线；其他回路都采用截面积为 2.5 ～ 4mm^2 的塑料铜导线。

3. 四室两厅配电电路

如图 5-6 所示为四室两厅配电电路，它共有 13 个回路，例如：照明、插座、空调等。其中两路作照明，如果一路发生短路等故障时，另一路能提供照明，以便检修。插座有三路，分别送至客厅、卧室、厨房，这样插座电磁线不至于超负荷，起到分流作用。空调和备用回路通至各室，即使目前不安装，也须预留，为将来要安装时做好准备，若空调为壁挂式，则可不装漏电保护断路器。

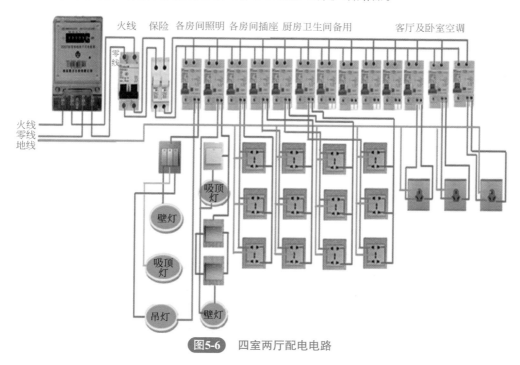

图5-6　四室两厅配电电路

4. 家用单相三线闭合型安装电路

家用单相三线闭合型安装电路如图 5-7 所示，它由漏电保护开关 SD、分线盒子 $X_1 \sim X_4$ 以及环形导线等组成。

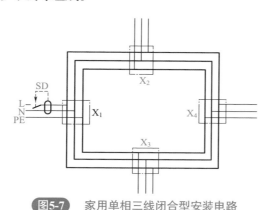

图5-7　家用单相三线闭合型安装电路

一户作为一个独立的供电单元，可采用安全可靠的三线闭合电路安装方式，该电路也可以用于一个独立的房间。如果用于一个独立的房间，则四个方向中的任意一处都可以作为电源的引入端，当然电源开关也应随之换位，其余分支可用来连接负载。

在电源正常的条件下，闭合型电路中的任意一点断路都会影响其他负载的正常运行。在导线截面积相同的条件下，与单回路配线比较，其带负载能力提高一倍。闭合型电路灵活方便，可以在任一方位的接线盒内装入单相负载，不仅可以延长电路使用寿命，而且可以防止电气火灾发生。

注 意

以上讲解了配电的常用方法，在实际中应注意因地制宜，灵活应用。

💡 **知识拓展：配电箱配电的操作过程**

| 配电箱的安装 | 配电箱 配电操作 | 配电箱的布线 |

二、单相电度表与漏电保护器的接线电路

1. 电路工作原理

选好单相电度表后，应进行检查安装和接线。如图5-8所示，1、3为进线，2、4接负载，接线柱1要接相线（即火线），漏电保护器多接在电表后端，这种电度表接线方式目前在我国应用最多。

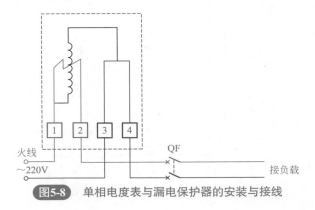

图5-8 单相电度表与漏电保护器的安装与接线

2. 电路接线

单相电度表与漏电保护器的接线电路如图5-9所示。

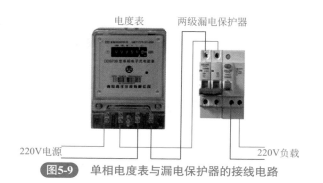

图5-9　单相电度表与漏电保护器的接线电路

三、三相四线制交流电度表的接线电路

1. 电路工作原理

三相四线制交流电度表共有 11 个接线端子,其中 1、4、7 端子分别接电源相线,3、6、9 是相线出线端子,10、11 分别是中性线(零线)进、出线接线端子,而 2、5、8 为电度表三个电压线圈接线端子,电度表电源接上后,电源通过连接片分别接入电度表三个电压线圈,电度表才能正常工作。图 5-10 为三相四线制交流电度表的接线示意图。

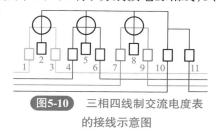

图5-10　三相四线制交流电度表的接线示意图

2. 电路接线

三相四线制交流电度表的接线电路如图 5-11 所示。

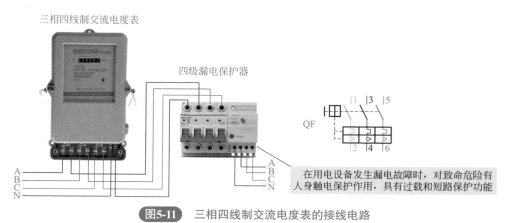

在用电设备发生漏电故障时,对致命危险有人身触电保护作用,具有过载和短路保护功能

图5-11　三相四线制交流电度表的接线电路

四、三相三线制交流电度表的接线电路

1. 电路工作原理

三相三线制交流电度表有 8 个接线端子,其中 1、4、6 为相线进线端子,3、

5、8 为出线端子，2、7 两个接线端子空着，目的是与接入的电源相线通过连接片取到电度表工作电压并接入电度表电压线圈。图 5-12 为三相三线制交流电度表接线示意图。

2. 电路接线

三相三线制交流电度表的接线电路如图5-13所示。

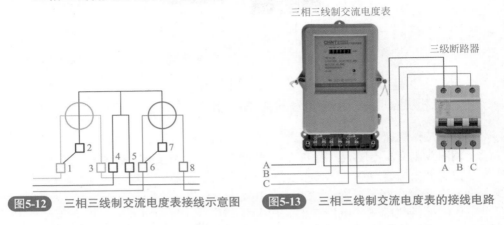

图5-12 三相三线制交流电度表接线示意图   **图5-13** 三相三线制交流电度表的接线电路

五、三块单相电度表计量三相电的接线电路

1. 电路工作原理

单相电度表接线图如图 5-14 所示。火线 1 进 2 出接电压线圈，零线 3 进 4 出。在理解了单相电度表的接线原理及接线方法后，三相电用三个单相电度表计量的接线问题也就容易理解了，也就是每一相按照单相电度表接线方法接入即可。

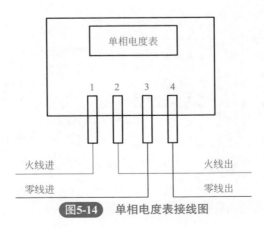

图5-14 单相电度表接线图

2. 电路接线

单相电度表计量三相电的接线电路如图 5-15 所示。

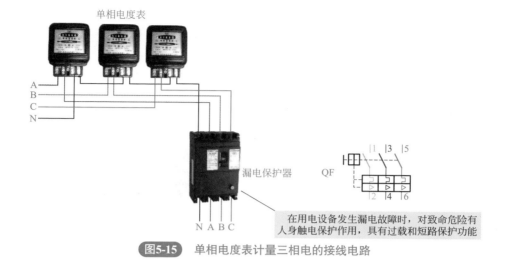

在用电设备发生漏电故障时，对致命危险有人身触电保护作用，具有过载和短路保护功能

图5-15　单相电度表计量三相电的接线电路

六、带互感器电度表的接线电路

1. 电路工作原理

　　带互感器三相四线制电度表由一块三相电度表配用三只规格相同、比率适当的电流互感器，以扩大电度表量程。

　　三相四线制电度表带互感器的接法：三只互感器安装在断路器负载侧，三相火线从互感器穿过。互感器和电度表的接线如下：1、4、7为电流进线，依次接互感器U、V、W相互感器的S1。3、6、9为电流出线，依次接互感器U、V、W相互感器的S2并接地。2、5、8为电压接线，依次接A、B、C相电。10、11端子接零线。

　　接线口诀是：电表孔号2、5、8分别接U、V、W三相电源，1、3接A相互感器，4、6接B相互感，7、9接C相互感，10、11接零线，如图5-16所示。

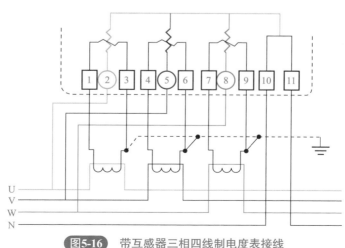

图5-16　带互感器三相四线制电度表接线

三相电度表中如 1、2、4、5、7、8 接线端子之间有连接片时，应事先将连接片拆除。

2. 电路接线

带互感器三相四线制电度表接线组装如图 5-17 所示。

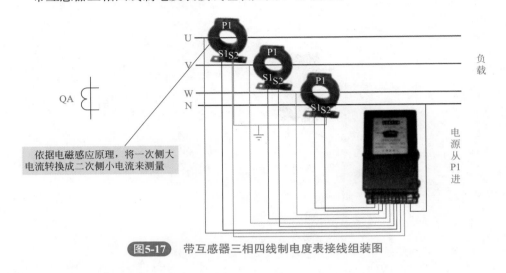

依据电磁感应原理，将一次侧大电流转换成二次侧小电流来测量

图5-17 带互感器三相四线制电度表接线组装图

七、三相无功功率表的接线电路

1. 电路工作原理

测量三相无功功率的方法包括一表法、两表法和三表法三种。

① 一表法测量三相无功功率电路　如图 5-18（a）所示，把 U_{vw} 加到功率表的电压支路上，电流线圈仍然接在 U 相，这时功率表的读数为 $Q' = U_{vw}I_u\cos(90°-\varphi)$。对称三相电路中的无功功率为 $Q = U_LI_L\sin\varphi$（U_L、I_L 为线电压与线电流）。只要把上述有功功率表读数 Q' 乘以 $\sqrt{3}$，就可得到对称三相电路的总无功功率。

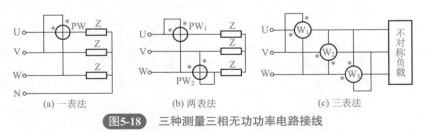

(a) 一表法　　(b) 两表法　　(c) 三表法

图5-18 三种测量三相无功功率电路接线

② 两表法测量三相无功功率电路。用两只功率表或三相二元功率表测量三相无功功率的线路如图 5-18（b）所示。得到的三相电路无功功率 $Q = \sqrt{3}/[2(Q_1+Q_2)]$。当电源电压不完全对称时，两表跨相法比一表跨接法误差小，因此实际中常用两表跨相测量三相电路的无功功率。

③ 三表法测量三相无功功率电路　在实际被测电路中，三相负载大部分是不对称的，因此常用三表法测量，其接线如图 5-18（c）所示。三相总无功功率为 $Q=Q_U=1/\sqrt{3}$（$Q_1+Q_2+Q_3$），即只要把三只有功功率表上的读数相加后再除以 $\sqrt{3}$，就得到三相电路的总无功功率。三表法适用于电源对称、负载对称或不对称的三相三线制和三相四线制电路。

2. 电路接线

三相无功功率测量电路如图 5-19 所示。

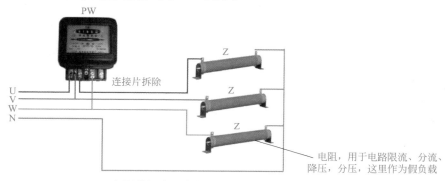

(a) 一表法测量三相无功功率

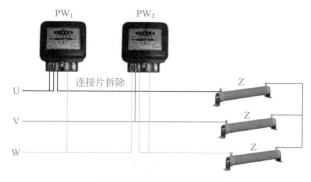

(b) 两表法测量三相无功功率

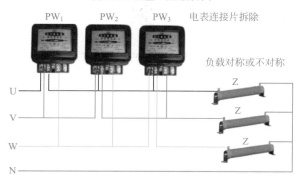

(c) 三表法测量三相无功功率

图5-19　三相无功功率测量电路

第二节　照明电路接线

一、日光灯连接电路

1. 电路工作原理

单只日光灯接线如图 5-20 所示。安装时开关 S 应控制日光灯火线，并且应该在镇流器一端。零线直接接日光灯另一端。日光灯启辉器并接在灯管两端即可。安装时，镇流器、启辉器必须与电源电压、灯管功率相配套。

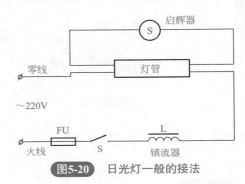

图5-20　日光灯一般的接法

2. 电路接线

日光灯连接电路如图 5-21 所示。

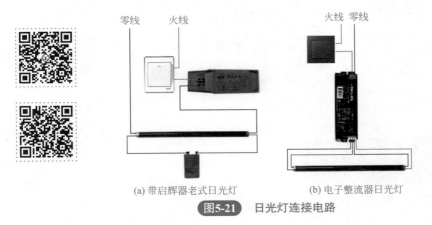

(a) 带启辉器老式日光灯　　　(b) 电子整流器日光灯

图5-21　日光灯连接电路

3. 电路调试与检修

日光灯不亮时，首先检查启辉器是否毁坏，若烧毁可直接代换。然后检查镇流器是否毁坏，看镇流器是否有烧毁现象，有则应更换；再用万用表检测镇流器的通断，一般通则为好的。如果启辉器和镇流器没有毁坏，则应检查灯管的供电，当灯管供电正常，仍不亮时应更换灯管。如果没有供电应该检查开关和保险。

二、LED遥控吸顶灯电路原理与接线

1. LED遥控吸顶灯电路原理

（1）电路工作原理　本电路中LED吸顶灯采用的恒流驱动芯片为SIC9553，负载由八段灯条共40只LED灯珠串联而成，其电路如图5-22所示。

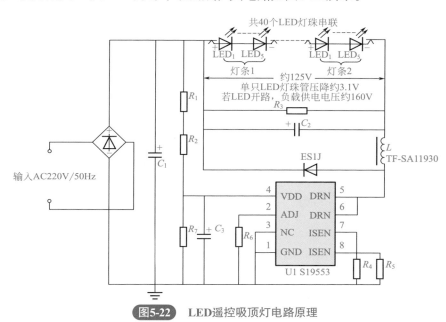

图5-22　LED遥控吸顶灯电路原理

> **说　明**
>
> 当LED灯珠全亮时，负载电压约125V（测试点为C_2或R_3两端），单只LED灯珠管压降约3.1V；当LED灯珠开路时，负载开路电压约160V。

（2）LED灯降压控制器SIC9553　SIC9553是一款高精度的非隔离降压型LED控制器，适用于85～265V全电压范围的小功率非隔离降压型LED照明应用。

SIC9553内置了高精度的采样、补偿电路，使得电路能够达到±3%以内的恒流精度，并且能够实现输出电流对电感与输出电压的自适应，从而取得好的线性调整率和负载调整率。

SIC9553内部集成了500V功率MOSFET，无需次级反馈电路，也无需补偿电路，加之精准稳定的自适应技术，使得系统外围结构十分简单，可在外围器件数量少、参数范围宽松的条件下实现高精度恒流控制，极大地节约了系统成本和体积，并且能够确保在批量生产时LED灯具参数的一致性。

SIC9553设定了多种保护功能，如LED开短路保护、ISEN电阻开短路保护、VDD过压/欠压保护、电路过温自适应调节等。

SIC9553 在工作时，自动监测着各种工作状态，如负载开路时，则电路将立刻进入过压保护状态，关断内部 MOS 管，同时进入间隔检测状态，当故障恢复后，电路也将自动恢复到正常工作状态；若负载短路，系统将工作在 5kHz 左右的低频状态，功耗很低，同时不断监测系统，若负载恢复正常，则电路也将恢复正常工作；若 ISEN 电阻短路，或者电感饱和等其他故障发生，电路内部快速保护机制也将立即停止 MOS 的开关动作，停止运行，此时，电路工作电源也将下降，当触发 UVLO 电路时，系统将会重启，如此，可以实现保护功能的触发、重启工作机制。

若工作过程中，SIC9553 监测到电路温度超过过温调节阈值（155℃）时，电路将进入过温调节控制状态，减小输出电流，以控制输出功率和温升，使得系统能够保持在一个稳定的工作温度范围。

SIC9553 引脚功能见表 5-2。

表 5-2　SIC9553 引脚功能

引脚号	符号	功能
1	GND	电源地
2	RADJ	设置开路保护电压，外接电阻
3	NC	空脚
4	VDD	工作电源
5	DRN	内部 MOSFET 的漏端
6	DRN	内部 MOSFET 的漏端
7	ISEN	电流采样，外接电阻到地
8	ISEN	电流采样，外接电阻到地

（3）工作过程　启动：市电整流后的约 DC300V 电压通过启动电阻 R_1、R_2、R_7 分压后，对 U1 的 4 脚外接电容 C_3 充电，当 4 脚电压达到启动阈值 12.8V 时，电路工作，之后芯片由内部电路供电，无需辅助绕组供电。

当 4 脚电压低于 8.1V 时，电路停止输出。

恒流控制：SI9553 工作在 CRM 模式（临界导通模式），内部 400mV 基准电压与电感 L 峰值电流进行比较计算，通过电阻 R_4、R_5 的电流取样调节 LED 驱动电流大小。当 IC 内部 MOSFET 管导通时，电感 L 开始蓄能；当 L 中的电流达到峰值时，MOSFET 管截止。

2. LED 灯接线

① LED 灯两种接线方式　如图 5-23 所示。

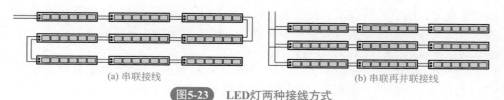

(a) 串联接线　　　　　　　　　　　　　(b) 串联再并联接线

图5-23　LED灯两种接线方式

② 常见 LED 灯接线　如图 5-24 和图 5-25 所示。

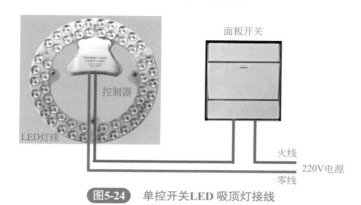

图5-24 单控开关LED 吸顶灯接线

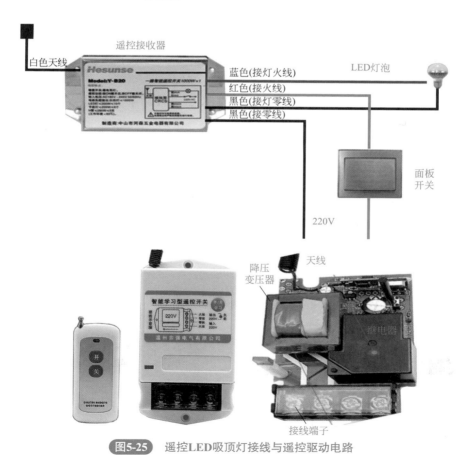

图5-25 遥控LED吸顶灯接线与遥控驱动电路

3. LED故障维修

LED 灯不亮的原因有两种：一种是控制器（电源盒）坏了，另一种是 LED 灯珠坏了。

维修时首先用数字万用表的二极管挡逐个在路测量 LED 灯珠，正常的 LED 灯珠会亮，若不亮，则用铅笔做好标记，一般情况下只坏一组；若全部 LED 都亮，说明灯盘正常。若灯珠有问题（灯珠常见的型号为 LED5630 或 LED5730，每个灯珠的功率为 0.5W），用相同的 LED 灯珠更换即可。注意更换灯珠焊接时，一定要清理干净盘片，并注意 LED 的极性，不能安反，并且焊接时间不能过长，以免 LED 灯珠过热损坏。

控制器损坏维修时，首先测量灯珠两端有无灯珠正常工作的直流电压，若没有，则往前测量整流后的滤波电容有无 300V 左右的直流高压，若没有，检查市电供电系统；若有，测驱动电路集成块的电源端脚有无直流电压，从而判断电路供电情况，一般多数故障都是电源滤波电容和恒流驱动集成块损坏，更换即可。电源滤波电容损坏的特点是顶端出现鼓包或是漏液。判断恒流驱动集成电路是否损坏，可以在断电情况下在路测量该集成块在路电阻，通过和厂家正常值对比即可判断。

三、双联开关控制一只灯电路

1. 电路工作原理

双联开关控制一只灯电路接线原理图如图 5-26 所示。此电路主要用于两地控制电路。

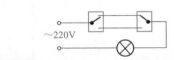

图5-26 双联开关控制白炽灯接线原理图

2. 电路接线

双联开关控制一只灯电路接线如图5-27所示。

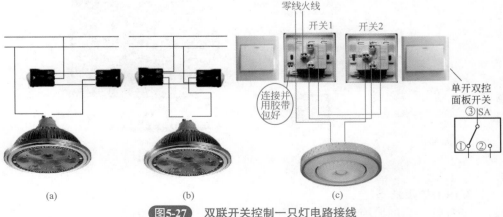

(a) (b) (c)

图5-27 双联开关控制一只灯电路接线

3. 调试与检修

双控开关电路是非常实用的开关控制电路。在检修时，如果灯不亮，可以直接用万用表测量两个开关的接点是否连通，如果按下开关后，相对应的接点不通，说明开关毁坏，应该更换开关。这种电路一旦连接好后故障率很低。

四、多开关多路控制楼道灯电路

1. 电路工作原理

用两只双联开关和一只两位双联开关三地控制一只白炽灯电路如图 5-28 所示。

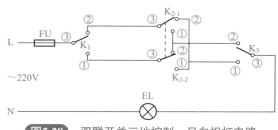

图5-28 双联开关三地控制一只白炽灯电路

两位双联开关实质上是一个双刀双掷开关，如图 5-28 所示电路中的 K_2 有两组转换触点，其中 K_{2-1} 为一组，K_{2-2} 为另一组，图中用虚线将两刀连接起来，表示这两组开关是同步切换的。也就是说，当操作该开关使 K_{2-1} 的③脚与②脚接通时，K_{2-2} 的③脚与②脚也同时接通。

要读懂如图 5-28 所示电路的工作原理，只要走通三只开关在不同位置时供电的走向，就比较清楚了。

（1）K_1、K_2 开关的位置固定，操作 K_3　当 K_1 开关的③脚与②脚接通时，如果 K_2 开关的③脚与②脚接通，此时操作 K_3，使③脚与①脚接通，则白炽灯 EL 点亮；使③脚与②脚接通，则 EL 会熄灭。

当 K_1 开关的③脚与②脚接通时，如果 K_2 开关的③脚与①脚接通，此时操作 K_3，使③脚与②脚接通，则白炽灯 EL 点亮；使③脚与①脚接通，则 EL 灯熄灭。

当 K_1 开关的③脚与①脚接通时，如果 K_2 开关的③脚与①脚接通，此时操作 K_3，使③脚与①脚接通，则白炽灯 EL 点亮，使③脚与②脚接通，则 EL 熄灭。

（2）K_3、K_1 开关位置固定，操作 K_2　当 K_3 的③脚与②脚处于接通状态时，如果 K_1 的③脚与②脚接通，此时操作 K_2，使③脚与①脚接通，则 EL 灯点亮；使③脚与②脚接通，则 EL 灯熄灭。

当 K_3 的③脚与②脚处于接通状态时，如果 K_1 的③脚与①脚接通，此时操作 K_2，使③脚与②脚接通，则 EL 灯点亮；使③脚与①脚接通，则 EL 灯熄灭。

当 K_3 的③脚与①脚处于接通状态时，如果 K_1 的③脚与②脚接通，此时操作 K_2，使③脚与②脚接通，则 EL 灯点亮；使③脚与①脚接通，则 EL 灯熄灭。

当 K_3 的③脚与①脚处于接通状态时，如果 K_1 的③脚与①脚接通，此时操作

K_2，使③脚与①脚接通，则 EL 灯点亮；使③脚与②脚接通，则 EL 灯熄灭。

（3）K_2、K_3 开关的位置固定，操作 K_1　当 K_2 的②脚与③脚处于接通状态时，如果 K_3 的②脚与③脚接通，此时操作 K_1，使③脚与①脚接通，则 EL 灯点亮；使③脚与②脚接通，则 EL 灯熄灭。

当 K_2 的②脚与③脚处于接通状态时，如果 K_3 的①脚与③脚接通，此时操作 K_1，使③脚与②脚接通，则 EL 灯点亮；使③脚与①脚接通，则 EL 灯熄灭。

当 K_2 的③脚与①脚处于接通状态时，如果 K_3 的③脚与②脚接通，此时操作 K_1，使③脚与②脚接通，则 EL 灯点亮；使③脚与①脚接通，则 EL 灯熄灭。

当 K_2 的③脚与①脚处于接通状态时，如果 K_3 的③脚与①脚接通，此时操作 K_1，使③脚与①脚接通，则 EL 灯点亮，使③脚与②脚接通，则 EL 灯熄灭。

2. 电路接线

如图 5-29 所示电路中，K_2 两位双联开关在市面上不太容易买到，实际使用中，也可用两只一位双联开关进行改制后使用。改制方法很简单，只需如图 5-29(a) 所示，将这种两只一位双联开关的内部连线进行适当的连接，也就是把这两只一位双联开关的两个静触点 [图 5-29（a）所示电路中的 "①" 与 "②"] 用绝缘导线交叉接上，就改装成了一只双位双联开关。需要注意的是这只开关使用时要同时按两个开关才起作用，再按如图 5-29（b）所示接线就可以用于三地同时独立控制一只灯了。为了能实现同时按下两位双联开关 K_2、K_3，要求开关 K_2、K_3 采用市面常见的两位双联开关，然后用 502 胶水把两位粘在一起，从而实现三联开关的作用（图 5-30）。

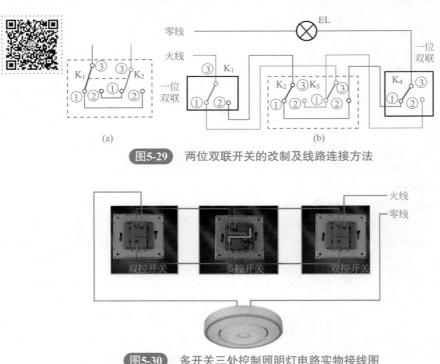

(a)　　　　　　　　　　　　　(b)

图5-29　两位双联开关的改制及线路连接方法

图5-30　多开关三处控制照明灯电路实物接线图

3. 调试与检修

当灯泡不亮时，首先检查灯泡是否毁坏，若没有毁坏，则直接用万用表测量开关两端是否接通，如果没有接通，说明开关毁坏，直接更换开关。

五、LED灯驱动电路

1. 电路工作原理

LED 灯驱动电路原理图如图 5-31 所示。C_1、R_1（压敏电阻）、L_1、R_2 组成电源初级滤波电路，能将输入瞬间高压滤除；C_2、R_2 组成降压电路；C_3、C_4、L_2 及压敏电阻组成整流后的滤波电路。此电路采用双重滤波电路，能有效地保护 LED 不被瞬间高压击穿损坏。

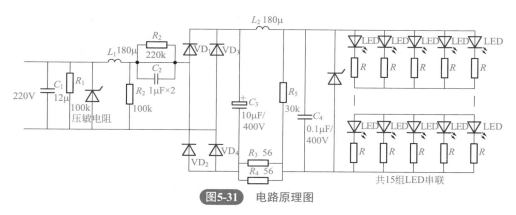

图5-31 电路原理图

这是一个由交流 220V 直接供电的 LED 灯电路。在检修 LED 灯的时候，应该注意的是，首先用万用表检测 220V 输入电压是否正常，只有当 220V 电压输入正常时，才可以认为是 LED 灯电路出现故障，此时应用万用表测量它的输入端阻容降压整流部分及其滤波部分及限流电阻是否正常，当上述元器件完好时，用万用表测量它的输出电压应该是这些串联二极管的总电压值。当电压值正常，LED 灯仍不亮，则是 LED 灯柱出现了故障。初学者如果不知道二极管电阻怎样测量，可以采用直接代换法进行检修，即当测量输出端无电压，输入端有电压，则可直接代换 R_3、R_4。

2. 电路接线

由 220V 交流电供 LED 灯驱动电路如图 5-32 所示。

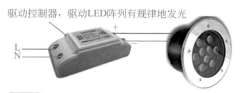

驱动控制器，驱动LED阵列有规律地发光

L
N

图5-32 由220V交流电供LED灯驱动电路图

目前有代替日光灯的 LED 灯管，其外形和日光灯形同，但内部接有 LED 发光元件和控制电路，如图 5-33 所示，接线时直接接入 220V 电路即可。

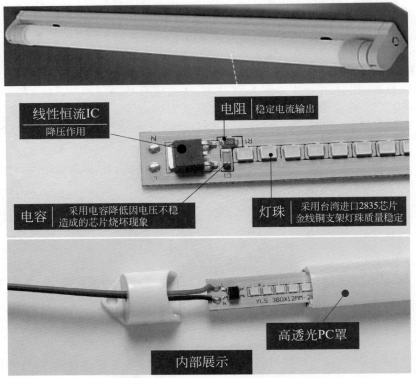

图5-33 替代日光灯的LED灯及内电路

六、路灯定时时间控制电路

1. KG316T型微电脑时控开关工作原理

多数城市的街道照明控制目前普遍采用定时自动控制开关，例如 KG316T 型微电脑时控开关等，可以方便地实现街道照明自动化。

KG316T 型微电脑时控开关采用八位微处理器芯片，PCB 板直封，外围使用贴片元件，液晶显示屏显示时间和控制功能；具有体积小，功耗低，工作温度范围宽，抗干扰能力强等特点。控制部分的设置直观、方便，可选择周一、三、五，二、四、六或工作日、周末等不同的星期组合循环工作，每日开关时段可分别设定，精确到分钟，单日设定的开关次数可达 10 次，可控制电流阻性负载达到 25A，部分型号可分别控制两到三路不同的负载。液晶显示的时钟控制部分模块型号为 TOONE-10.2，计时误差：小于 ±0.5s/ 天。自身耗电小于 2W。时控开关还适合霓虹灯、广告招牌灯、生产设备、农业养殖、仓库排风除湿、自动预热、广播电视设备及其他需要定时打开和关闭的电气设备和家用电器。KG316T 型微电脑时控开关电路原理图如图 5-34 所示。

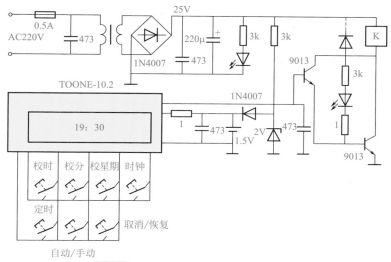

图5-34 KG316T型微电脑时控开关原理

220V 交流电压经变压器隔离、降压后，再经桥式整流、电容滤波，一方面为控制电路提供直流工作电压（时控开关开启时为 2V，关闭时为 1.5V），并使 LED 指示灯发光，指示时控开关已经接入市电；另一方面再经 3kΩ 电阻限流、稳压二极管稳压，为电脑电路和液晶显示电路提供工作电源。

时控开关内附电池，可以保证在停电时设定的数据不丢失和电脑计时的不间断，长期供液晶显示时钟和微电脑电路运行。

时控开关设定为"自动状态"，电脑计时到达设定的某组"开"的时间时，电脑控制输出端输出接近 3V 的高电平，送往三极管 9013 基极控制继电器线圈，继电器线圈中流过电流，常开触点吸合，时控开关处于"开"态。同时继电器线圈两端的压降使 LED 指示灯点亮，指示目前处于工作"开"态。

当电脑计时到达设定的某组"关"的时间时，微电脑控制输出端变为 0V 低电平，三极管截止，继电器释放，时控开关转为关态，同时，由于三极管截止，继电器线圈两端变为低电位，LED 指示灯熄灭，指示目前时控开关处于关状态。

当选择手动操作将时控开关设定为"开"或"关"的状态时，电脑控制输出端分别输出高电平或低电平，控制、指示电路工作过程与设置为自动时相同。

2. KG316T组成的路灯定时时间控制电路接线

（1）直接控制方式的接线　被控制的电器是单相供电，功耗不超过本开关的额定容量（阻性负载25A，感性负载20A），可采用直接控制方式，接线方法如图 5-35（a）所示。

（2）单相扩容方式的接线　被控制的电器是单相供电，但功耗超过本开关的额定容量（阻性负载25A，感性负载20A），那么就需要一个容量超过该电器功耗的交流接触器来扩容。接线方法如图 5-35（b）所示。

（3）三相工作方式的接线一　被控制的电器为三相供电，需要外接三相交流接触器。控制接触器的线圈为AC220V、50Hz的接线如图5-35（c）所示。

（4）三相工作方式的接线二 控制接触器的线圈为AC380V、50Hz的接线如图5-35（d）所示。

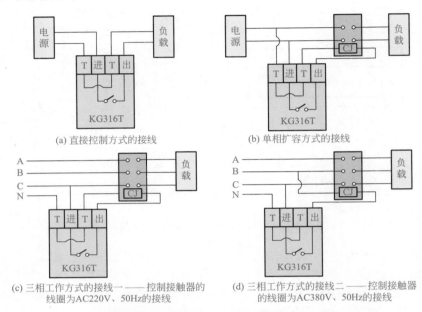

(a) 直接控制方式的接线

(b) 单相扩容方式的接线

(c) 三相工作方式的接线一 ——控制接触器的
　　线圈为AC220V、50Hz的接线

(d) 三相工作方式的接线二 ——控制接触器
　　的线圈为AC380V、50Hz的接线

图5-35 KG316T路灯定时时间控制电路接线

3. 定时时间控制电路

KG316T微电脑时控开关实物接线如图5-36所示。

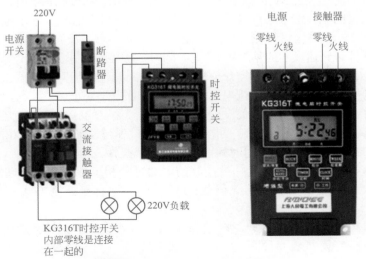

图5-36 微电脑时控开关及接线图

4. KG316T型微电脑时控开关维修

（1）电源指示灯不亮，时控开关不能按设定时间自动开启和关闭　多数情况下是电源故障。检查面板保险管是否熔断等，一般变压器和直流部分损坏的情况较少。

（2）电源指示灯亮，时控开关不能按设定时间自动开启和关闭　原因一般是继电器或控制三极管（型号为9013）损坏。

（3）屏显示字符浅或无显示，开关不按照设定执行　这时故障主要在充电电池，可以测量可充电电池电压是否正常，若电池失效，还应检查充电限流电阻整流管和稳压二极管等。

七、浴霸接线电路

1. 浴霸工作原理和电路原理图

浴霸是许多家庭沐浴时首选的取暖设备，市场上销售的浴霸按其发热原理可分为以下两种：

（1）灯泡系列浴霸　以特制的红外线石英加热灯泡作为热源，通过直接辐射加热室内空气，不需要预热，可在瞬间获得大范围的取暖效果。其功能是取暖、换气、照明，采用2盏或4盏275W硬质石英防爆灯泡取暖，效果集中强烈，一开灯即可取暖，无需预热，非常适合生活节奏快的人群。

（2）PTC（一种陶瓷电热元件）系列浴霸　以PTC陶瓷发热元件为热源，具有升温快、热效率高、不发光、无明火、使用寿命长等优点，同时具有双保险功能，安全可靠。

常见四开浴霸原理图和实物如图 5-37 所示。

2. 电气控制部件与作用

浴霸取暖线路所选电气件及作用如表 5-3 所示。

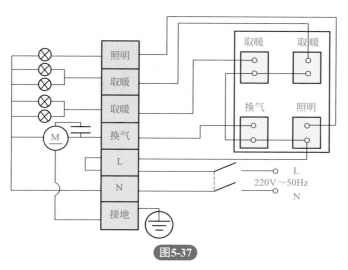

图5-37

图5-37 四开浴霸取暖电路原理图与实物图

表 5-3　电路所选电气件的符号、外形及作用

名称	符号	电气件外形	电气件作用
浴霸开关	S		浴霸的作用是接通或断开照明、取暖、换气等电路
浴霸灯	H M		通电后发光发热、换气

注：对于元器件的选择，电气参数要符合要求，具体元器件的型号和外形要根据现场要求和实际配电箱结构选择。

3. 电路接线

浴霸开关有五根线，分别是两路取暖、一路照明、一路排气，剩下一根是公用线接零线，零线和电源零线连接。四位开关火线分别和四个开关小模块连接起来，然后是两路取暖、一路照明、一路排气的控制线，分别接入对应的接线孔即可，如

图 5-38 所示。

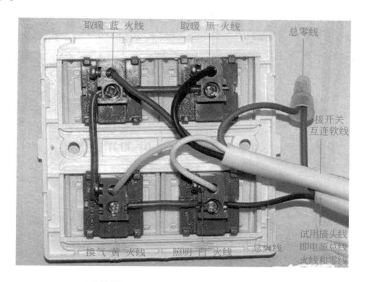

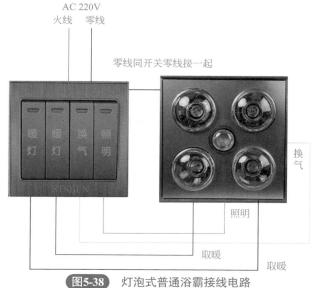

图5-38 灯泡式普通浴霸接线电路

4. 调试与检修

① 对于灯泡式浴霸电路，当灯泡不能正常工作时，首先检查采暖灯泡是否毁坏，如有毁坏直接进行更换，但不能使用普通灯泡代替浴霸采暖灯泡，因为浴霸采暖为防爆灯泡，必面用专用灯泡更换。如果灯泡没有毁坏，应该检查它的开关，直至保证它的开关接通以后灯泡能够正常发光。对于换气扇不能正常旋转，直接用万用表测量换气扇接线端子的电阻值，一般换气扇属于电容运行式的电机，先检查电容是否毁坏，如果电容没有毁坏则为电机毁坏，应该更换电机。

当照明不亮时，同样先检查照明灯泡，照明灯泡也属于防爆灯泡，也不能用普通灯泡替换，如果灯泡没有毁坏，检查相对应的开关是否接通、断开，如果开关毁坏直接更换开关。如果将普通灯泡改成电热管，可以用一个灯泡接采暖电热管，另外一个灯泡接风机，这是因为采暖电热管必须用风机排风才能够把热量排出，否则会毁坏浴霸，甚至引起火灾，必须注意灯管亮的时候风机必须进行排风。

② 对于发热管或 PTC 构成的浴霸电路，通过电路可以看到整个照明灯部分，现在照明灯部分大多使用 LED 灯，当 LED 灯不亮时，可直接检测开关是否毁坏，如果毁坏则更换开关。开关没有毁坏而 LED 灯不亮的，则是某个灯柱出现故障，应当更换灯柱。

每个风机和电热管都是直接连通的，电热管工作时风机必须要工作，这个电路中有两个发热管一个风机，开关连接时必须先接通风机电机，然后通过电热管 1 和电热管 2 才能给电热管供电。如果风机不转，应检查电容、电机绕阻是否毁坏，如毁坏应进行更换，如果发热管不热，检查控制开关及其电热管是否毁坏，如有毁坏对其进行更换。

风机设有热保护开关，当风机电机过热时，保护开关就会断开风机供电，防止风机被烧毁，在实际应用当中，热保护开关都用热保险替代了。当风机不转时应注意检查热保险是否毁坏。

八、其他灯具的安装

（1）水银灯　高压水银荧光灯应配用瓷质灯座；镇流器的规格必须与荧光灯泡功率一致；灯泡应垂直安装；功率偏大的高压水银灯由于温度高，应装置散热设备。对自镇流水银灯，没有外接镇流器，直接拧到相同规格的瓷灯口上即可，如图5-39所示。

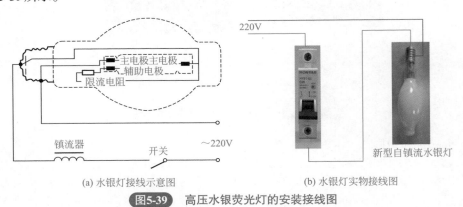

(a) 水银灯接线示意图　　　　　　　　　(b) 水银灯实物接线图

图5-39　高压水银荧光灯的安装接线图

（2）钠灯　高压钠灯必须配用镇流器，电源电压的变化不应该大于±5%。高压钠灯功率较大，灯泡发热厉害，因此电源线应有足够的截面积。高压钠灯的安装图如图5-40所示。

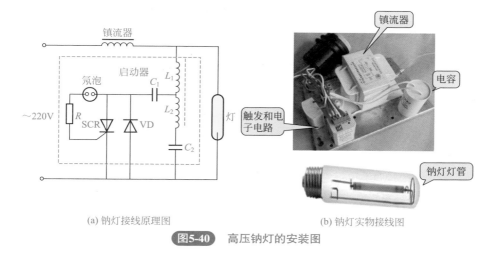

(a) 钠灯接线原理图　　　　　　　　　　(b) 钠灯实物接线图

图5-40　高压钠灯的安装图

（3）碘钨灯的安装　碘钨灯必须水平安装，水平线偏角应小于4°。灯管必须装在专用的有隔热装置的金属灯架上，同时，不可在灯管周围放置易燃物品。在室外安装要有防雨措施。功率在1kW以上的碘钨灯，不可安装一般电灯开关，而应安装带漏电保护器的开关。碘钨灯的安装图如图5-41所示。

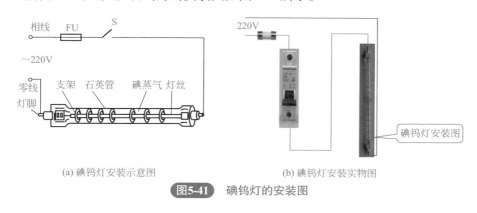

(a) 碘钨灯安装示意图　　　　　　　(b) 碘钨灯安装实物图

图5-41　碘钨灯的安装图

第三节　插头插座的接线

一、三孔插座的安装

将导线剥去15mm左右绝缘层后，分别接入插座接线柱中，将插座用平头螺钉固定在开关暗盒上，压入装饰钮，如图5-42所示。

(a) 面板插座外形　　　　　　　(b) 面板插座接线结构

(c) 面板插座接线　　　　　　　(d) 接线后样子

图5-42　三孔插座安装

二、两脚插头的安装

将两根导线端部的绝缘层剥去，在导线端部附近打一个电工扣；拆开端头盖，将剥好的多股线芯拧成一股，固定在接线端子上。注意不要露铜丝毛刷，以免短路。盖好插头盖，拧上螺钉即可。两脚插头的安装如图 5-43 所示。

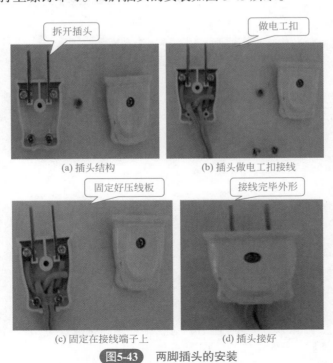

拆开插头　　　　　　　　　做电工扣

(a) 插头结构　　　　　　　　　(b) 插头做电工扣接线

固定好压线板　　　　　　　接线完毕外形

(c) 固定在接线端子上　　　　　(d) 插头接好

图5-43　两脚插头的安装

三、三脚插头的安装

三脚插头的安装与两脚插头的安装类似，不同的是导线一般选用三芯护套软线，其中一根带有黄绿双色绝缘层的芯线接地线，其余两根一根接零线，一根接火线，如图 5-44 所示。

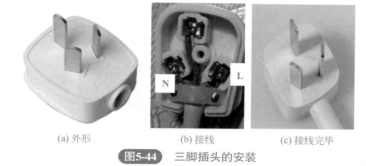

(a) 外形　　　　　　(b) 接线　　　　　　(c) 接线完毕

图5-44　三脚插头的安装

四、各种插座接线电路

（1）单相三线插座接线电路　单相三线插座电路由电源开关S、熔断器FU、导线及三芯插座$XS_1 \sim XS_n$等构成，其接线方法如图5-45所示。

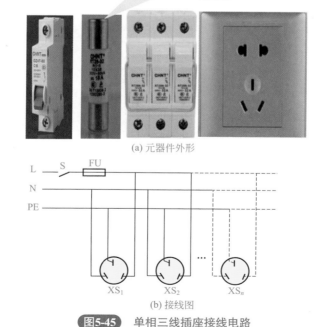

这是保险管，放在保险座内，作短路过流保护

(a) 元器件外形

(b) 接线图

图5-45　单相三线插座接线电路

熔断器的额定容量可按电路导线额定容量的 0.8 倍确定，开关 S 也可选用带漏电保护的断路器（又称漏电断路器或漏电开关）。

（2）四孔三相插座接线电路　如图 5-46 所示为四孔三相插座电路，它由电源开关、连接导线和四芯插座等组成。

图 5-46 中 L_1、L_2、L_3 分别为三相相线，QF 为三相插座的电源控制开关，PEN 为中性线，$XS_1 \sim XS_n$ 为四孔三相插座。四孔三相插座下方的三个插孔之间的距离相对近些，分别用来连接三相相线，面对插座从左到右接 L_1、L_2、L_3；上方单独有一个插孔，用来连接 PEN 线。所有四孔三相插座都按统一约定接线，并且插头与负载的接线也要对应一致。

四极漏电保护器　　　　　　　　常用四相插座插头

(a) 元器件外形

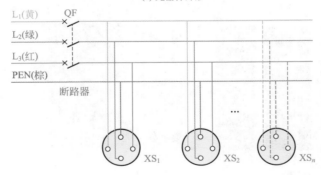

(b) 接线图

图5-46　四孔三相插座接线电路

为了方便安装和检修，统一按黄（L_1）、绿（L_2）、红（L_3）、棕（PEN）的顺序配线，各相色线不得混合安装，以防相位出错。

（3）房屋装修用配电板电路　房屋装修用配电板线路常见的有：单相三线配电板和三相五线配电板两种。

① 单相三线配电板电路　它由带漏电保护的电源开关 SD、电源指示灯 HL、三芯电源插座 $XS_1 \sim XS_6$ 以及绝缘导线等组成，其电路如图 5-47 所示。

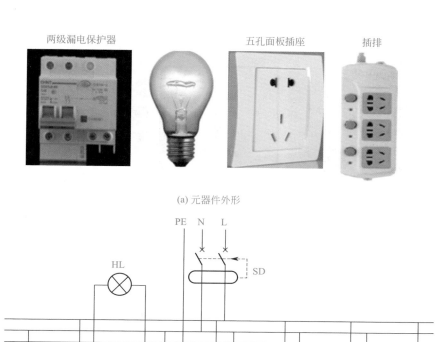

(a) 元器件外形

(b) 接线图

图5-47　单相三线配电板电路

　　由于单相三线配电板使用得非常频繁，故引入配电板的电源线要用优质的护套橡胶三芯多股软铜导线。配电板的所有配线均安装在配电板的反面，然后用三合板或其他合适的木板封装，并且用油漆涂刷一遍。每次使用配电板之前，均应对护套绝缘电源线进行安全检查，如有破损，应处理后再用。电源工作零线与保护零线要严格区别开来，不能相互交叉接线。

　　当合上电源开关 SD 后，若信号灯点亮，则表示配电板上的电路和插座均已带电。装修作业时，应将配电板放在干燥、没有易燃物品、没有金属物品相接触的安全地段。配电板通常垂直安放，也可倾斜一定的角度安放，尽量避免平仰放置。

　　② 三相五线配电板线路　三相五线配电板电路由一个漏电开关（SD）、一个四芯插座、六个三芯插座以及若干绝缘导线等组成，其线路如图 5-48 所示。

　　由于装修中三相五线配电板使用频繁，故引入配电板的电源线要用优质的护套橡胶五芯多股软铜导线。配电板的所有配线安装在配电板的反面，然后用三合板或其他合适的木板封装，并且用油漆刷一遍。每次使用配电板之前，均应对护套绝缘电源线进行安全检查，如有破损，应处理后再用。电源工作零线与保护零线要严格区分开来，不能相互交叉接线。

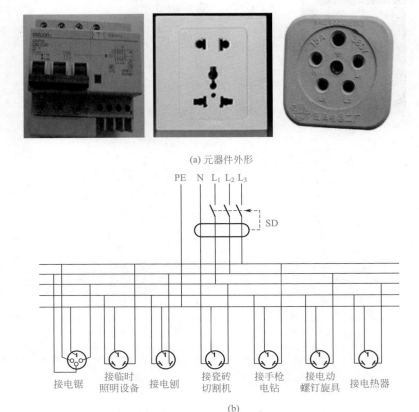

(a) 元器件外形

(b)

图5-48 三相五线配电板电路

使用中，配电板要远离可燃气体，也不要与水接触，以防电路短路，影响安全。如果作业现场人员较杂，应设法将配电板安置在安全的地方，例如固定在墙上或牢固的支架上，不得随意丢放，如果通过人行道，在必要时还应加穿管防护。

第四节 电工室内配线接线技术

塑料护套线配线、槽板配线、线管配线、住宅室内配线、导线连接、布线线路的检查和绝缘摇测、面板插座的安装可扫二维码下载学习。

电工室内
配线接线

第六章

电动机及控制电路接线、布线、调试与维修

 【电动机知识链接：电动机的结构、原理、接线、检修常识】

电动机的结构、原理、接线、检修

三相电动机检修

单相电动机检修

单相电动机接线

三相电动机 24 槽双层绕组嵌线

第一节　电动机启动运行控制电路

一、三相电动机直接启动控制线路

1. 电路原理

电动机直接启动，其启动电流通常为额定电流的 6～8 倍，一般应用于小功率电动机。常用的启动电路为开关直接启动。

电动机的容量应低于电源变压器容量的 20% 时，才可直接启动，如图 6-1 所示。使用时，将空开推向闭合位置，则 QF 中的三相开关全部接通，电动机运转，如发现运转方向和所要求的相反，任意调整空开下口两根电源线，则电动机运转方向改变。

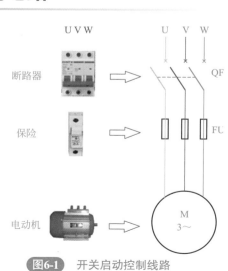

图6-1　开关启动控制线路

2. 直接启动电路布线组装与故障排除

a. 按照 A、B、C 三相分别以三色线布线连接，如图 6-2 所示。

b. 合上空开，电机启动运行，如图 6-3 所示。

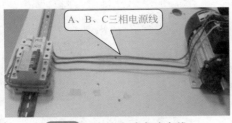

A、B、C三相电源线

图6-2　直接启动电路布线

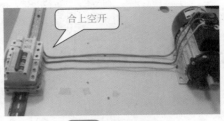

合上空开

图6-3　电机启动

故障排除：

● 电机不转，检查保险部分，保险管是否熔断，如图 6-4 所示。更换保险管后，测量电路是否接通，如图 6-5 所示。

● 保险管完好，需要检查接线部分是否接触良好，把线路接好问题就可以解决。

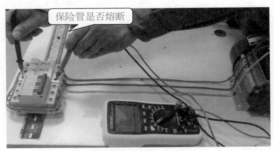

保险管是否熔断

图6-4　检查保险

更换保险管后，测量是否导通

图6-5　更换保险后测量

二、自锁式直接启动电路

1. 控制线路

交流接触器通过自身的常开辅助触点使线圈总是处于得电状态的现象叫做自锁。这个常开辅助触点就叫做自锁触点。在接触器线圈得电后，利用自身的常开辅助触点保持回路的接通状态，一般对象是对自身回路的控制。如把常开辅助触点与启动按钮并联，这样，当启动按钮按下，接触器动作，常开辅助触点闭合，进行状态保持，此时再松开启动按钮，接触器也不会失电断开。

一般来说，在启动按钮和辅助触点并联之外，还要再串联一个按钮，起停止作用。点动开关中作启动用的选择常开触点，做停止用的选常闭触点。如图6-6所示。

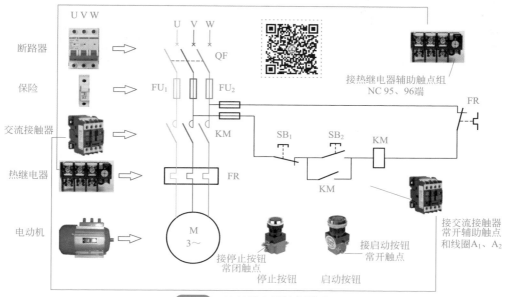

<figcaption>**图6-6**　接触器自锁控制线路</figcaption>

a. 启动：合上电源开关QF，按下启动按钮SB_2，KM线圈得电，KM辅助触点闭合，同时KM主触点闭合，电动机启动连续运转。

b. 当松开SB_2，其常开触点恢复分断后，因为接触器KM的常开辅助触点闭合时已将SB_2短接，控制电路仍保持导通，所以接触器KM继续得电，电动机M实现连续运转。

c. 停止：按下停止按钮SB_1，其常闭触点断开，接触器KM的自锁触点切断控制电路，解除自锁，KM主触点分断，电动机停转。

2. 接触器自锁控制线路布线和组装

接触器自锁控制线路布线和组装可扫上方二维码学习。

3. 接触器自锁控制线路故障排除

a. 按下启动按钮后电动机不运转，首先检查主电路接线是否完好，如果接触不良重新接线，故障就可排除，如图 6-7 所示。

b. 按下启动按钮后电动机不运

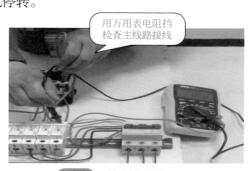

用万用表电阻挡检查主线路接线

<figcaption>**图6-7**　检查主线路</figcaption>

转，检查控制线路接线情况。如图 6-8、图 6-9 所示。

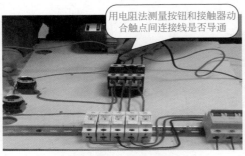

用电阻法测量按钮和接触器动合触点间连接线是否导通

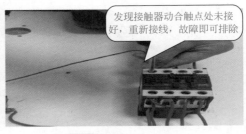

发现接触器动合触点处未接好，重新接线，故障即可排除

图6-8　检查控制线路　　　　　　　图6-9　发现故障点

三、带热继电器保护自锁控制线路

1. 控制线路

① 启动　如图 6-10 所示，合上空开 QF，按下启动按钮 SB$_2$，KM 线圈得电后常开辅助触点闭合，同时主触点闭合，电动机 M 启动连续运转。

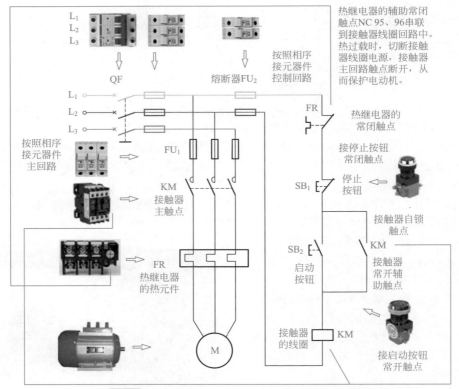

图6-10　带热继电器保护自锁正转控制线路原理

当松开 SB$_2$，其常开触点恢复分断后，因为接触器 KM 的常开辅助触点闭合时已将 SB$_2$ 短接，控制电路仍保持接通，所以接触器 KM 继续得电，电动机 M 实现连续运转。

② 停止　按下停止按钮 SB$_1$，KM 线圈断电，自锁辅助触点和主触点均分断，电动机停止转动。当松开 SB$_1$，其常闭触点恢复闭合后，因接触器 KM 的自锁触点在切断控制电路时已分断，解除了自锁，SB$_2$ 也是分断的，所以接触器 KM 不能得电，电动机 M 也不会转动。

③ 线路的保护设置

a. 短路保护：由熔断器 FU$_1$、FU$_2$ 分别实现主电路与控制电路的短路保护。

b. 过载保护：电动机在运行过程中，如果长期负载过大或启动操作频繁，或者缺相运行等，都可能使电动机定子绕组的电流增大，超过其额定值。而在这种情况下，熔断器通常并不熔断，但会引起定子绕组过热使温度升高，若温度超过允许温升就会使绝缘损坏，缩短电动机的使用寿命，严重时甚至会使电动机的定子绕组烧毁。因此，采用热继电器对电动机进行过载保护。过载保护是指电动机出现过载时能自动切断电动机电源，使电动机停转的一种保护。

在照明、电加热等一般电路里，熔断器 FU 既可以作短路保护，也可以作过载保护，但对三相异步电动机控制线路来说，熔断器只能用作短路保护，这是因为三相异步电动机的启动电流很大（全压启动时的启动电流能达到额定电流的 4 ～ 7 倍），若用熔断器作过载保护，则选择熔断器的额定电流就应等于或略大于电动机的额定电流，这样电动机在启动时，由于启动电流大大超过了熔断器的额定电流，使熔断器在很短的时间内爆断，造成电动机无法启动，所以熔断器只能作短路保护，其额定电流应取电动机额定电流的 1.5 ～ 3 倍。

热继电器在三相异步电动机控制线路中也只能作过载保护，不能作短路保护。这是因为热继电器的热惯性大，即热继电器的双金属片受热膨胀弯曲需要一定的时间，当电动机发生短路时，由于短路电流很大，热继电器还没来得及动作，供电线路和电源设备可能已经损坏。而在电动机启动时，由于启动时间很短，热继电器还未动作，电动机已启动完毕。总之，热继电器与熔断器两者所起作用不同，不能相互代替。如图6-10所示。

2. 带热继电器保护自锁正转控制线路接线组装

带热继电器保护自锁正转控制线路接线组装可扫二维码学习。

四、带急停开关保护接触器自锁正转控制线路

1. 带急停开关保护接触器自锁正转控制线路

急停按钮最基本的作用就是在紧急情况下的紧急停车，避免机械事故或人身事故。

急停按钮都是使用常闭触点，急停按钮按下后能够自锁在分断的状态，只有旋转后才能复位，这样能防止误动作解除停止状态。急停按钮都是红色，蘑菇头，便于拍击，有些场合为防止误碰，还加装有防误碰的盖子，翻开保护盖后才能按下急

停按钮。

如图6-11所示，在电路中利用急停开关SB$_0$的常闭触点串联在控制回路中，当紧急情况发生时，按下急停按钮，接触器KM辅助触点和线圈断电，主触点断开，从而使电机停止转动。

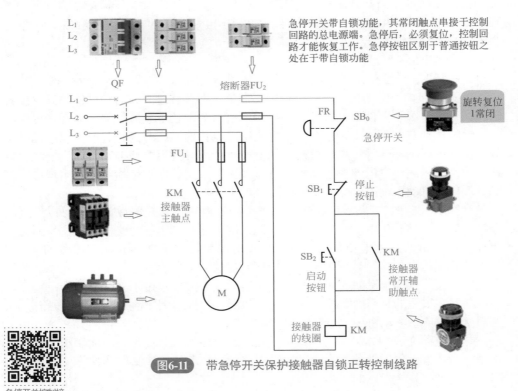

急停开关带自锁功能，其常闭触点串接于控制回路的总电源端。急停后，必须复位，控制回路才能恢复工作。急停按钮区别于普通按钮之处在于带自锁功能

图6-11 带急停开关保护接触器自锁正转控制线路

急停开关控制接触器自锁电路

2. 带急停开关保护接触器自锁正转控制线路布线和组装

带急停开关保护接触器自锁正转控制线路布线和组装可扫二维码学习。

五、晶闸管控制软启动（软启动器控制）电路

1. 电路工作原理

（1）电动机直接启动的危害

①电气方面

a. 电动机启动时电路中启动电流可达5 ～ 7倍的额定电流，这会造成电动机绕组过热，从而加速绝缘老化。

b. 供电网络电压波动大，当电压不大于0.85U_N时，会影响其他设备的正常使用。

②机械方面

a. 过大的启动转矩产生机械冲击，对被带动的设备造成大的冲击力，缩短其使

用寿命，影响精确度。如使联轴器损坏、皮带撕裂等。

　　b. 造成机械传动部件的非正常磨损及冲击，加速老化，缩短寿命。

　　（2）软启动的分类和基本工作原理　　在电动机定子回路，通过串入有限流作用的电力器件实现的软启动，叫做降压或限流软启动，它是软启动中的一个重要类别。以限流器件划分，软启动可分为：以电解液限流的液阻软启动，以晶闸管为限流器件的晶闸管软启动，以磁饱和电抗器为限流器件的磁控软启动。

　　变频调速装置也是一种软启动装置，它是比较理想的一种，可以在限流的同时保持高的启动转矩，但较高的价格制约了其作为软启动装置的发展。传统的软启动均是有级的，如星/三角变换软启动、自耦变压器软启动、电抗器软启动等。

　　日常软启动应用中性价比较高的是晶闸管软启动，其原理是通过控制单元发出PWM波来控制晶闸管触发脉冲，以控制晶闸管的导通，从而实现对电动机启动的控制。

　　晶闸管软启动器内部结构和主电路图如图6-12所示。

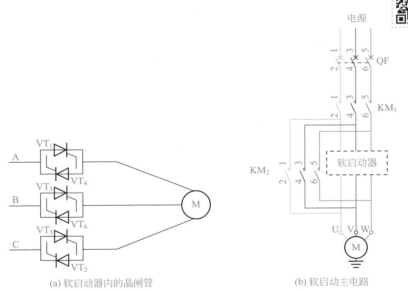

(a) 软启动器内的晶闸管　　　　(b) 软启动主电路

图6-12　晶闸管软启动器结构图

　　调压电路由六只晶闸管两两反向并联组成，串接在电动机的三相供电线路中。在启动过程中，晶闸管的触发角由软件控制，当启动器的微机控制系统接到启动指令后，便进行有关的计算，输出触发晶闸管的信号，通过控制晶闸管的导通角 θ，使启动器按照所设计的模式调节输出电压，使加在交流电动机三相定子绕组上的电压由零逐渐平滑地升至全电压。同时，电流检测装置检测三相定子电流并送给微处理器进行运算和判断，当启动电流超过设定值时，软件控制升压停止，直到启动电流下降到低于设定值之后，再使电动机继续升压启动。若三相启动电流不平衡并超过规定的范围，则停止启动。当启动过程完成后，软启动器将旁路接触器吸合，短路掉所有的晶闸管，使电动机直接投入电网运行，以避免不必要的电能损耗。

软启动器采用三相反并联晶闸管作为调压器，将其接入电源和电动机定子之间。如三相全控桥式整流电路，使用软启动器启动电动机时，晶闸管的输出电压逐渐增加，电动机逐渐加速，直到晶闸管全导通，电动机工作在额定电压的机械特性上，实现平滑启动，降低启动电流，避免启动过流跳闸。待电动机达到额定转速时，启动过程结束，软启动器自动用旁路接触器取代已完成任务的晶闸管，为电动机正常运转提供额定电压，以降低晶闸管的热损耗，延长软启动器的使用寿命，提高其工作效率，使电网避免谐波污染。

（3）实际应用的 CMC-L 软启动器电路

a. 实际电路图如图 6-13 所示。软启动器端子 1L1、3L2、5L3 接三相电源，2T1、4T2、6T3 接电动机。当采用旁路交流接触器时，可采用内置信号继电器通过端子 6 脚和 7 脚控制旁路交流接触器接通，达到电动机的软启动。

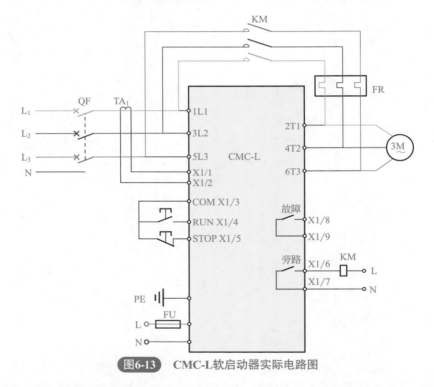

图6-13 CMC-L软启动器实际电路图

b. CMC-L 软启动器端子说明：CMC-L 软启动器有 12 个外引控制端子，为实现外部信号控制、远程控制及系统控制提供方便，端子说明如表 6-1 所示。

表6-1 CMC-L软启动器端子说明

端子号		端子名称	说　　明
主回路	1L1、3L2、5L3	交流电源输入端子	接三相交流电源
	2T1、4T2、6T3	软启动输出端子	接三相异步电动机

端子号		端子名称	说　明
控制回路	X1/1	电流检测输入端子	接电流互感器
	X1/2		
	X1/3	COM	逻辑输入公共端
	X1/4	外控启动端子（RUN）	X1/3与X1/4短接则启动
	X1/5	外控停止端子（STOP）	X1/3与X1/5断开则停止
	X1/6	旁路输出继电器	输出有效时K21-K22闭合，接点容量AC250V/5A，DC30V/5A
	X1/7		
	X1/8	故障输出继电器	输出有效时K11-K12闭合，接点容量AC250V/5A，DC30V/5A
	X1/9		
控制回路	X1/10	PE	功能接地
	X1/11	控制电源输入端子	AC110～220V（+15%）50/60Hz
	X1/12		

　　c. CMC-L 软启动器显示及操作说明：CMC-L 软启动器面板示意图如图 6-14 所示。

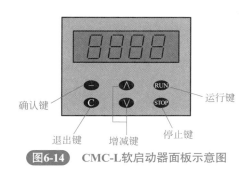

确认键　　退出键　增减键　停止键　运行键

图6-14　CMC-L软启动器面板示意图

CMC-L 软启动器按键功能如表 6-2 所示。

表6-2　CMC-L软启动器按键功能

符号	名称	功能说明
—	确认键	进入菜单项，确认需要修改数据的参数项
∧	递增键	参数项或数据的递增操作
∨	递减键	参数项或数据的递减操作
C	退出键	确认修改的参数数据，退出参数项，退出参数菜单
RUN	运行键	键操作有效时，用于运行操作，并且端子排X1的3、5端子短接
STOP	停止键	键操作有效时，用于停止操作，故障状态下按下STOP键4s以上可复位当前故障

CMC-L 软启动器显示状态说明如表 6-3 所示。

表 6-3　CMC-L软启动器显示状态说明

序号	显示符号	状态说明	备注
1	5ΓOP	停止状态	设备处于停止状态
2	PO2O	编程状态	此时可阅览和设定参数
3	AUA⌐	运行状态1	设备处于软启动过程状态
4	AUA‾	运行状态2	设备处于全压工作状态
5	AUA⌟	运行状态3	设备处于软停车状态
6	Err	故障状态	设备处于故障状态

　　d. CMC-L 软启动器的控制模式。CMC-L 软启动器有多种启动方式：限流启动、斜坡限流启动、电压斜坡启动。CMC-L 软启动器有多种停车方式：软停车、自由停车。在使用时可根据负载及具体使用条件选择不同的启动方式和停车方式。

●限流启动。使用限流启动模式时，启动时间设置为零，软启动器得到启动指令后，其输出电压迅速增加，直至输出电流达到设定电流限幅值 I_m，输出电流不再增大，电动机运转加速持续一段时间后电流开始下降，输出电压迅速增加，直至全压输出，启动过程完成，如表 6-4 所示。

表 6-4　限流启动模式参数表

参数项	名称	范围	设定值	出厂值
P1	启动时间	0～60s	0	10
P3	限流倍数	$(1.5～5)I_e$，8级可调	—	3

注："—"表示用户自己根据需要进行设定（下同）。

●斜坡限流启动。输出电压以设定的启动时间按照线性特性上升，同时输出电流以一定的速率增加，当启动电流增至限幅值 I_m 时，电流保持恒定，直至启动完成，如表 6-5 所示。

表 6-5　斜坡限流启动模式参数表

参数项	名称	范围	设定值	出厂值
P0	起始电压	$(10\%～70\%)U_e$	—	30%

参数项	名称	范围	设定值	出厂值
P1	启动时间	0～60s	—	10
P3	限流倍数	（1.5～5）I_e，8级可调	—	3

● 电压斜坡启动。这种启动方式适用于大惯性负载，而对启动平稳性要求比较高的场合，可大大降低启动冲击及机械应力，如表6-6所示。

表6-6 电压斜坡启动模式参数表

参数项	名称	范围	设定值	出厂值
P0	起始电压	（10%～70%）U_e	—	30%
P1	启动时间	0～60s	—	10

● 自由停车。当停车时间为零时为自由停车模式，软启动器接到停机指令后，首先封锁旁路交流接触器的控制继电器，并随即封锁主回路晶闸管的输出，电动机依负载惯性自由停机，如表6-7所示。

表6-7 自由停车模式参数表

参数项	名称	范围	设定值	出厂值
P2	停车时间	0～60s	0	0

● 软停车。当停车时间设定不为零时，在全压状态下停车则为软停车，在该方式下停机，软启动器首先断开旁路交流接触器，软启动器的输出电压在设定的停车时间降为零。

e. CMC-L软启动器参数项及其说明如表6-8所示。

表6-8 CMC-L软启动器参数项及其说明

参数项	名称	范围	出厂值
P0	起始电压	（10%～70%）U_e，设为99%时为全压启动	30%
P1	启动时间	0～60s，选择0为限流软启动	10
P2	停车时间	0～60s，选择0为自由停车	0
P3	限流倍数	（1.5～5）I_e，8级可调	3
P4	运行过流保护	（1.5～5）I_e，8级可调	1.5
P5	未定义参数	0——接线端子控制 1——操作键盘控制	

参数项	名称	范围	出厂值
P6	控制选择	2——键盘、端子同时控制 0——允许 SCR 保护	2
P7	SCR保护选择	1——禁止 SCR 保护 0——双斜坡启动无效 非 0——双斜坡启动有效	0
P8	双斜坡启动	设定值为第一次启动时间（范围：0～60s）	0

2. 电路接线

a. 外接控制回路 CMC-L 软启动器整体电路设计安装原理图如图 6-15 所示。

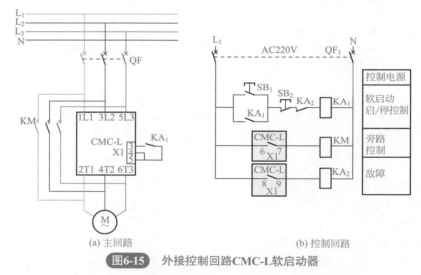

(a) 主回路   (b) 控制回路

图6-15 外接控制回路CMC-L软启动器

b. 外接控制回路 CMC-L 软启动器元器件布置。这里为方便理解，把中间继电器电路图放到布局图里。

c. 控制电路接线到接漏电保护器时，一般接成"左零右火"形式，或把零线接在"N"标识上面。

d. 继电器接线：KA$_1$ 常开触点要并联在启动按钮开关上，停止按钮开关 SB$_2$ 和 KA$_2$ 常闭触点串联接到 KA$_1$ 线圈上。

e. 旁路交流接触器接线：220V 火线经过软启动端子 6、7 接到旁路交流接触器线圈上，控制旁路交流接触器，如图 6-16 所示。

当出现故障不能启动时，220V 火线经过软启动端子 8、9 接到中间继电器 KA$_2$ 线圈，中间继电器 KA$_2$ 吸合，串联在 KA$_1$ 中间继电器线圈的 220V 电压被切断，软启动控制器停止工作。

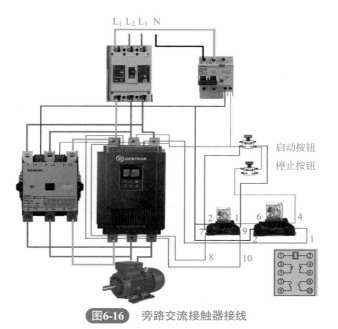

L₁ L₂ L₃ N

启动按钮

停止按钮

图6-16 旁路交流接触器接线

说明

接线时别忘了软启动控制器11、12号端子的220V控制电源必须接好，如图6-17所示。

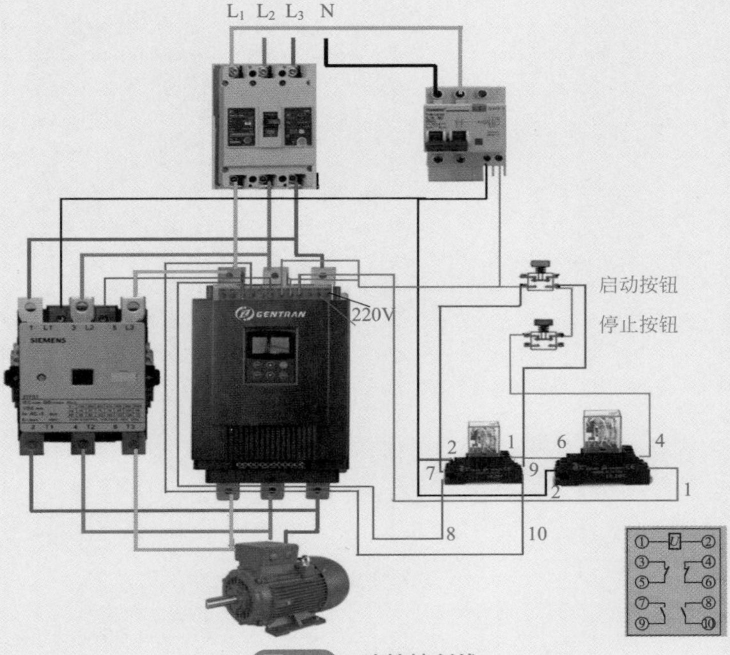

L₁ L₂ L₃ N

220V

启动按钮

停止按钮

图6-17 连接控制线

3. 调试与检修

当软启动器保护功能动作时，软启动器立即停机，显示屏显示当前故障。用户可根据故障内容进行故障分析。

不同的软启动器故障代码不完全相同，因此实际故障代码应参看使用说明书，如表6-9所示。

表6-9　实际故障代码使用说明

显示	状态说明	处理方法
SrOP	给出启动信号，电动机无反应	①检查端子3、4、5是否接通；②检查控制电路连接是否正确，控制开关是否正常；③检查控制电源是否过低；④调整C200参数设置
无显示	—	①检查端子X3的8和9是否接通；②检查控制电源是否正常
Err1	电动机启动时缺相	检查三相电源各相电压，判断是否缺相并予以排除
Err2	晶闸管过热	①检查软启动器安装环境是否通风良好且垂直安装；②检查散热器是否过热或过热保护开关是否被断开；③启动频次过高，降低启动频次；④控制电源过低，启动过程电源跌落过大
Err3	启动失败故障	①逐一检查各项工作参数设定值，核实设置的参数值与电动机实际参数是否匹配；②启动失败（C105设定时间内未完成），检查限流倍数是否设定过小或核对互感器变比正确性
Err4	软启动器输入与输出端短路	①检查旁路接触器是否卡在闭合位置上；②检查晶闸管是否击穿或损坏
Err4	电动机连接线开路（C104设置为0）	①检查软启动器输出端与电动机是否正确且可靠连接；②判断电动机内部是否开路；③检查晶闸管是否击穿或损坏；④检查进线是否缺相
Err5	限流功能失效	①检查电流互感器是否接到端子X2的1、2、3、4上，且接线方向是否正确；②查看限流保护设置是否正确；③电流互感器变比是否正确
Err5	电动机运行过流	①检查软启动器输出端连接是否有短路；②负载突然加重；③负载波动太大；④电流互感器变化是否与电动机相匹配
Err6	电动机漏电故障	电动机与地绝缘阻抗过小
Err7	电子热过载	是否超载运行
Err8	相序错误	调整相序或设置为不检测相序
Err9	参数丢失	此故障发现时，暂停软启动器的使用，速与供货商联系

六、线绕转子异步电动机启动电路

1. 定子串电阻降压启动控制线路分析

如图 6-18 所示是定子串电阻降压启动控制线路。电动机启动时，在三相定子电路中串接电阻，使电动机定子绕组电压降低，启动后再将电阻短路，电动机仍然在正常电压下运行。这种启动方式由于不受电动机接线形式的限制，设备简单，因而在中小型机床中也有应用。机床中也常用这种串接电阻的方法限制点动调整时的启动电流。如图 6-18 所示控制线路的工作过程如下。

按 SB$_2$ ┬── KM$_1$ 得电（电动机串电阻启动）
　　　　 └── KT 得电延时，一段时间后 KM$_2$ 得电（短接电阻，电动机正常运行）

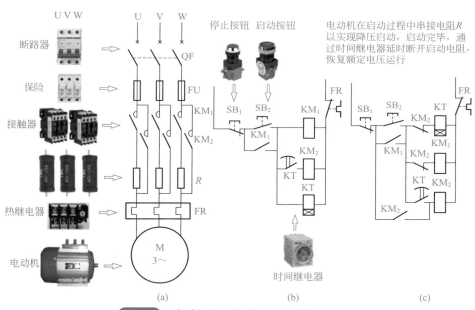

图6-18 电动机定子串电阻降压启动控制线路

只要 KM$_2$ 得电就能使电动机正常运行。但线路图 6-18（b）在电动机启动后 KM$_1$ 与 KT 一直得电动作，这是不必要的。线路图 6-18（c）就解决了这个问题，接触器 KM$_2$ 得电后，其动断触点将 KM$_1$ 及 KT 断电，KM$_2$ 自锁，这样，在电动机启动后，只要 KM$_2$ 得电，电动机便能正常运行。

2. 电动机定子串电阻降压启动控制线路接线和组装

电动机定子串电阻降压启动控制线路接线和组装可扫二维码学习。

3. 电动机定子串电阻降压启动控制线路故障排除

a. 按动启动按钮，电动机串电阻启动，启动后短接启动电阻的接触器不吸合，电动机始终工作在降压启动过程中。此故障现象说明电动机串电阻接触器和其控制线路没有故障，故障部位发生在短接接触器部分，此种情况大部分是由于时间继电器接触不良造成的（时间继电器属于插接件，使用中容易松脱或生锈接触不良），用一只好的时间继电器代换就可判断出时间继电器好坏，如图6-19所示。

拔下时间继电器，直接代换，这就是常用的代换法

图6-19 代换法判断时间继电器好坏

b. 按动启动按钮，电动机串电阻启动，启动后短接启动电阻的接触器不断开，代换时间继电器后故障没有排除，说明时间继电器没有问题，此时需要检查串电阻接触器的控制线路，用万用表检查短接接触器线圈和时间控制器及带电阻启动接触器触点间互锁接线。发现互锁接线未接好，故障排除。如图6-20、图6-21所示。

检查接触器线圈和动合触点接线

图6-20 检查接触器互锁线路

互锁接线故障

图6-21 故障点找到

七、单相电动机电阻启动运行电路

单相电阻启动式异步电动机新型号为 BQ、JZ，定子线槽绕组嵌有主绕组和副绕组，此类电动机一般采用正弦绕组，且主绕组占的槽数略多，甚至主副绕组各占

1/3 的槽数，不过副绕组的线径比主绕组的线径细得多，以增大副绕组的电阻，主绕组和副绕组的轴线在空间相差 90° 电角度。电动机启动时经离心开关将电阻略大的副绕组接通电源，当电动机启动后，转速达到 75% ～ 80% 额定转速时，通过离心开关将副绕组切离电源，由主绕组单独工作。

如图 6-22 所示为单相电阻启动式异步电动机接线原理。

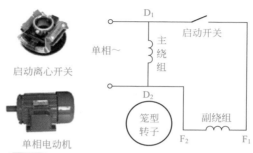

图6-22 单相电阻启动式异步电动机接线原理

单相电阻启动式异步电动机具有中等启动转矩和过载能力，功率为 40 ～ 370W，适用于水泵、鼓风机、医疗器械等。

八、电容启动式单相异步电动机电路

电容启动式单相异步电动机新型号为 CO2 或 Y 系列，老型号为 CO、JY，定子线槽主绕组、副绕组分布与电阻启动式电动机相同，但副绕组线径较粗，电阻小，主、副绕组为并联电路。副绕组和一个容量较大的启动电容串联，再串联离心开关。副绕组只参与启动，不参与运行。当电动机启动后，达到 75% ～ 80% 的额定转速时，通过离心开关将副绕组和启动电容切离电源，由主绕组单独工作，如图 6-23 所示为单相电容启动式异步电动机接线原理。

单相电容启动式异步电动机启动性能较好，具有较高的启动转矩，最初的启动电流倍数为 4.5 ～ 6.5，功率为 120 ～ 750W，因此适用于启动转矩要求较高的场合，如小型空压机、磨粉机、电冰箱等满载启动机械。

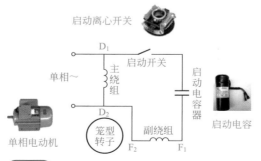

图6-23 单相电容启动式异步电动机接线原理

九、电容启动运行式异步电动机电路

电容启动运行式异步电动机新型号为CO2或Y系列，老型号为DO、JX，定子线槽主绕组、副绕组分布各占1/2，主绕组和副绕组的轴线在空间相差90°电角度，主、副绕组为并联电路。副绕组串接一个电容后与主绕组并联接入电源，副绕组和电容不仅参与启动，还长期参与运行，如图6-24所示为单相电容启动运行式异步电动机接线原理。单相电容启动运行式异步电动机的电容长期接入电源工作，因此不能采用电解电容，通常采用纸介质或油浸纸介质电容。电容的容量主要根据电动机运行性能来选取，一般比电容启动式的电动机要小一些。

电容启动运行式异步电动机启动转矩较低，一般为额定转矩的零点几倍，但功率因数和效率较高、体积小、重量轻，功率为8～180W，适用于轻载启动要求长期运行的场合，如电风扇、录音机、洗衣机、空调器、家用风机、电吹风及电影机械等。

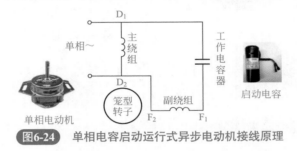

图6-24 单相电容启动运行式异步电动机接线原理

十、双电容启动和运转式异步电动机电路

单相双电容启动和运转式异步电动机型号为F，又称为双值电容电动机。定子线槽主绕组、副绕组分布各占1/2，但副绕组与两个并联电容串接（启动电容、运转电容），其中启动电容串接离心开关并接于主绕组端。当电动机启动后，达到75%～80%的额定转速时，通过离心开关将启动电容切离电源，而副绕组和工作电容继续参与运行（工作电容容量要比启动电容容量小），如图6-25所示为单相双电容启动和运转式电动机接线。

单相双电容启动和运转式电动机具有较好的启动性能、较高过载能力和效率，功率为8～750W，适用于性能要求较高的日用电器、特殊压缩泵、小型机床等。

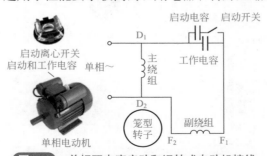

图6-25 单相双电容启动和运转式电动机接线

故障检修：电动机内部设有离心开关，随电动机的高速运转可以把电容器断开，对于这种电路，接通空开，如果电容器没有毁坏，电动机能够正常运转，能听到开关断开的声音。如果接通电源，电动机不能够正常运转，应检测空开下端电压，电动机的接线柱的电压是否正常，如果接通空开后电动机有"嗡嗡"声，但是不能启动，说明是电容器毁坏，更换电容器就可以了。如果接通空开，电动机能够运转，"嗡嗡"声比较大，能够直观看到电动机的轴转速比较慢，或是听不到瞬间开关断开的声音，说明是内部离心开关毁坏，可以打开电动机修理或直接更换离心开关。

第二节　电动机降压启动控制电路

一、自耦变压器降压启动控制电路

1. 自耦变压器降压启动原理

自耦变压器高压侧接电网，低压侧接电动机。启动时，利用自耦变压器分接头来降低电动机的电压，待转速升到一定值时，自耦变压器自动切除，电动机与电源相接，在全压下正常运行。

自耦变压器降压启动利用自耦变压器来降低加在电动机定子绕组上的电压，达到限制启动电流的目的。电动机启动时，定子绕组加上自耦变压器的二次电压。启动结束后，甩开自耦变压器，定子绕组上加额定电压，电动机全压运行。自耦变压器降压启动分为手动控制和自动控制两种。

（1）手动控制电路原理　自耦变压器降压启动控制电路如图6-26所示。对正常运行时为星形接线及要求启动容量较大的电动机，不能采用星-三角（Y-△）启动法，常采用自耦变压器启动方法，自耦变压器启动法是利用自耦变压器来实现降压启动的。用来降压启动的三相自耦变压器又称为启动补偿器，其外形如图6-26（b）所示。

(a) 工作原理　　　　(b) 启动补偿器外形　　　　(c) 自耦变压器外形

图6-26　自耦变压器降压启动

用自耦变压器降压启动时，先合上电源开关 Q_1，再把转速开关 Q_2 的操作手柄推向"启动"位置，这时电源电压接在三相自耦变压器的全部绕组上（高压侧），而电动机在较低电压下启动，当电动机转速上升到接近于额定转速时，将转换开关 Q_2 的操作手柄迅速从"启动"位置投向"运行"位置，这时自耦变压器从电网中切除。

（2）自动控制电路原理　图6-27是交流电动机自耦降压启动自动切换控制电路，自动切换靠时间继电器完成，用时间继电器切换能可靠地完成由启动到运行的转换过程，不会造成启动时间的长短不一的情况，也不会因启动时间长造成烧毁自耦变压器的事故。

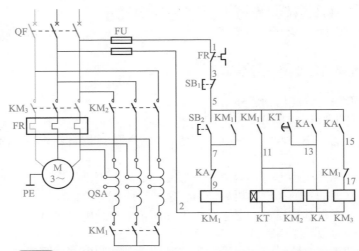

图6-27　电动机自耦变压器降压启动（自动控制）电路原理图

控制过程如下：

a. 合上空气开关 QF，接通三相电源。

b. 按启动按钮 SB_2，交流接触器 KM_1 线圈通电吸合并自锁，其主触点闭合，将自耦变压器线圈接成星形，与此同时 KM_1 辅助常开触点闭合，使得接触器 KM_2 线圈通电吸合，KM_2 的主触点闭合，由自耦变压器的低压抽头（如65%）将三相电压的65%接入电动机。

c. KM_1 辅助常开触点闭合，使时间继电器 KT 线圈通电，并按已整定好的时间开始计时，当时间到达后，KT 的延时常开触点闭合，使中间继电器 KA 线圈通电吸合并自锁。

d. 由于 KA 线圈通电，其常闭触点断开，使 KM_1 线圈断电，KM_1 常开触点全部释放，主触点断开，使自耦变压器线圈封星端打开；同时，KM_2 线圈断电，其主触点断开，切断自耦变压器电源。KA 的常开触点闭合，通过 KM_1 已经复位的常闭触点，使 KM_3 线圈得电吸合，KM_3 主触点接通，电动机在全压下运行。

e. KM_1 的常开触点断开也使时间继电器 KT 线圈断电，其延时闭合触点释放，也保证了在电动机启动任务完成后，时间继电器 KT 处于断电状态。

f. 欲停车时，可按 SB₁，则控制回路全部断电，电动机切除电源而停转。

g. 电动机的过载保护由热继电器 FR 完成。

2. 调试与检修

a. 电动机自耦降压启动电路适用于任何接法的三相笼型异步电动机。

b. 自耦变压器的功率应与电动机的功率一致，如果小于电动机的功率，自耦变压器会因启动电流大而发热损坏自耦变压器的绝缘。

c. 对照原理图核对接线，要逐相检查核对线号，防止接错线和漏接线。

d. 由于启动电流很大，应认真检查主回路端子接线的压接是否牢固，确保无虚接现象。

e. 空载试验：拆下热继电器 FR 与电动机端子的连接线，接通电源，按动 SB₂，启动 KM₁ 与 KM₂ 动作吸合，KM₃ 与 KA 不动作。时间继电器的整定时间到达时，KM₁ 和 KM₂ 释放以及 KA 和 KM₃ 动作吸合切换正常，反复试验几次检查线路的可靠性。

f. 带电动机试验：经空载试验无误后，恢复与电动机的接线。在带电动机试验中应注意启动与运行的接换过程，注意电动机的声音及电流的变化，电动机启动是否困难，有无异常情况，如有异常情况应立即停车处理。

g. 再次启动：自耦降压启动电路不能频繁操作，如果启动不成功，第二次启动应间隔 4min 以上，在 60s 连续两次启动后，应停电 4h 再次启动运行，这是为了防止自耦变压器绕组内启动电流太大而发热损坏自耦变压器的绝缘。

h. 带负荷启动时，电动机声音异常，转速低不能接近额定转速，转换到运行时有很大的冲击电流。

分析现象：电动机声音异常，转速低不能接近额定转速，说明电动机启动困难，怀疑是自耦变压器的抽头选择不合理，电动机绕组电压低，启动转矩小，拖动的负载大所造成的。处理：将自耦变压器的抽头改接在 80% 位置后，再试车故障排除。

i. 电动机由启动转换到运行时，仍有很大的冲击电流，甚至掉闸。

分析现象：这是电动机启动和运行的接换时间太短，电动机的启动电流还未下降至转速接近额定转速就切换到全压运行状态所致。处理：调整时间继电器的整定时间，延长启动时间，现象排除。

二、Y-△降压启动电路

1. 电路原理

在正常运行时，电动机定子绕组是连成三角形的，启动时把它连接成星形，启动即将完毕时再恢复成三角形。目前 4kW 以上的三相异步电动机定子绕组在正常运行时，都是接成三角形的，对这种电动机就可采用星 - 三角形（Y- △）降压启动。

如图 6-28 所示是一种 Y- △启动线路。从主回路可知，如果控制线路能使电动机接成星形（即 KM_1 主触点闭合），并且经过一段延时后再接成三角形（即 KM_1 主触点打开，KM_2 主触点闭合），则电动机就能实现降压启动，而后再自动转换到正常速度运行。控制线路的工作过程如下。

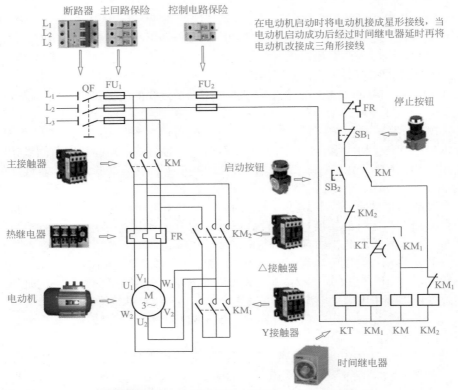

图6-28 时间继电器控制Y-△降压启动控制线路

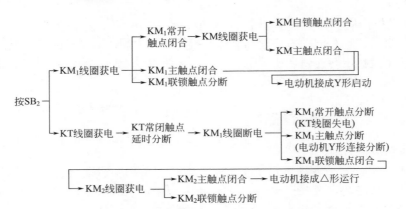

在实际应用中还可以用两个接触器控制，电路如图 6-29 所示，电路原理可根据三个接触器工作原理自行分析。

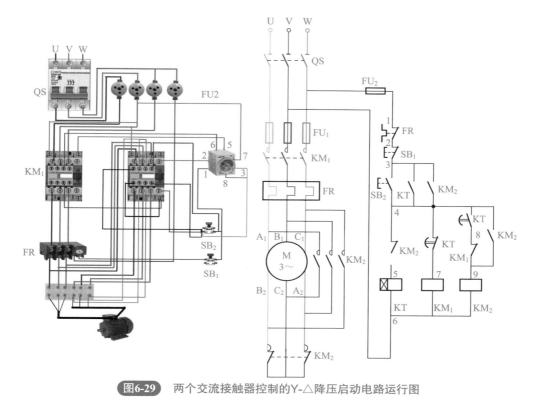

图6-29 两个交流接触器控制的Y-△降压启动电路运行图

2.电动机Y-△降压启动控制线路布线与组装

电动机 Y- △降压启动控制线路布线与组装可扫二维码学习。

3. 电动机Y-△降压启动控制线路故障检修

一般两个交流接触器控制的 Y- △电路所控制电动机的功率相对比较小（十几千瓦）。电路中接线正常，按动启动按钮开关，电动机正常旋转。如果按动启动按钮开关电动机不能正常旋转，首先用直观法检查空开是否毁坏，熔断器是否熔断，交流接触器是否有烧毁现象，时间继电器是否有故障；若直观法不能检测出元件毁坏，可以用万用表电阻挡检测交流接触器的线圈是否熔断，时间继电器线圈是否熔断，熔断器是否熔断，热继电器的接点是否断；若用万用表电阻挡检测元件均完好，可以闭合空开，利用电压跟踪法检查空开下端电压，熔断器的输出电压，交流接触器的输入、输出电压是否都正常，如果均正常，电动机应该能够正常旋转；不能旋转是电动机的故障，维修或更换电动机即可。如果接通电源，电动机能够启动，不能够正常运行，应检查 Y- △转换的交流接触器是否触点接触不良，或直接更换 Y- △转换交流接触器。同时，检查时间继电器是否按照正常的时间接通或断开，时间继电器和交流接触器都可用代换法来更换。时间继电器采用插拔型的，可以直接更换。先代换时间继电器，再代换 Y- △转换交流接触器。

第三节　电动机正反转控制电路

一、用倒顺开关实现三相正反转控制电路

1.　电路工作原理

三相电动机实现正反转方法如图 6-30 所示。
电路原理图如图 6-31 所示。

改变通入电动机定子绕组的电源相序

正转：L_1——U　　反转：L_1——W
　　　　L_2——V　　　　　L_2——V
　　　　L_3——W　　　　　L_3——U

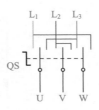

图6-30　倒顺开关实物图、符号及其实现正反转方法　　**图6-31**　电路原理图

手柄向左扳至"顺"位置时，QS 闭合，电动机 M 正转；手柄向右扳至"逆"位置时，QS 闭合，电动机 M 反转。

2. 电路调试与检修

这是电动机的正反转控制电路，只是用了倒顺开关进行控制电动机的正反转，实际倒顺开关只是倒了相线，就可以控制电动机的正转和反转。当出现故障时，直接检查空开、熔断器、倒顺开关是否毁坏，如果没有毁坏，接通电源，电动机能够正常旋转，如果有正转无倒转，说明倒顺开关有故障，更换倒顺开关就可以了。

二、接触器联锁三相正反转启动运行电路

1. 电动机正反转线路分析

由图 6-32（b）可知，按下 SB_2，正向接触器 KM_1 得电动作，主触点闭合，电动机正转。按停止按钮 SB_1，电动机停止。按下 SB_3，反向接触器 KM_2 得电动作，其主触点闭合，使电动机定子绕组与正转时相比相序反了，则电动机反转。

从主回路图 6-32（a）看，如果 KM_1、KM_2 同时通电动作，就会造成主回路短路，在线路图 6-32（b）中如果按了 SB_2 又按了 SB_3，就会造成上述事故，因此这种线路是不能采用的。线路图 6-32（c）把接触器的动断辅助触点互相串联在对方的控制回路中进行联锁控制，这样当 KM_1 得电时，由于 KM_1 的动断触点打开，使 KM_2 不

能通电，此时即使按下 SB_3 按钮，也不能造成短路，反之也是一样。接触器辅助触点这种互相制约的关系称为"联锁"或"互锁"。

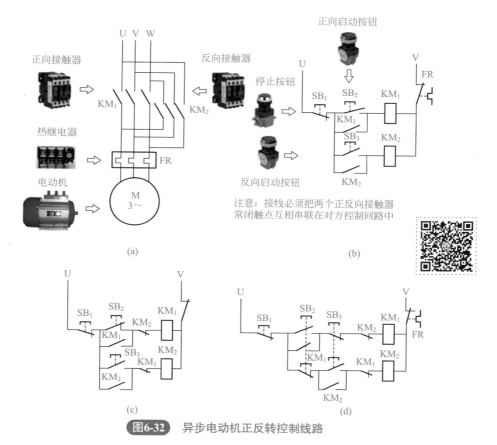

图6-32 异步电动机正反转控制线路

在机床控制线路中，这种联锁关系应用极为广泛。凡是有相反动作，如工作台上下、左右移动，机床主轴电动机必须在液压泵电动机动作后才能启动，工作台才能移动等，都需要有类似这种联锁控制。

如果电动机正在正转，想要变为反转，则线路图 6-32（c）必须先按停止按钮 SB_1 后，再按反向按钮 SB_3 才能实现，显然操作不方便。线路图 6-32（d）利用复合按钮 SB_2、SB_3 就可直接实现正反转的相互转换。

采用复合按钮还可以起联锁作用，这是由于按下 SB_2 时只有 KM_1 可得电动作，同时 KM_2 回路被切断。同理按下 SB_3 时，只有 KM_2 得电，同时 KM_1 回路被切断。但只用按钮进行联锁，而不用接触器动断触点之间的联锁，是不可靠的，在实际中可能出现这样的情况，由于负载短路或大电流的长期作用，接触器的主触点被强烈的电弧"烧焊"在一起，或者接触器的机构失灵，使衔铁卡住而总是在吸合状态，这将使触点不能断开，这时如果另一个接触器动作，就会造成电源短路事故。

如果用的是接触器动断触点联锁控制，不论什么原因，只要一个接触器是吸合状态，它的联锁动断触点就必将另一个接触器线圈电路切断，这就能避免事故的发生。

2. 电路调试与检修

接通电源，按动顺启动按钮开关，顺启动交流接触器应吸合，电动机能够正转按动停止按钮开关，再按动逆启动按钮开关时，逆启动交流接触器应工作，电动机应能够反转。如果不能够正常顺启动，检查顺启动交流接触器是否毁坏，如果毁坏则进行更换；同样，如果不能够进行逆启动，检查逆启动交流接触器是否毁坏，如果没有毁坏，看按钮开关是否毁坏，如果没有毁坏，说明是电动机出现了故障，无论是顺启动还是逆启动，电动机能够启动运行，都说明电动机没有故障，是交流接触器和它相对应的按钮开关出现了故障，应进行更换。

三、三相电动机正反转自动循环电路

1. 电路工作原理

如图 6-33 所示，按动正向启动按钮开关 SB_2，交流接触器 KM_1 得电动作并自锁，电动机正转使工作台前进。当运动到 ST_2 限定的位置时，挡块碰撞 ST_2 的触点，ST_2 的动断触点使 KM_1 断电，于是 KM_1 的动断触点复位闭合，关闭了对 KM_2 线圈的互锁。ST_2 的动合触点闭合使 KM_2 得电自锁，且 KM_2 的动断触点断开将 KM_1 线圈所在支路断开（互锁）。这样电动机开始反转使工作台后退。当工作台后退到 ST_1 限定的极限位置时，挡块碰撞 ST_1 的触点，KM_2 断电，KM_1 又得电动作，电动机又转为正转，如此往复。SB_1 为整个循环运动的停止按钮开关，按动 SB_1 自动循环停止。

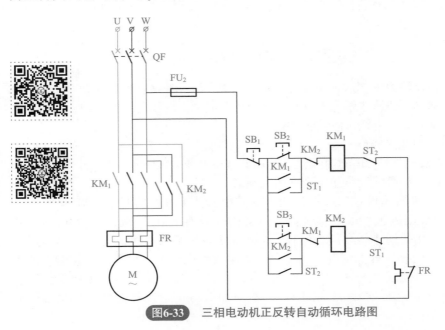

图6-33 三相电动机正反转自动循环电路图

2. 电路接线组装

电路接线如图 6-34 所示。

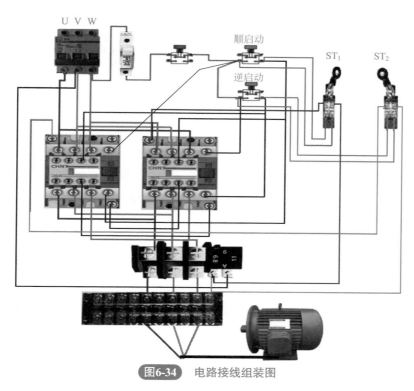

图6-34　电路接线组装图

四、单相异步倒顺开关控制正反转电路

1. 电路工作原理

图 6-35 表示电容启动式或电容启动/电容运转式单相电动机的内部主绕组、副绕组、离心开关和外部电容在接线柱上的接法。其中主绕组的两端记为 U_1、U_2，副绕组的两端记为 W_1、W_2，离心开关 K 的两端记为 V_1、V_2。注意：电动机厂家不同，标注不同。

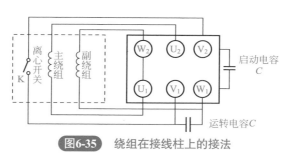

图6-35　绕组在接线柱上的接法

这种电动机的铭牌上标有正转和反转的接法，如图 6-36 所示。

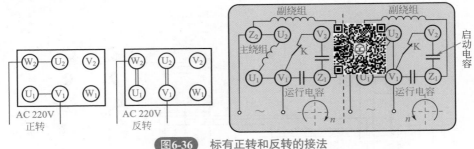

图6-36 标有正转和反转的接法

单相电动机正反转控制实际上只是改变主绕组或副绕组的接法：正转接法时，副绕组的 W_1 端通过启动电容和离心开关连到主绕组的 U_1 端（图 6-37）；反转接法时，副绕组的 W_2 端改接到主绕组的 U_1 端（图 6-38）。也可以改变主绕组 U_1、U_2 进线方向。

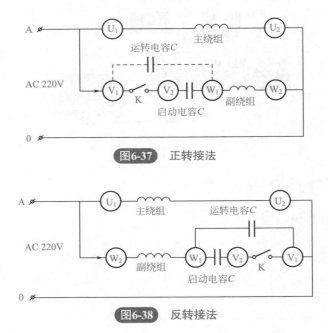

图6-37 正转接法

图6-38 反转接法

现以六柱倒顺开关说明。六柱倒顺开关有两种转换形式（图 6-39）。打开盒盖就能看到厂家标注的代号：第一种，左边一排三个接线柱标 L_1、L_2、L_3，右边三柱标 D_1、D_2、D_3；第二种，左边一排标 L_1、L_2、D_3，右边标 D_1、D_2、L_3。以第一种六柱倒顺开关为例，当手柄在中间位置时，六个接线柱全不通，称为"空挡"。当手柄拨向左侧时，L_1 和 D_1、L_2 和 D_2、L_3 和 D_3 两两相通。当手柄拨向右侧时，L_3 仍与 D_3 接通，但 L_2 改为连通 D_1，L_1 改为连通 D_2。

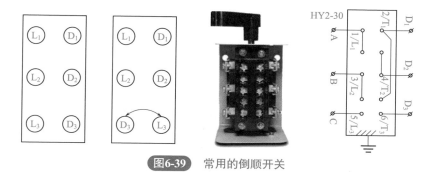

图6-39 常用的倒顺开关

2. 电路接线组装

倒顺开关控制电动机正反转接线如图 6-40 所示。

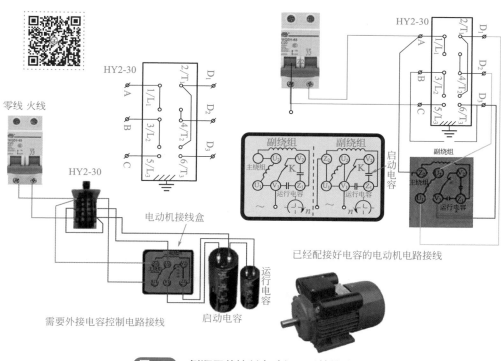

图6-40 倒顺开关控制电动机正反转接线图

五、接触器控制的单相电动机正反转控制电路

1. 电路工作原理

当电动机功率比较大时，可以用交流接触器控制电动机的正反转，电路原理图如图 6-41 所示。

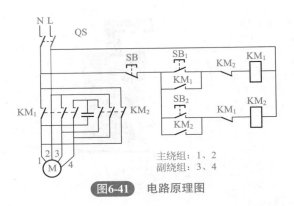

图6-41　电路原理图

主绕组：1、2
副绕组：3、4

2. 调试与检修

对一些远程控制不能直接使用倒顺开关进行控制的电动机或大型电动机来讲，都可以使用交流接触器控制的正反转控制电路。如果接通电源以后，按动顺启动或逆启动按钮开关，电动机不能正常工作，应该首先用万用表检查交流接触器线圈是否毁坏，交流接触器接点是否毁坏，如果这些元件没有毁坏，按动顺启动或逆启动按钮开关，电动机应当能够正旋转，如果不能旋转，应该是电容器出现了故障，应当更换电容器。如果只能顺启动而不能逆启动（或只能逆启动而不能顺启动），检查逆启动按钮开关、逆启动交流接触器（或顺启动按钮开关、顺启动交流接触器）是否出现故障，一般只要出现单一的方向运行，而不能实现另一方向运行，都属于另一方向的交流接触器出现故障，和它的主电路、电流通路的电容器，以及电动机和空开是没有关系的，所以直接查它的控制元件就可以了。

第四节　电动机制动控制电路

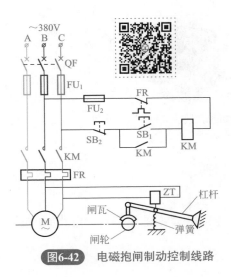

图6-42　电磁抱闸制动控制线路

一、电磁抱闸制动控制电路

1. 电路工作原理

电磁抱闸制动控制线路如图 6-42 所示。按下按钮 SB_1，接触器 KM 线圈获电动作，给电动机通电。电磁抱闸的线圈 ZT 也通电，铁芯吸引衔铁而闭合，同时衔铁克服弹簧拉力，使制动杠杆向上移动，让制动器的闸瓦与闸轮松开，电动机正常工作。按下停止按钮 SB_2 之后，接触器 KM 线圈断电释放，电动机的电源被切断，电磁抱闸的线圈也断电，衔铁释放，在弹簧拉力的作用下使闸瓦紧紧抱住闸轮，电动机就迅速被制动停转。

这种制动在起重机械上应用很广。当重物吊到一定高度处，线路突然发生故障断电时，电动机断电，电磁抱闸线圈也断电，闸瓦立即抱住闸轮，使电动机迅速制动停转，从而可防止重物掉下。另外，也可利用这一点使重物停留在空中某个位置上。

2. 电路接线组装

电动机电磁抱闸制动控制线路运行电路如图 6-43 所示。

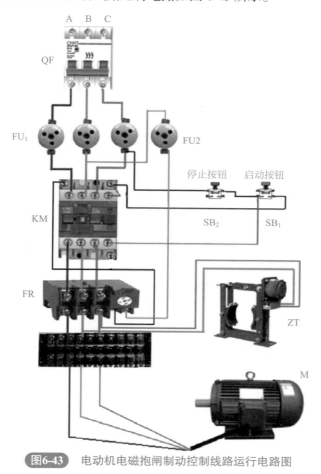

图6-43 电动机电磁抱闸制动控制线路运行电路图

3. 电路调试与检修

组装完成后，首先检查连接线是否正确，当确认连接线无误后，闭合总开关 QF，按动启动按钮开关 SB_1，此时电动机应能启动，若不能启动，先检查供电是否正常，熔断器是否正常，如都正常则应检查 KM 线圈回路所串联的各接点开关是否正常，若不正常应查找原因，若有损坏应更换。

正常运行后，按停止按钮开关 SB_2，此时电动机应能即刻停止，说明电路制动正常，如不能停止，应看制动电磁铁是否损坏。电磁铁的检测与应用知识可参考第三章第三节。

二、自动控制能耗制动电路

1. 电路分析

能耗制动是在三相异步电动机要停车时切除三相电源的同时，把定子绕组接通直流电源，在转速为零时切除直流电源。

控制线路就是为了实现上述的过程而设计的，这种制动方法，实质上是把转子原来储存的机械能转变成电能，又消耗在转子的制动上，所以称作能耗制动。

图 6-44（b）、（c）分别是用复合按钮与时间继电器实现能耗制动的控制线路，图中整流装置由变压器和整流元件组成，KM_2 为制动用接触器，KT 为时间继电器。如图 6-44（b）所示为一种手动控制的简单能耗制动线路，要停车时按下 SB_1 按钮，到制动结束放开按钮。图 6-44（c）可实现自动控制，简化了操作，控制线路工作过程如下。

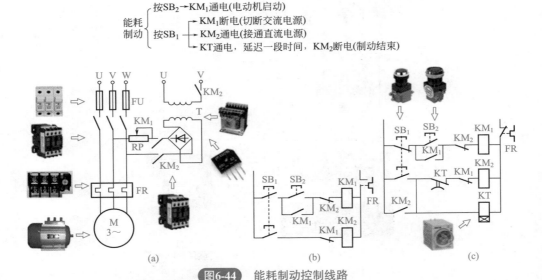

图6-44　能耗制动控制线路

制动作用的强弱与通入直流电流的大小和电动机转速有关，在同样的转速下电流越大制动作用越强。一般取直流为电动机空载电流的 3～4 倍，过大会使定子过热。图 6-44（a）直流电源中串接的可调电阻 RP 可调节制动电流的大小。

2. 电动机能耗制动线路布线和组装（见二维码）

3. 电路调试与检修

组装完成后，首先检查连接线是否正确，当确认连接线无误后，闭合总开关QF，按动启动按钮开关 SB_2，此时电动机应能启动。若不能启动，首先检查 KM_1

的线圈是否毁坏，按钮开关 SB$_2$、SB$_1$ 是否能正常工作，时间继电器是否毁坏，KM$_2$ 的触点是否没有接通。当 KM$_1$ 的线圈通路是良好的，接通电源以后按动 SB$_2$，电动机应该能够运转。当断电时不能制动，主要检查 KM$_2$ 和时间继电器的触点及线圈是否毁坏。当 KM$_2$ 和时间继电器的线圈没有毁坏的时候，检查变压器是否能正常工作，用万用表检测变压器的初级线圈和变压器的次级线圈是否有断路现象。如果变压器初级、次级和电压正常，应该检查整个电路是否正常工作，如果整个电路中的整流元件没有毁坏，检查制动电阻 RP 是否毁坏，若制动电阻 RP 毁坏，应该更换 RP 制动电阻。整流二极管如果毁坏，应该用同型号、同电压值的二极管进行更换，注意极性不能接反。

三、直流电动机能耗制动电路

1. 电路工作原理

并励直流电动机的能耗制动控制线路如图 6-45 所示。

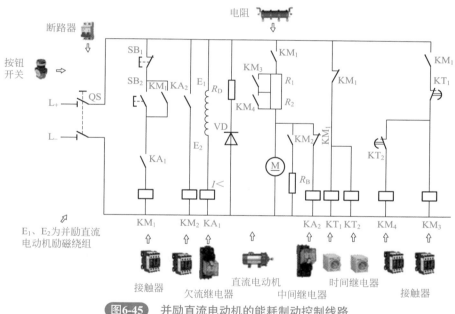

图6-45 并励直流电动机的能耗制动控制线路

启动时合上电源开关 QS，励磁绕组被励磁，欠流继电器 KA$_1$ 线圈得电吸合，KA$_1$ 常开触点闭合；同时时间继电器 KT$_1$ 和 KT$_2$ 线圈得电吸合，KT$_1$ 和 KT$_2$ 常闭触点瞬时断开，这样保证启动电阻 R_1 和 R_2 串入电枢回路中启动。

当按动启动按钮开关 SB$_2$，交流接触器 KM$_1$ 线圈获电吸合，KM$_1$ 常开触点闭合，电动机 M 串电阻 R_1 和 R_2 启动，KM$_1$ 两副常闭触点分别断开 KT$_1$、KT$_2$ 和中间继电器 KA$_2$ 线圈电路；经过一定的时间延时，KT$_1$ 和 KT$_2$ 的常闭触点先后闭合，交流接触器 KM$_3$ 和 KM$_4$ 线圈先后获电吸合后，电阻器 R_1 和 R_2 先后被短接，电动机正常运行。

当需要停止进行能耗制动时，按动停止按钮开关 SB_1，交流接触器 KM_1 线圈断电，KM_1 常开触点断开，使电枢回路断电，而 KM_1 常闭触点闭合，由于惯性运转的电枢切割磁力线（励磁绕组仍接至电源上），在电枢绕组中产生感应电动势，使并励在电枢两端的中间继电器 KA_2 线圈获电吸合，KA_2 常开触点闭合，交流接触器 KM_2 线圈获电吸合，KM_2 常开触点闭合，接通制动电阻器 R_B 回路；使电枢的感应电流方向与原来方向相反，电枢产生的电磁转矩与原来反向而成为制动转矩，使电枢迅速停转。

2. 电路调试与检修

如果电路接通电源后，不能正常工作，首先检查欠流继电器是否正常，检查启动按钮开关 SB_2、KM_1 的回路，还有 SB_1 的零部件是否正常，如有异常应更换新的元器件。如果不能实现降压启动，应该检查 KM_4、KM_3 及时间继电器 KT 的线圈及接点是否毁坏，如有毁坏需更换，如这些元器件良好，检查降压电阻 R_1、R_2 是否毁坏，如毁坏应该用同规格的电阻代替。当按动 SB_1 按钮开关时，电动机停转，电动机停止供电，不能够立即停止，应检查 KA_2 电路，然后检查 R_B 是否毁坏，如毁坏则更换器件。

第五节　电动机保护电路

一、热继电器过载保护与欠压保护电路

1. 电路工作原理

热继电器过载保护与欠压保护电路如图 6-46 所示。该线路同时具有欠电压与失压保护作用。

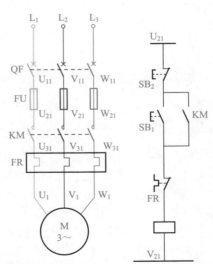

图6-46 热继电器过载保护与欠压保护电路

当电动机运转时，电源电压降低到一定值（一般降低到额定电压的 85%）时，由于交流接触器线圈磁通减弱，电磁吸力克服不了反作用弹簧压力，动铁芯释放，从而使主触点断开，自动切断主电路，电动机停转，达到欠压保护。

过载保护：线路中将热继电器的发热元件串在电动机的定子回路，当电动机过载时，发热元件过热，使双金属片弯曲到能推动脱扣机构动作，从而使串接在控制回路中的动断触点 FR 断开，切断控制电路，使线圈 KM 断电释放，交流接触器主触点 KM 断开，电动机失电停转。

2. 调试与检修

当按动 SB$_1$ 以后，KM 自锁，KM 线圈得到电能吸合，触点吸合，电动机即可旋转。当电动机过流的时候，热保护器动作，其接点断开，断开接收器线圈的供电，交流接触器断开电动机，电动机停止运行，检修时可以直接用万用表检测按键开关 SB$_1$ 的好坏、线圈的通断，当线圈的阻值很小或是不通时为线圈毁坏，交流接触器的触点可以经过面板测量是否接通，如果这些元件有不正常的，应该进行更换。

二、开关联锁过载保护电路

1. 电路工作原理

开关联锁过载保护电路如图 6-47 所示。

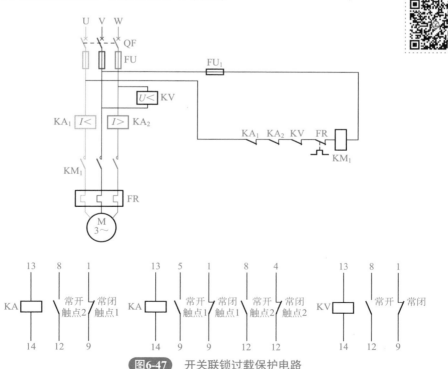

图6-47 开关联锁过载保护电路

联锁保护过程：通过正向交流接触器 KM$_1$ 控制电动机运转，欠压继电器 KV 起零压保护作用，在该线路中，当电源电压过低或消失时，欠压继电器 KV 就要释放，交流接触器 KM₁ 马上释放；当过流时，在该线路中，过流继电器 KA 就要释放，交流接触器 KM₁ 马上释放。

2. 电路接线

开关联锁过载保护电路运行电路图如图 6-48 所示。

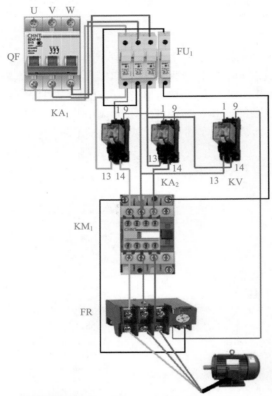

$图6-48$　开关联锁过载保护电路运行电路图

3. 调试与检修

在这个电路中，有热保护、欠压保护、过流保护，保护电路所有开关都是串联的，任何一个开关断开以后，继电器线圈都会断掉电源，从而断开 KM 交流接触器触点，使电动机停止工作。在检修时，主要检查熔断器是否熔断，各继电器的触点是否良好，交流接触器线圈是否良好，当发现回路当中的任何一个元件毁坏的时候，应进行更换。

三、中间继电器控制的缺相保护电路

1. 电路工作原理

图 6-49 所示是由一只中间继电器构成的缺相保护电路。

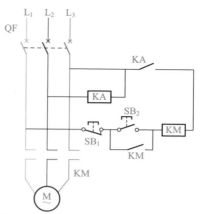

图6-49 由一只中间继电器构成的缺相保护电路

当合上三相空气开关 QF 以后，三相交流电源中的 L_2、L_3 两相电压加到中间继电器 KA 线圈两端使其得电吸合，其 KA 常开触点闭合。如果 L_1 相因故障缺相，则 KM 交流接触器线圈失电，其 KM_1、KM_2 触点均断开；若 L_2 相或 L_3 相缺相，则中间继电器 KA 和交流接触器 KM 线圈同时失电，它们的触点会同时断开，从而起到了保护作用。

2. 电路调试与检修

检修时，接通电源以后，按动 SB_2，KM 不能吸合，检查中间继电器是否良好，它的接点是否良好，按钮开关 SB_2、SB_1 是否良好，发现任何一个元件有不良或毁坏现象，都应该进行更换。

 知识拓展：电动机常用计算

在电动机的检修工作中，经常会遇到电动机铭牌丢失，或绕组数据无处考查的情况。有时还需要改变使用电压，变更电动机转速，改变导线规格来修复电动机的绕组。这时都必须经过一些计算，才能确定所需的数据。为了方便读者查阅，这部分内容做成电子版文件，读者可以扫描二维码下载学习。

电动机常用计算

第七章

变频器电路配线与维护、检修

第一节　变频器的安装、接线与常见故障检修

为方便读者查阅，变频器的安装、接线与常见故障检修可以按照提示扫二维码下载学习。

一、变频器的安装

二、变频器的接线

变频器的安装

变频器的接线

三、变频调速系统的布线

四、变频器常见故障检修

变频调速系统的布线

变频器常见故障检修

第二节　变频器控制电路接线与电路故障检修

一、单进三出变频器接线电路

1. 电路工作原理

电路原理图如图 7-1 所示，由于使用了单相 220V 输入，然后输出的是三相

220V，因此是正常情况下，接的电动机应该是一台三相电动机。注意应该是三相220V 电动机。如果把单相 220V 输入转三相 220V 输出使用单相 220V 电动机的，只要把 220V 电动机接在输出端 U、V、W 任意两项就可以，同样这些接线开关和一些选配端子根据需要接上相应的正转启动就可以了。可以是按钮开关，也可以是继电器进行控制，如果需要控制电动机的正反转启动的话，通过外配电路、正反转开关进行控制，电动机就可以实现正反转。如果需要调速的话，需要远程调速外接电位器，把电位器接到相应的端子就可以了。不需要远程电位器的，只有面板上的电位器就可以了。

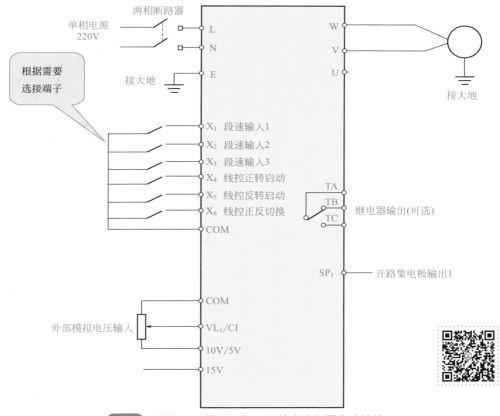

图7-1　单相220V输入三相220V输出变频器电路接线

2. 电路接线组装

单相 220V 输入三相 220V 输出变频器电路实际接线如图 7-2 所示。

3. 电路调试与检修

当出现故障的时候，用万用表检测它的输入端，有电压按相应的按钮或相应的开关，然后输出端应该有电压，如果输出端没有电压，这些按钮和相应的开关正常情况下，应该是变频器毁坏，应更换。

如果输入端有电压，按动相应的按钮和开关输出端有电压，电动机仍然不能够正常工作或不能调速的话，应该是电动机毁坏，应更换或维修电动机。

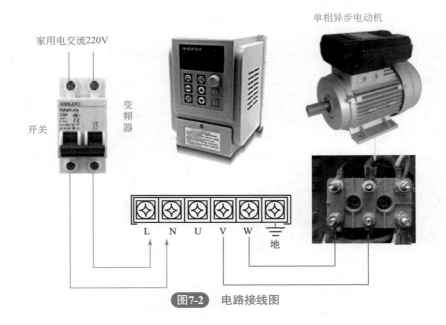

图7-2 电路接线图

二、三进三出变频器控制电路

1. 电路工作原理

三相 380V 输入 380V 输出变频器电动机启动控制电路原理图如图 7-3 所示（注意：不同变频器辅助功能、设置方式及更多接线方式需要查看使用说明书）。

这是一套 380V 输入和 380V 输出的变频器的电路，相对应的端子选择是根据所需要外加的开关完成的，电动机只需要正转启停，只需要一个开关就可以了，如果需要正、反转启停，就要接两个端子、两个开关。如果需要远程调速的话需要外接电位器，如果在面板上就可以实现调速的话，就不需要接外接电位器。对于外配电路是根据功能所接的，一般情况下使用时，这些元器件是可以不接的，只要把电动机正确接入 U、V、W 就可以了。

主电路输入端子 R、S、T 接三相电的输入、U、V、W 三相电的输出接电动机，一般在设备当中接有制动电阻，需要制动电阻卸放掉电能，电动机就可以停转。

2. 电路接线组装

三相 380V 输入 380V 输出变频器电动机启动控制电路实际组装接线图如图 7-4 所示。

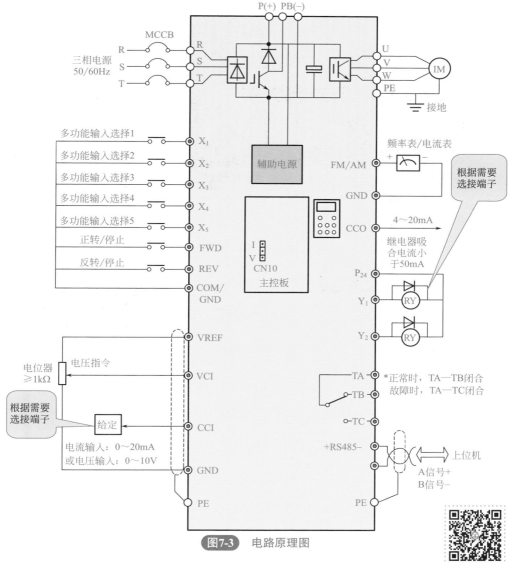

图7-3　电路原理图

3. 电路调试与检修

接好电路后，由三相电接入到空开，接入到变频器的接线端子，通过内部变频正确的参数设定，由输出端子输出接到电动机，当此电路不能工作时，应检查空开的下端是否有电，变频器的输入端、输出端是否有电，当检查输出端有电时，电动机不能按照正常设定运转，应该通过调整这些输出按钮进行测量，因为不按照正确的参数设定，这个端子是可能没有对应功能控制输出，这是应该注意的。如果输出端子有输出，电动机不能正常运转，说明电动机出现故障，应维修或更换电动机。如果变频器有输入电压显示正常，通过正确的参数设定或不能设定参数的话，输出端没有输出，说明变频器毁坏，应该维修或更换变频器。

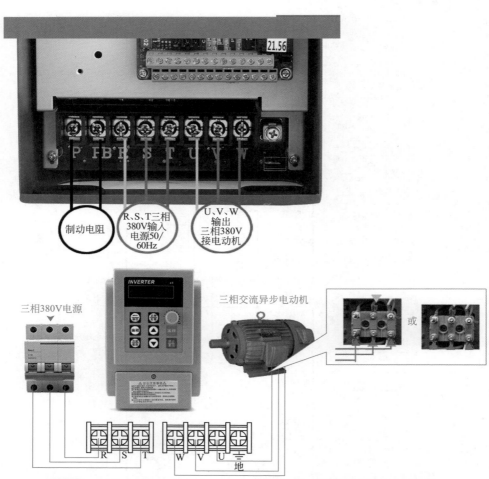

制动电阻

R、S、T三相
380V输入
电源50/
60Hz

U、V、W
输出
三相380V
接电动机

三相380V电源

INVERTER

三相交流异步电动机

或

R S T　　W V U　地

图7-4　三相380V输入380V输出变频器电动机启动控制电路实际组装接线图

三、带有自动制动功能的变频器电动机控制电路

1. 电路工作原理

带有自动制动功能的变频器电动机控制电路如图 7-5 所示。

（1）外部制动电阻连接端子[P（+）、DB]　一般小功率（7.5kW以下）变频器内置制动电阻，且连接于 P（+）、DB 端子上，如果内置制动电流容量不足或要提高制动力矩，则可外接制动电阻。连接时，先从 P（+）、DB 端子上卸下内置制动电阻的连接线，并对其线端进行绝缘，然后将外部制动电阻接到 P（+）、DB 端子上。

（2）直流中间电路端子[P（+）、N（-）]　对于功率大于 15kW 的变频器，除外接制动电阻 DB 外，还需对制动特性进行控制，以提高制动能力，方法是增设用功率晶体管控制的制动单元 BU 连接于 P（+）、N（-）端子，如图 7-6 所示（图中 CM、THR 为驱动信号输入端）。

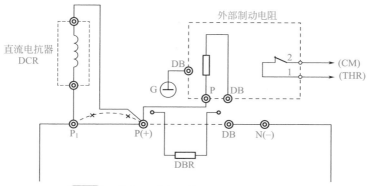

图7-5 外部制动电阻的连接（7.5kW以下）

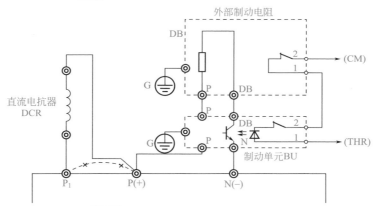

图7-6 直流电抗器和制动单元连接图

2. 电路接线

带有自动制动功能的变频器电动机控制电路实际接线如图 7-7 所示。

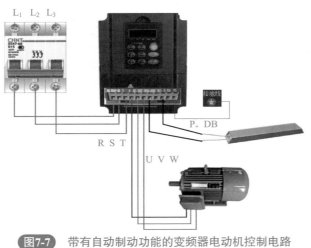

图7-7 带有自动制动功能的变频器电动机控制电路

3. 电路调试与检修

如果电动机不能制动，大多数是制动电阻毁坏，当电动机不能制动，在检修时，应先设定它的参数，看参数设定是否正确，只有电动机的参数设定正确，不能制动，才能说明制动电阻出现故障，如果检测以后制动电阻没有故障，多是变频器毁坏，应该维修或更换变频器。

四、用开关控制的变频器电动机正转控制电路

开关控制式正转控制电路如图 7-8 所示，它依靠手动操作变频器 STF 端子外接开关 SA，来对电动机进行正转控制。

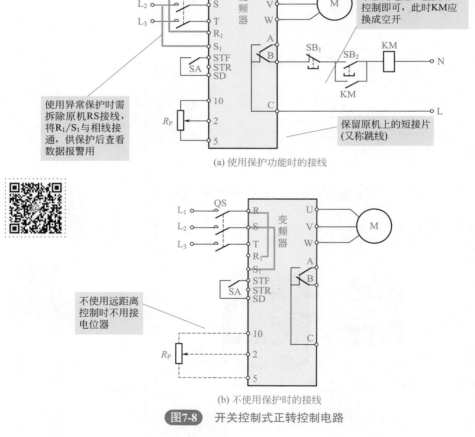

(a) 使用保护功能时的接线

(b) 不使用保护时的接线

图7-8　开关控制式正转控制电路

1. 电路工作原理

（1）启动准备　按下按钮SB₂→接触器KM线圈得电→KM常开辅助触点和主触点均闭合→KM常开辅助触点闭合锁定KM线圈得电（自锁），KM主触点闭合为变频器接通主电源。

使用启动准备电路及使用异常保护时需拆除原机RS接线，将R₁/S₁与相线接通，供保护后查看数据报警用，如不需要则不用拆除跳线，使用漏电保安器或空开直接供电即可。

（2）正转控制　按下变频器STF端子外接开关SA，STF、SD端子接通，相当于STF端子输入正转控制信号，变频器U、V、W端子输出正转电源电压，驱动电动机正向运转。调节端子10、2、5外接电位器R_P，变频器输出电源频率会发生改变，电动机转速也随之变化。

（3）变频器异常保护　若变频器运行期间出现异常或故障，变频器B、C端子间内部等效的常闭开关断开，接触器KM线圈失电，KM主触点断开，切断变频器输入电源，对变频器进行保护。

（4）停转控制　在变频器正常工作时，将开关SA断开，STF、SD端子断开，变频器停止输出电源，电动机停转。

若要切断变频器输入主电源，可按下按钮SB₁，接触器KM线圈失电，KM主触点断开，变频器输入电源被切断。

注 意

R₁/S₁为控制回路电源，一般内部用连接片与R/S端子相连接，不需要外接线，只有在需要变频器主回路断电（KM断开），变频器显示异常状态或有其他特殊功能时，可将R₁/S₁连接片与R/S端子拆开，用引线接到输入电源端。

知识拓展：变频器跳闸保护电路

在注意事项中提到，只有在需要变频器主回路断电（KM 断开），变频器显示异常状态或有其他特殊功能时，可将 R₁/S₁ 连接片与 R/S 端子拆开，用引线接到输入电源端。在实际在变频调速系统运行过程中，如果变频器或负载原因突然出现故障，可以利用外部电路实现报警。需要注意的是，报警的参数设定需要参看使用说明书。

变频器跳闸保护是指在变频器工作出现异常时切断电源，保护变频器不被损坏。图 7-9 所示是一种常见的变频器跳闸保护电路。变频器 A、B、C 端子为异常输出端，A、C 之间相当于一个常开开关，B、C 之间相当于一个常闭开关，在变频器工作出现异常时，A、C 接通，B、C 断开。

电路工作过程说明如下：

① 供电控制　按下按钮SB₁，接触器KM线圈得电，KM主触点闭合，工频电源经KM主触点为变频器提供电源，同时KM常开辅助触点闭合，锁定KM线圈供电。按下按钮SB₂，接触器KM线圈失电，KM主触点断开，切断变频器电源。

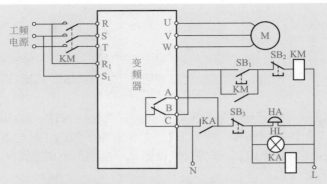

图7-9 一种常见的变频器跳闸保护电路

② 异常跳闸保护 若变频器在运行过程中出现异常，A、C之间闭合，B、C之间断开。B、C之间断开使接触器KM线圈失电，KM主触点断开，切断变频器供电；A、C之间闭合使继电器KA线圈得电，KA触点闭合，振铃HA和报警灯HL得电，发出变频器工作异常声光报警。按下按钮SB₃，继电器KA线圈失电，KA常开触点断开，HA、HL失电，声光报警停止。

③ 电路故障检修 当此电路出现故障时，主要用万用表检查SB₁、SB₂、KM线圈及接点是否毁坏，检查KA线圈及其接点是否毁坏，只要外部线圈及接点没有毁坏，不能够跳闸，不能启动时，参数设定正常，说明变频器毁坏。

2. 电路接线

用开关控制的变频器电动机正转控制电路如图 7-10 所示，图中接线为直接用开关启动控制方式接线图，省去了接触器部分电路。

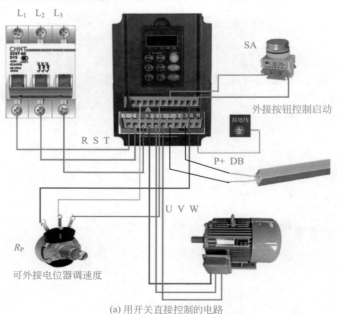

(a) 用开关直接控制的电路

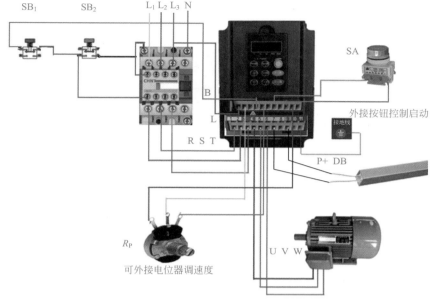

(b) 接触器上电控制的开关控制直接启动电路

图7-10　变频器电动机正转控制电路

3. 调试与检修

用继电器控制电动机的启停控制电路，如果不需要准备上电功能，只是用按钮开关进行控制，可以把 R_1、S_1 用短接线接到 R、S 端点，然后使用空开就可以，空开电流进来直接接 R、S、T，输出端直接接电动机，可以用面板上的调整器，这样相当简单，在这个电路当中利用上电准备电路，然后给 R、S、T 接通电源，一旦按下 SB_2 后，SM 接通，KM 自锁，变频器认为启动输出三相电压。这种电路检修时，直接检查 KM 及按钮 SB_1、SB_2 是否毁坏，如果 SB_1、SB_2 没有毁坏，SA 按钮也没有毁坏，不能驱动电动机运转的原因就是变频器毁坏，直接更换变频器即可。

五、用继电器控制的变频器电动机正转控制电路

1. 电路工作原理（图7-11）

（1）启动准备　按下按钮 SB_2→接触器 KM 线圈得电→KM 主触点和两个常开辅助触点均闭合→KM 主触点闭合为变频器接主电源，一个 KM 常开辅助触点闭合锁定 KM 线圈得电，另一个 KM 常开辅助触点闭合为中间继电器 KA 线圈得电作准备。

（2）正转控制　按下按钮 SB_4→继电器 KA 线圈得电→3 个 KA 常开触点均闭合，一个常开触点闭合锁定 KA 线圈得电，一个常开触点闭合将按钮 SB_1 短接，

还有一个常开触点闭合将STF、SD端子接通，相当于STF端子输入正转控制信号，变频器U、V、W端子输出正转电源电压，驱动电动机正向运转。调节端子10、2、5外接电位器R_P，变频器输出电源频率会发生改变，电动机转速也随之变化。

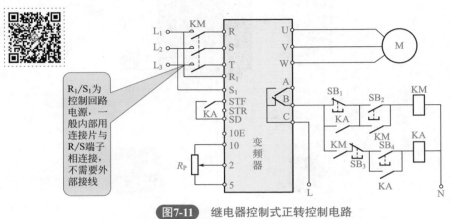

图7-11 继电器控制式正转控制电路

（3）变频器异常保护　若变频器运行期间出现异常或故障，变频器B、C端子间内部等效的常闭开关断开，接触器KM线圈失电，KM主触点断开，切断变频器输入电源，对变频器进行保护，同时继电器KA线圈失电，3个KA常开触点均断开。

（4）停转控制　在变频器正常工作时，按下按钮SB₃，KA线圈失电，KA的3个常开触点均断开，其中一个KA常开触点断开使STF、SD端子连接切断，变频器停止输出电源，电动机停转。

在变频器运行时，若要切断变频器输入主电源，需先对变频器进行停转控制，再按下按钮SB₁，接触器KM线圈失电，KM主触点断开，变频器输入电源被切断。如果没有对变频器进行停转控制，而直接去按SB₁，是无法切断变频器输入主电源的，这是因为变频器正常工作时KA常开触点已将SB₁短接，断开SB₁无效，这样做可以防止在变频器工作时误操作SB₁切断主电源。

2. 电路接线

用继电器控制的变频器电动机正转控制电路如图7-12所示，为直接用继电器启动控制方式接线图。

3. 调试与检修

用继电器控制正转电路，当继用电器控制正转出现故障时，用万用表检测SB₁、SB₂、SB₄、SB₃的好与坏，包括KM、KA线圈的好与坏，当这些元器件没有毁坏时，用电压表检测R、S、T是否有电压，如果有电压U、V、W没有输出，参数设定正常的情况下为变频器毁坏，如果R、S、T没有电压，说明输出电路有故障，查找输出电路或更换变频器；而当U、V、W有输出电压，电动机不运转，说明是电动机出现故障，应该维修或更换电动机。

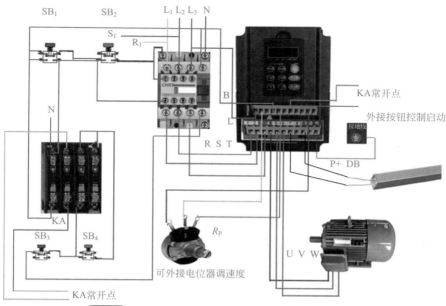

图7-12 用继电器控制的变频器电动机正转控制电路

六、用开关控制的变频器电动机正反转控制电路

1. 电路工作原理

开关控制式正、反转控制电路如图 7-13 所示，它采用了一个三位开关 SA，SA 有"正转""停止"和"反转"3 个位置。

电路工作原理说明如下：

（1）启动准备　按下按钮 SB$_2$→接触器 KM 线圈得电→KM 常开辅助触点和主触点均闭合→KM 常开辅助触点闭合锁定 KM 线圈得电（自锁），KM 主触点闭合为变频器接通主电源。

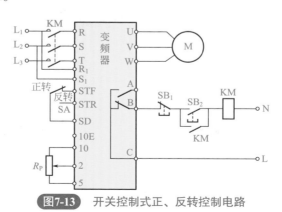

图7-13 开关控制式正、反转控制电路

（2）正转控制 将开关SA拨至"正转"位置，STF、SD端子接通，相当于STF端子输入正转控制信号，变频器U、V、W端子输出正转电源电压，驱动电动机正向运转。调节端子10、2、5外接电位器R_P，变频器输出电源频率会发生改变，电动机转速也随之变化。

（3）停转控制 将开关SA拨至"停转"位置（悬空位置），STF、SD端子连接切断，变频器停止输出电源，电动机停转。

（4）反转控制 将开关SA拨至"反转"位置，STR、SD端子接通，相当于STR端子输入反转控制信号，变频器U、V、W端子输出反转电源电压，驱动电动机反向运转。调节电位器RP，变频器输出电源频率会发生改变，电动机转速也随之变化。

（5）变频器异常保护 若变频器运行期间出现异常或故障，变频器B、S端子间内部等效的常闭开关断开，接触器KM线圈断开，切断变频器输入电源，对变频器进行保护。

若要切断变频器输入主电源，需先将开关SA拨至"停止"位置，让变频器停止工作，再按下按钮SB_1，接触器KM线圈失电，KM主触点断开，变频器输入电源被切断。该电路结构简单，缺点是在变频器正常工作时操作SB_1可切断输入主电源，这样易损坏变频器。

2. 电路接线

用开关控制的变频器电动机正反转电路接线如图7-14所示。

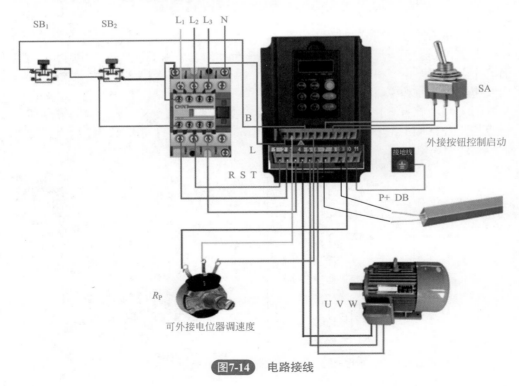

图7-14 电路接线

七、变频器的PID控制应用

1. 电路工作原理

在工程实际中应用最为广泛的调节器控制规律为比例、积分、微分控制，简称 PID 控制，又称 PID 调节。实际中也有 PI 和 PD 控制。PID 控制器就是根据系统的误差，利用比例、积分、微分计算出控制量进行控制的。

（1）PID控制原理　PID控制又称比例微分积分控制，是一种闭环控制。下面以图7-15所示的恒压供水系统来说明PID控制原理。

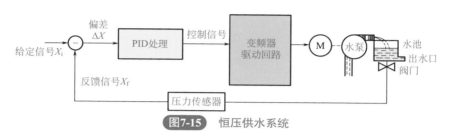

图7-15　恒压供水系统

电动机驱动水泵将水抽入水池，水池中的水除了经出水口提供用水外，还经阀门送到压力传感器，传感器将水压大小转换成相应的电信号 X_i，X_f 反馈到比较器与给定信号 X_i 进行比较，得到偏差信号 ΔX（$\Delta X = X_i - X_f$）。

若 $\Delta X > 0$，表明水压小于给定值，偏差信号经 PID 处理得到控制信号，控制变频器驱动回路，使之输出频率上升，电动机转速加快，水泵抽水量增多，水压增大。

若 $\Delta X < 0$，表明水压大于给定值，偏差信号经 PID 处理得到控制信号，控制变频器驱动回路，使之输出频率下降，电动机转速变慢，水泵抽水量减少，水压下降。

若 $\Delta X = 0$，表明水压等于给定值，偏差信号经 PID 处理得到控制信号，控制变频器驱动回路，使之频率不变，电动机转速不变，水泵抽水量不变，水压不变。

控制回路的滞后性，会使水压值总与给定值有偏差。例如当用水量增多水压下降时，电路需要对有关信号进行处理，再控制电动机转速变快，提高水泵抽水量，从压力传感器检测到水压下降到控制电动机转速加快，提高抽水量，恢复水压需要一定时间，通过提高电动机转速恢复水压后，系统又要将电动机转速调回正常值，这也需要一定时间，在这段回调时间内水泵抽水量会偏多，导致水压又增大，又需进行反馈。这样的结果是水池水压会在给定值上下波动（振荡），即水压不稳定。

采用了 PID 处理可以有效减小控制环路滞后和过调问题（无法彻底消除）。PID 包括 P 处理、I 处理和 D 处理。P（比例）处理是将偏差信号 ΔX 按比例放大，提高控制的灵敏度；I（积分）处理是对偏差信号进行积分处理，缓解 P 处理比例放大量过大引起的超调和振荡；D（微分）是对偏差信号进行微分处理，以提高控制的迅速性。对于 PID 的参数设定，需要参看使用说明书。

（2）典型控制电路　图7-16所示是一种典型的PID控制应用电路。在进行PID

控制时，先要接好线路，然后设置PID控制参数，再设置端子功能参数，最后操作运行。

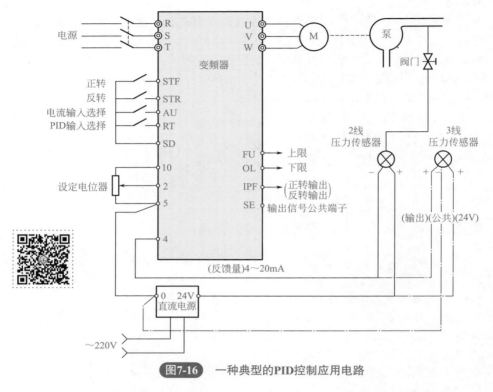

图7-16 一种典型的PID控制应用电路

① PID 控制参数设置（不同变频器设置不同，以下设置仅供参考）。

② 端子功能参数设置（不同变频器设置不同，以下设置仅供参考）。PID 控制时需要通过设置有关参数定义某些端子功能。端子功能参数设置见表 7-1。

表7-1　端子功能参数设置

参数及设置值	说明
Pr.128=20	将端子4设为PID控制的压力检测输入端
Pr.129=30	将PID比例调节设为30%
Pr.130=10	将积分时间常数设为10s
Pr.131=100%	设定上限值范围为100%
Pr.132=0	设定下限值范围为0
Pr.133=50%	设定PU操作时的PID控制设定值（外部操作时，设定值由2-5端子间的电压决定）
Pr.134=3s	将积分时间常数设为3s

③操作运行（不同变频器设置不同，以下设置仅供参考）。

• 设置外部操作模式。设定 Pr.79=2，面板"EXT"指示灯亮，指示当前为外部操作模式。

• 启动 PID 控制。将 AU 端子外接开关闭合，选择端子 4 电流输入有效，将 RT 端子外接开关闭合，启动 PID 控制；将 STF 端子外接开关闭合，启动电动机正转。

• 改变给定值。调节设定电位器，2-5 端子间的电压变化，PID 控制的给定值随之变化，电动机转速会发生变化，例如给定值大，正向偏差（$\Delta X > 0$）增大，相当于反馈值减小，PID 控制使电动机转速变快，水压增大，端子 4 的反馈值增大，偏差慢慢减小，当偏差接近 0 时，电动机转速保持稳定。

（3）改变反馈值 调节阀门，改变水压大小来调节端子4输入的电流（反馈值），PID 控制的反馈值变大，相当于给定值减小，PID 控制使电动机转速变慢，水压减小，端子4的反馈值减小，偏差慢慢减小，当偏差接近0时，电动机转速保持稳定。

（4）PU操作模式下的PID控制 设定 Pr.79=1，面板"PU"指示灯亮，指示当前为PU操作模式。按"FWD"或"REV"键，启动PID控制，运行在Pr.133设定值上，按"STOP"键停止PID运行。

2. 电路接线组装（如图7-17所示）

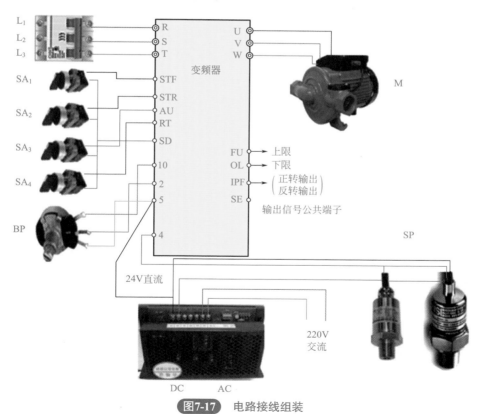

图7-17 电路接线组装

3. 电路调试与检修

用 PID 调节的变频器控制电路，这些开关根据需要而设定，设有传感器进行反馈，变频器能够正常输出，电动机能够运转，只是 PID 调节器失控，这时是 PID 输入传感器出现故障，可以运用代换法进行检修。如果属于电子电路故障，可用万用表直接去测量检查元器件、直流电源部分是否输出了稳定电压；当电源部分输出了稳定电压以后，而反馈电路不能够正常反馈信号，说明是反馈电路出现问题，如用万用表测量反馈信号能够返回，仍不能进行 PID 调节，说明变频器内部电路出现问题，直接维修或更换变频器。

第八章

PLC 安装接线、编程入门及应用电路与检修

第一节　PLC安装、接线与编程语言

一、PLC的安装、接线与调试要求

1. PLC的安装

PLC 适用于大多数工业现场，它对使用场合、环境温度等都有相应要求。

① 在安装 PLC 时，要避开下列场所：

- 环境温度超过 0 ～ 50℃的范围；
- 相对湿度超过 85% 或者存在露水凝聚（由温度突变或其他因素所引起的）；
- 太阳光直接照射；
- 有腐蚀和易燃的气体，例如氯化氢、硫化氢等；
- 有大量铁屑及灰尘的场所；
- 有频繁或连续振动的场所；
- 超过 10g（重力加速度）的冲击场所。

② PLC 轨道安装和墙面安装：小型 PLC 可编程控制器外壳的 2 个角或 4 个角上均有安装孔。有两种安装方法，一种是用螺钉固定，不同的单元有不同的安装尺寸；另一种是 DIN（德国标准）轨道固定。DIN 轨道配套使用的安装夹板，左右各一对。在轨道上，先装好左右夹板，装上 PLC，然后拧紧螺钉。

③ 通常把可编程控制器安装在有保护外壳的控制柜中，以防止灰尘、油污、水溅。

④ 安装机器应有足够的通风空间，基本单元和扩展单元之间要有 30mm 以上间隔。如果周围环境超过 55℃，要安装电风扇，强迫通风。

⑤ 可编程控制器应尽可能远离高压电源线和高压设备，可编程控制器与高压设备和电源线之间应留出至少 200mm 的距离。

⑥ 当可编程控制器垂直安装时，要严防导线头、铁屑等从通风窗掉入可编程控制器内部，造成印制电路板短路，使其不能正常工作，甚至永久损坏。

2. PLC电源接线

PLC 交流供电电源为 50Hz、220V±10% 的交流电。

一般而言，PLC 交流电源可以由市电直接供应，而输入设备（开关、传感器等）的直流电源和输出设备（继电器）的直流电源等，最好采取独立的直流电源供电。大部分的 PLC 自带 24V 直流电源，只有当输入设备或者输出设备所需电流不是很大的情况下，才能使用 PLC 自带直流电源。PLC 控制系统的电源电路如图 8-1 所示。

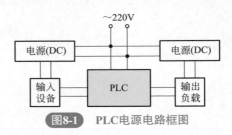

图8-1 PLC电源电路框图

PLC 可编程控制器如果电源发生故障，中断时间少于 10ms，PLC 工作不受影响。若电源中断超过 10ms 或电源下降超过允许值，则 PLC 停止工作，所有的输出点均同时断开。当电源恢复时，若 RUN 输入接通，则操作自动进行。

对于电源线来的干扰，PLC 本身具有足够的抵制能力。如果电源干扰特别严重，可以安装一个变比为 1∶1 的隔离变压器，以减少设备与地之间的干扰。

3. PLC接地

正确的接地系统是 PLC 控制系统抗电磁干扰的重要措施之一。接地方式有浮地方式和直接接地方式，对于 PLC 控制系统应采用直接接地方式。

PLC 各部分接地如图 8-2 所示，西门子 S7-200 PLC 各位置接地端子标示如图 8-3 所示。

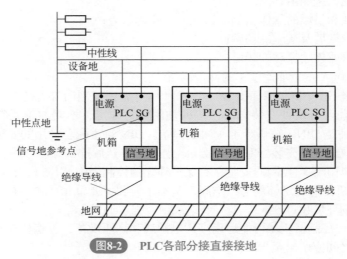

图8-2 PLC各部分接直接接地

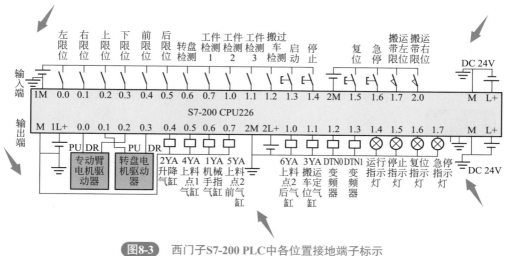

图8-3 西门子S7-200 PLC中各位置接地端子标示

PLC 具体的接地方法如下:

① 信号地　是输入端信号元件——传感器的地。为了抑制附加在电源及输入、输出端的干扰,应对 PLC 系统进行良好的接地。一般情况下。接地方式与信号频率有关,当频率低于 1MHz 时,可用一点接地;高于 10MHz 时,采用多点接地;在 1 ~ 10MHz 间采用哪种接地视实际情况而定。接地线截面积不能小于 2mm²。接地电阻不能大于 100Ω,接地线最好是专用地线。若达不到这种要求,也可采用公共接地方式。

注　意

禁止采用与其他设备串联接地的方式。

② 屏蔽地　一般为防止静电、磁场感应而设置的外壳或金属丝网,通过专门的铜导线将其与地壳连接。

注　意

屏蔽地、保护地不能与电源地、信号地和其他接地扭在一起,只能各自独立地接到接地铜牌上。

为减少信号的电容耦合噪声,可采用多种屏蔽措施。对于电场屏蔽的分布电容问题,通过将屏蔽地接入大地可解决。对于纯防磁的部位,例如强磁铁、变压器、大电机的磁场耦合,可采用高导磁材料作外罩,将外罩接入大地来屏蔽。

③ 交流地和保护地　交流供电电源的 N 线,通常它是产生噪声的主要地方。而保护地一般将机器设备外壳或设备内独立器件的外壳接地,用以保护人身安全和

防护设备漏电。交流电源在传输时，在相当一段间隔的电源导线上，会有几毫伏甚至几伏的电压，而低电平信号传输要求电路电平为零。为防止交流电对低电平信号的干扰，必须进行接地。

④ 直流接地　在直流信号的导线上要加隔离屏蔽，不允许信号源与交流电共用一根地线，各个接地点通过接地铜牌连接到一起。

提　示

　　良好的接地是保证PLC可靠工作的重要条件，可以避免偶然发生的电压冲击危害。接地线与机器的接地端相接，基本单元接地。如果要用扩展单元，其接地点应与基本单元的接地点接在一起。为了抑制加在电源及输入端、输出端的干扰，应给可编程控制器接上专用地线，接地点应与动力设备（如电机）的接地点分开。若达不到这种要求，也必须做到与其他设备公共接地，禁止与其他设备串联接地。接地点应尽可能靠近PLC。

4. PLC 输入接线

　　PLC 一般接收按钮开关、行程开关、限位开关等输入的开关量信号。输入器件可以是任何无源的触点或集电极开路的 NPN 管。输入器件接通时，输入端接通，输入线路闭合，同时输入指示的发光二极管亮。

　　输入端的一次电路与二次电路之间，采用光电耦合隔离。二次电路带 RC 滤波器，以防止由于输入触点抖动或从输入线路串入的电噪声引起 PLC 误动作。RC 滤波器如图 8-4 所示。

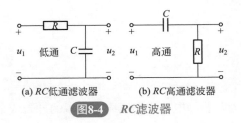

(a) RC低通滤波器　　　(b) RC高通滤波器

图8-4　RC滤波器

提　示

　　若在输入触点电路串联二极管，在串联二极管上的电压应小于4V。若使用带发光二极管的舌簧开关，串联二极管的数目不能超过两只。

　　另外，输入接线还应特别注意以下几点：

　　a. 输入接线一般不要超过30m。但如果环境干扰较小，电压降不大时，输入接线可适当长些。

　　b. 输入、输出线不能用同一根电缆，输入、输出线要分开。

　　c. 可编程控制器所能接收的脉冲信号的宽度应大于扫描周期的时间。

　　d. 输入端口常见的接线类型和对象。

（1）开关量信号　开关量信号包括按钮、行程开关、转换开关、接近开关、拨码开关等传送的信号。如按钮或者接近开关的接线：PLC开关量接线，一头接入PLC的输入端（X_0，X_1，X_2等），另一头并联在一起接入PLC公共端口（COM端）。如图8-5所示。

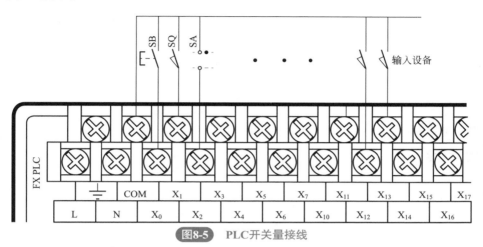

图8-5 PLC开关量接线

（2）模拟量信号　一般为各种类型的传感器，如压力变送器、液位变送器、远程控制压力表、热电偶和热电阻等信号。模拟量信号采集设备不同，设备线制（两线制或者三线制）不同，接线方法也会稍有不同。如图8-6所示。

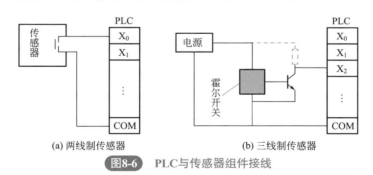

(a) 两线制传感器　　　　　　(b) 三线制传感器

图8-6 PLC与传感器组件接线

PLC 自带的输入口电源一般为 DC 24V，输入口每一个点的电流定额在 5～7mA之间，这个电流是输入口短接时产生的最大电流，当输入口有一定的负载时，其流过的电流会相应减小。PLC 输入信号传递所需的最小电流一般为 2mA，为了保证最小的有效信号输入电流，输入端口所接设备的总阻抗一般要小于 2kΩ。也就是说当输入端口的传感器功率较大时，需要接单独的外部电源。

5. PLC输出接线

PLC 可编程控制器有继电器输出、晶体管输出、晶闸管输出 3 种形式，如图 8-7所示。

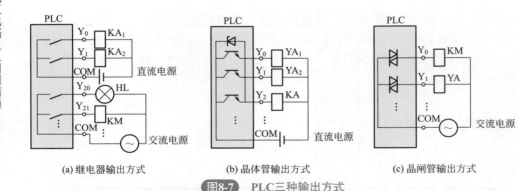

(a) 继电器输出方式　　　　　(b) 晶体管输出方式　　　　　(c) 晶闸管输出方式

图8-7　PLC三种输出方式

说 明

PLC输出接线需注意以下几点。

a. 输出端接线分为独立输出和公共输出。当PLC的输出继电器或晶闸管动作时，同一组的两个输出端接通。在不同组中，可采用不同类型和电压等级的输出电压。但在同一组中的输出只能用同一类型、同一电压等级的电源。

b. 由于PLC的输出元件被封装在印制电路板上，并且连接至端子板，若将连接输出元件的负载短路，将烧毁印制电路板，因此，应用熔丝保护输出元件。

c. 采用继电器输出时，承受的电感性负载大小影响到继电器的工作寿命，因此继电器工作寿命要求要长。

d. PLC的输出负载可能产生噪声干扰，因此要采取措施加以控制。

此外，对于能对用户造成伤害的危险负载，除了在控制程序中加以考虑之外，还应设计外部紧急停车电路，使可编程控制器发生故障时，能将引起伤害的负载电源切断。

e. 交流输出线和直流输出线不要用同一根电缆，输出线应尽量远离高压线和动力线，避免并行。

f. PLC输出端口一般所能通过的最大电流随PLC机型的不同而不同，大部分在1～2A之间，当负载的电流大于PLC的端口额定电流的最大值时，一般需要增加中间继电器才能连接外部接触器或者是其他设备。

6. PLC输入、输出的配线

PLC电源线、I/O电源线、输入信号线、输出信号线、交流线、直流线都应尽量分开布线。开关量信号线与模拟量信号线也应分开布线，无论是开关量信号线还是模拟量信号线均应采用屏蔽线。并且将屏蔽层可靠接地。由于双绞线中电流方向相反，大小相等，可将感应电流引起的噪声互相抵消，故信号线多采用双绞线或屏蔽线。PLC输入、输出的配线如图8-8所示。

7. PLC的调试

PLC安装好后的调试非常必要，特别是复杂的设备，如果PLC没有按照设计者编程设计那样去运行，会造成设备不能正常生产。

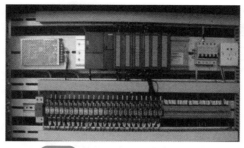

图8-8 PLC输入、输出的配线

（1）调试前的操作

a. 在通电前，认真检查电源线、接地线、输出／输入线是否正确连接，各接线端子螺钉是否拧紧。

b. 在断电情况下，将编程器或带有编程软件的 PC 机等编程外围设备通过通信电缆和 PLC 的通信接口连接。

c. 接通 PLC 电源，确认电源指示 LED 点亮。将 PLC 的模式设定为"编程"状态。

d. 写入程序，检查控制梯形图的错误和文法错误。

（2）调试及试运行

a. 合上电源，PLC 上的电源指示灯应该亮。

b. 要将 PLC 打在"监控"上，如果没有程序上的错误，则 RUN 指示灯会亮。可人为地给输入信号（如扳动行程开关等），看看对应的指示灯是否按照设计程序点亮（注意此时输出一定要断开，如电机等）。如果程序有错误，则 RUN 指示灯会断续点亮。

c. 先模拟运行，或者不接负载运行。直至符合要求，才可以加上负载，再试运行，此时应该密切观察一段时间，以防错误。

d. 将调试过程记录在档案，以便以后查阅。

二、PLC编程语言

梯形图是目前用得最多的 PLC 编程语言。为方便读者查阅，梯形图编程语言的应用案例、PLC 编程指令等可扫描二维码下载学习。

PLC 编程语言

第二节　PLC电路接线

一、PLC控制三相异步电动机启动电路

1. 电路原理

PLC 控制电动机启动电路如图 8-9 所示。

控制过程：通过启动控制按钮 SB$_1$ 给西门子 S7-200 PLC 启动信号，在未按下

停止控制按钮 SB_2 以及热继电器常闭触点 FR 未断开时，西门子 S7-200 PLC 输出信号控制接触器 KM 线圈带电，其主触点吸合使电动机启动，按下启动按钮 HL_1 灯亮，按下停止按钮 HL_2 灯亮。

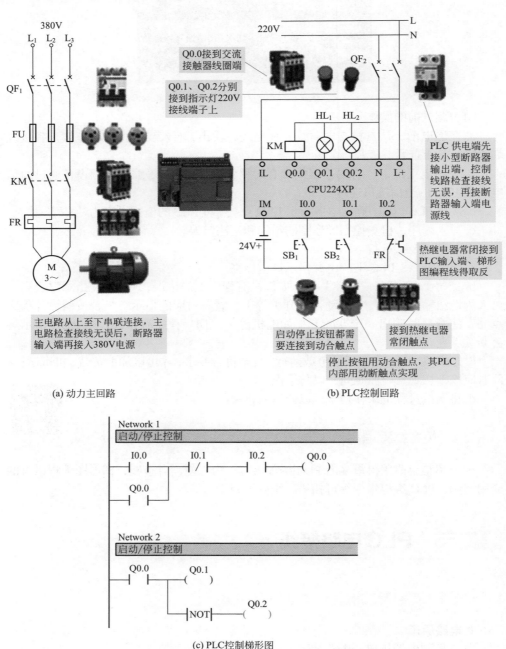

(a) 动力主回路

(b) PLC控制回路

(c) PLC控制梯形图

图8-9 PLC控制三相异步电动机启动电路

2. 输入/输出元件及控制功能

根据原理及控制要求，列出 PLC I/O 资源分配表（表 8-1）。

表 8-1　I/O 资源分配表

	序号	位号	符号	说明
输入点	1	I0.0	SB_1	启动按钮信号
	2	I0.1	SB_2	停止按钮信号
	3	I0.2	FR	热继电器辅助触点
输出点	1	Q0.0	KM	接触器
	2	Q0.1	HL_1	启动指示灯
	3	Q0.2	HL_2	停止指示灯

3. 电路接线与调试

按照图 8-9 所示正确接线：先接动力主回路，它是从 380V 三相交流电源小型断路器 QF_1 的输出端开始（出于安全考虑，L_1、L_2、L_3 最后接入），经熔断器、交流接触器 KM 的主触点，热继电器 FR 的热元件到电动机 M 的三个接线端 U、V、W 的电路，用导线按顺序串联起来。

主电路连接完整无误后，再连接 PLC 控制回路。它是从 220V 单相交流电源小型断路器 QF_2 输出端（L、N 电源端最后接入）供给 PLC 电源，同时 L 也作为 PLC 输出公共端。常开按钮 SB_1、SB_2 以及热继电器的常闭辅助触点均连至 PLC 的输入端。PLC 输出端直接连到接触器 KM 的线圈与启动指示灯 HL_1、停止指示灯 HL_2 相连。

接好线路，必须再次检查无误后，方可进行通电操作。顺序如下：

a. 合上小型断路器 QF_1、QF_2，按柜体电源启动按钮，启动电源。

b. 连接好电脑和 PLC 的传输电缆，将编好的程序下载到 PLC 中。

c. 按启动按钮 SB_1，对电动机 M 进行启动操作。

d. 按停止按钮 SB_2，对电动机 M 进行停止操作。

二、PLC控制三相异步电动机串电阻降压启动

1. 电路原理

PLC 控制三相异步电动机串电阻降压启动电路如图 8-10 所示。

控制过程：通过启动控制按钮 SB_1 给西门子 S7-200 PLC 启动信号，在未按下停止控制按钮 SB_2 以及热继电器常闭触点 FR 未断开时，西门子 S7-200 PLC 输出信号控制交流接触器 KM_1 线圈通电，其主触点吸合使电动机降压启动。到 N 秒定时后，交流接触器 KM_2 线圈通电，同时使交流接触器 KM_1 线圈失电，至此异步电动机正常工作运行，降压启动完毕。

2. 输入/输出元件及控制功能

根据原理及控制要求，列出 PLC I/O 资源分配表（表 8-2）。

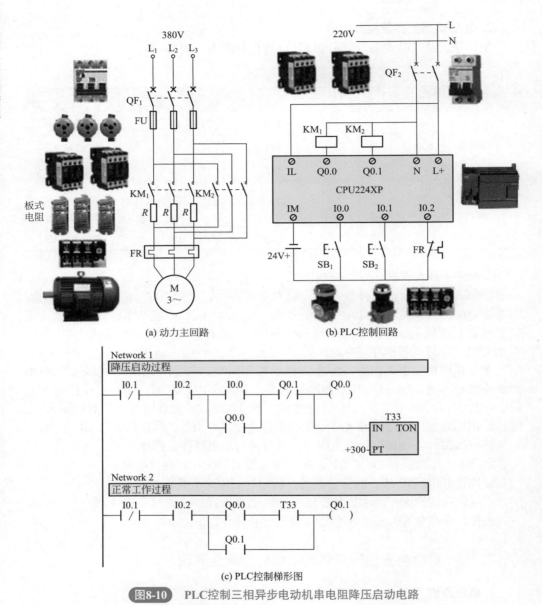

(a) 动力主回路　　　　(b) PLC控制回路

Network 1

降压启动过程

Network 2

正常工作过程

(c) PLC控制梯形图

图8-10　PLC控制三相异步电动机串电阻降压启动电路

表8-2　PLC控制三相异步电动机串电阻降压启动电路I/O资源分配表

	序号	位号	符号	说明
输入点	1	I0.0	SB₁	启动按钮信号
	2	I0.1	SB₂	停止按钮信号
	3	I0.2	FR	热继电器辅助触点

	序号	位号	符号	说明
输出点	1	Q0.0	KM_1	接触器1
	2	Q0.1	KM_2	接触器2
定时器	1	T33	KT	延时N秒

3. 电路接线与调试

按照图 8-10 所示正确接线：主回路电源接三极小型断路器输出端 L_1、L_2、L_3，供电线电压为 380V，PLC 控制回路电源接二极小型断路器 L、N，供电电压为 220V。接线时，先接动力主回路，它是从 380V 三相交流电源小型断路器 QF_1 的输出端开始（L_1、L_2、L_3 最后接入），经熔断器、交流接触器的主触点（KM_1、KM_2 主触点各相分别并联）、板式电阻、热继电器 FR 的热元件到电动机 M 的三个线端 U、V、W 的电路，用导线按顺序串联起来。

主电路连接完整无误后，再连接 PLC 控制回路，它是从 220V 单相交流电源小型断路器 QF_2 输出端 L、N 供给 PLC 电源（L、N 电源端最后接入），同时 L 也作为 PLC 输出公共端。常开按钮 SB_1、SB_2 以及热继电器的常闭辅助触点均连至 PLC 的输入端。PLC 输出端直接和接触器 KM_1、KM_2 的线圈相连。

接好线路，经再次检查无误后即进行通电操作。顺序如下：

a. 合上小型断路器 QF_1、QF_2，按柜体电源启动按钮，启动电源。

b. 连接好电脑和 PLC 的传输电缆，将编好的程序下载到 PLC 中。

c. 按启动按钮 SB_1，对电动机 M 进行启动操作，注意电动机和接触器的 KM_1、KM_2 的运行情况。

d. 按停止按钮 SB_2，对电动机 M 进行停止操作，注意电动机和接触器的 KM_1、KM_2 的运行情况。

三、PLC控制三相异步电动机Y-△启动

1. 电路原理

PLC 控制三相异步电动机 Y-△ 启动电路如图 8-11 所示。

控制原理：电动机启动时，把定子绕组接成星形，以降低启动电压，减小启动电流；待电动机启动后，再把定子绕组改接成三角形，使电动机全压运行。Y-△启动只能用于正常运行时为△形接法的电动机。

控制过程：当按下启动按钮 SB_1，系统开始工作，接触器 KM、KMY 的线圈同时得电，接触器 KMY 的主触点将电动机接成星形并经过 KM 的主触点接至电源，电动机降压启动。当 PLC 内部定时器 KT 定时时间到 N 秒时，控制 KMY 线圈失电，KMD 线圈得电，电动机主回路换成三角形接法，电动机投入正常运转。

2. 输入/输出元件及控制功能

根据原理及控制要求，列出 PLC I/O 资源分配表（表 8-3）。

3. 电路接线与调试

按照图 8-11 所示正确接线：主回路电源接三极小型断路器输出端，供电线电压为 380V，PLC 控制回路电源接二极小型断路器 L、N，供电电压为 220V。

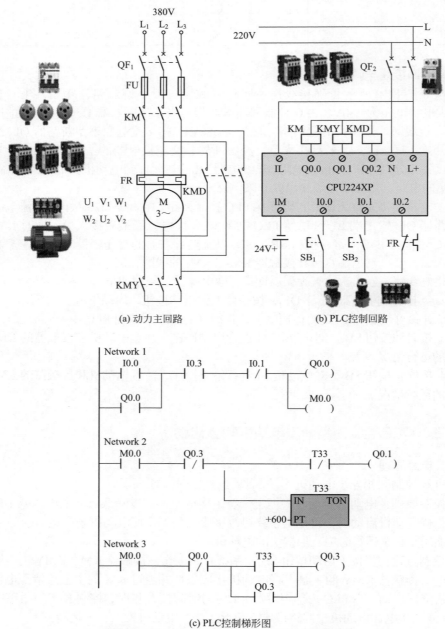

(a) 动力主回路　　　　(b) PLC控制回路

(c) PLC控制梯形图

图8-11　PLC控制三相异步电动机Y-△启动电路

表8-3　PLC控制三相异步电动机Y-△启动电路I/O资源分配表

	序号	位号	符号	说明
输入点	1	I0.0	SB$_1$	启动按钮
	2	I0.1	SB$_2$	停止按钮
	3	I0.3	FR	热继电器辅助触点
输出点	1	Q0.0	KM	正常工作控制接触器
	2	Q0.1	KMY	Y形启动控制接触器
	3	Q0.3	KMD	△形启动控制接触器
定时器	1	T33	KT	延时N秒
辅助位	1	I0.0	M0.0	启动控制位

先接动力主回路，它是从380V三相交流电源小型断路器QF$_1$的输出端开始（L$_1$、L$_2$、L$_3$最后接入），经熔断器、交流接触器的主触点、热继电器FR的热元件到电动机M的六个线端U$_1$、V$_1$、W$_1$和W$_2$、U$_2$、V$_2$的电路，用导线按顺序串联起来。

主电路连接完整无误后，再连接PLC控制回路，它是从220V单相交流电源小型断路器QF$_2$输出端供给PLC电源，同时L也作为PLC输出公共端。常开按钮SB$_1$、SB$_2$均连至PLC的输入端。PLC输出端直接和接触器KM、KMY、KMD的线圈相连。

接好线路，再次检查接线无误，方可进行通电操作。顺序如下：

a.合上小型断路器QF$_1$、QF$_2$，按柜体电源启动按钮，启动电源。

b.连接好电脑和PLC的传输电缆，将编好的程序下载到PLC中。

c.按启动按钮SB$_1$，需注意电动机和接触器的KM、KMY、KMD的运行情况。

d.按停止按钮SB$_2$，注意电动机和接触器的KM、KMY、KMD的停止运行情况。

四、PLC控制三相异步电动机顺序启动

1.电路原理

利用PLC定时器来实现控制电动机的顺序启动，电路原理如图8-12所示。

控制过程：按下启动按钮SB$_1$，系统开始工作，PLC控制输出接触器KM$_1$的线圈得电，其主触点将电动机M$_1$接至电源，M$_1$启动。同时定时器开始计时，当定时器KT定时到N秒时，PLC输出控制接触器KM$_2$的线圈得电，其主触点将电动机M$_2$接至电源，M$_2$启动。当按下停止按钮SB$_2$，电动机M$_1$、M$_2$同时停止。

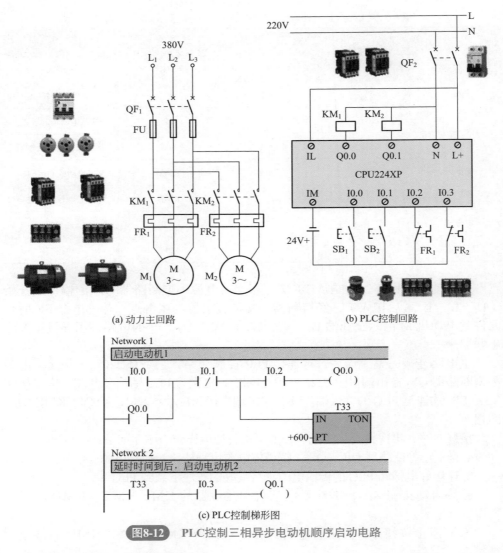

(a) 动力主回路　　　　　　　　　　　(b) PLC控制回路

Network 1
启动电动机1

Network 2
延时时间到后，启动电动机2

(c) PLC控制梯形图

图8-12 PLC控制三相异步电动机顺序启动电路

2. 输入/输出元件及控制功能

根据原理及控制要求，列出 PLC I/O 资源分配表（表 8-4）。

表8-4　PLC控制三相异步电动机顺序启动电路I/O资源分配表

	序号	位号	符号	说明
输入点	1	I0.0	SB_1	启动按钮
	2	I0.1	SB_2	停止按钮
	3	I0.2	FR_1	热继电器1辅助触点
	4	I0.3	FR_2	热继电器2辅助触点

续表

	序号	位号	符号	说明
输出点	1	Q0.0	KM_1	接触器1
	2	Q0.1	KM_2	接触器2
定时器	1	T33	KT	延时N秒

3. 电路接线与调试

按照图 8-12 所示正确接线：主回路电源接三极小型断路器输出端，供电线电压为 380V；PLC 控制回路电源接二极小型断路器，供电电压为 220V。接线时，先接动力主回路，它是从 380V 三相交流电源小型断路器 QF_1 的输出端开始（L_1、L_2、L_3 最后接入），经熔断器、交流接触器的主触点、热继电器 FR 的热元件到电动机 M_1、M_2 的三个线端 U、V、W 的电路，用导线按顺序串联起来。

主电路连接完整无误后，再连接 PLC 控制回路。它是从 220V 单相交流电源小型断路器 QF_2 输出端 L、N 供给 PLC 电源，同时 L 也作为 PLC 输出公共端。常开按钮 SB_1、SB_2 以及热继电器 FR_1、FR_2 的常闭触点均连至 PLC 的输入端。PLC 输出端直接和接触器 KM_1、KM_2 的线圈相连。

接好线路，再次检查无误后，进行通电操作。顺序如下：

a. 合上小型断路器 QF_1、QF_2，按柜体电源启动按钮，启动电源。

b. 连接好电脑和 PLC 的传输电缆，将编好的程序下载到 PLC 中。

c. 按启动按钮 SB_1，注意电动机和接触器的 KM_1、KM_2 的运行情况。

五、PLC控制三相异步电动机反接制动

1. 电路原理

PLC 控制三相异步电动机反接制动电路原理如图 8-13 所示。

控制原理：反接制动是利用改变电动机电源的相序，使定子绕组产生相反方向的旋转磁场，因而产生制动转矩的一种制动方法。因为电动机容量较大，在电动机正反转换接时，如果操作不当会烧毁接触器。

控制过程：按下启动按钮 SB_1，系统开始工作，在电动机正常运转时，速度继电器 KS 的常开触点闭合，停车时，按下停止按钮 SB_2，PLC 控制 KM_1 线圈断电，电动机脱离电源，由于此时电动机的惯性还很高，KS 的常开触点依然处于闭合状态，PLC 控制反接制动接触器 KM_2 线圈通电，其主触点闭合，使电动机定子绕组得到与正常运转相序相反的三相交流电源，电动机进入反接制动状态，电动机转速下降，当电动机转速低于速度继电器动作值时，速度继电器常开触点复位，此时 PLC 控制 KM_2 线圈断电，反接制动结束。

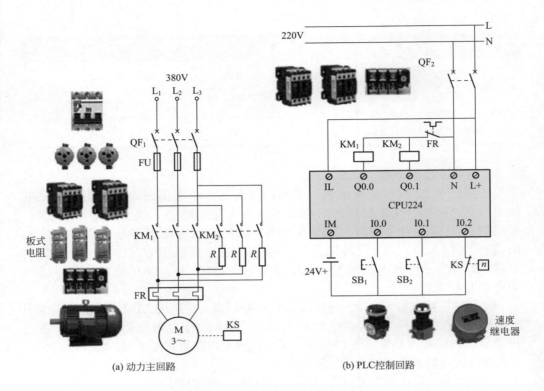

(a) 动力主回路   (b) PLC控制回路

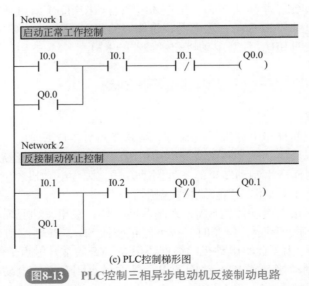

(c) PLC控制梯形图

图8-13 PLC控制三相异步电动机反接制动电路

2. 输入/输出元件及控制功能

根据原理及控制要求，列出 PLC I/O 资源分配表（表8-5）。

表8-5　PLC控制三相异步电动机反接制动电路I/O资源分配表

	序号	位号	符号	说明
输入点	1	I0.0	SB$_1$	启动按钮
	2	I0.1	SB$_2$	停止按钮
	3	I0.2	KS	速度继电器触点
输出点	1	Q0.0	KM$_1$	正常工作控制接触器
	2	Q0.1	KM$_2$	反接制动控制接触器

3. 电路接线与调试

按照图 8-13 所示正确接线：主回路电源接三极小型断路器输出端，供电线电压为 380V，PLC 控制回路电源接二极小型断路器，供电电压为 220V。接线时，先接主回路，它是从 380V 三相交流电源小型断路器 QF$_1$ 的输出端开始（L$_1$、L$_2$、L$_3$ 最后接入），经熔断器、交流接触器的主触点（KM$_2$ 主触点与电阻串接后与 KM$_1$ 主触点两相相反并接）、热继电器 FR 的热元件到电动机 M 的三个线端 U、V、W 的电路，用导线按顺序串联起来。

主电路连接完整无误后，再连接 PLC 控制回路。它是从 220V 单相交流电源小型断路器 QF$_2$ 输出端 L、N 供给 PLC 电源，同时 L 也作为 PLC 输出公共端。常开按钮 SB$_1$、SB$_2$ 均连至 PLC 的输入端，速度继电器连接至 PLC 的 I0.2 输入点。PLC 输出端直接和接触器 KM$_1$、KM$_2$ 的线圈相连。

接好线路，经再次检查无误后，进行通电操作。顺序如下：

a. 合上小型断路器 QF$_1$、QF$_2$，按柜体电源启动按钮，启动电源。

b. 连接好电脑和 PLC 的传输电缆，将编好的程序下载到 PLC 中。

c. 按启动按钮 SB$_1$，注意观察按下 SB$_1$ 前后电动机和接触器的 KM$_1$、KM$_2$ 的运行情况。

d. 按停止按钮 SB$_2$，注意观察按下 SB$_2$ 前后电动机和接触器的 KM$_1$、KM$_2$ 的运行情况。

六、PLC控制三相异步电动机往返运行

1. 电路原理

PLC 控制三相异步电动机往返运行电路如图 8-14 所示。

控制过程：限位开关 SQ$_1$ 放在左端需要反向的位置，SQ$_2$ 放在右端需要反向的位置。当按下正转按钮 SB$_2$，PLC 输出控制 KM$_1$ 通电，电动机作正向旋转并带动工作台左移。当工作台左移至左端并碰到 SQ$_1$ 时，将 SQ$_1$ 压下，其触点闭合后输入到 PLC，此时，PLC 切断 KM$_1$ 接触器线圈电路，同时接通反转接触器 KM$_2$ 线圈电路，此时电动机由正向旋转变为反向旋转，带动工作台向右移动，直到压下 SQ$_2$ 限位开关电动机由反转变为正转，这样驱动运动部件进行往复循环运动。若按下停止按钮

SB₁，KM₁、KM₂均失电，电机作自由运行至停车。

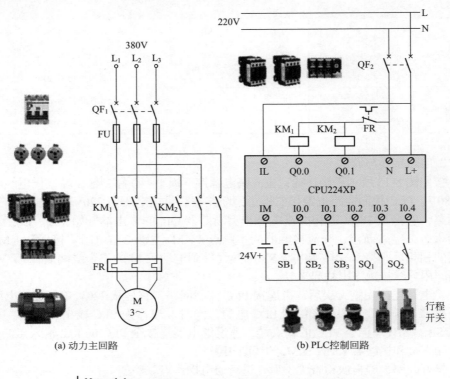

(a) 动力主回路　　　(b) PLC控制回路

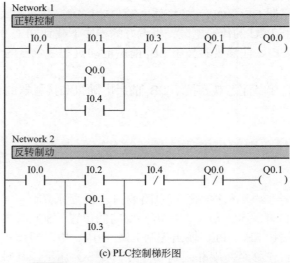

(c) PLC控制梯形图

图8-14 PLC控制三相异步电动机往返运行电路

2. 输入/输出元件及控制功能

根据原理及控制要求，列出 PLC I/O 资源分配表（表 8-6）。

表8-6　PLC控制三相异步电动机往返运行电路I/O资源分配表

	序号	位号	符号	说明
输入点	1	I0.0	SB$_1$	停止按钮
	2	I0.1	SB$_2$	正转按钮
	3	I0.2	SB$_3$	反转按钮
	4	I0.3	SQ$_1$	左端行程开关
	5	I0.4	SQ$_2$	右端行程开关
输出点	1	Q0.0	KM$_1$	正转控制接触器
	2	Q0.1	KM$_2$	反转控制接触器

3. 电路接线与调试

按照图 8-14 所示正确接线：主回路电源接三极小型断路器输出端，供电线电压为 380V；PLC 控制回路电源接二极小型断路器，供电电压为 220V。

接线时，先接动力主回路，它是从 380V 三相交流电源小型断路器 QF$_1$ 的输出端开始（L$_1$、L$_2$、L$_3$ 最后接入），经熔断器、交流接触器的主触点（KM$_1$、KM$_2$ 主触点两相反并接）、热继电器 FR 的热元件到电动机 M 的三个线端 U、V、W 的电路，用导线按顺序串联起来。

主电路连接完整无误后，再连接 PLC 控制回路。控制回路是从 220V 单相交流电源小型断路器 QF$_2$ 输出端 L、N 供给 PLC 电源，同时 L 也作为 PLC 输出公共端。常开按钮 SB$_1$、SB$_2$、SB$_3$、SQ$_1$、SQ$_2$ 均连至 PLC 的输入端。PLC 输出端直接和接触器 KM$_1$、KM$_2$ 的线圈相连。

接好线路，经再次检查无误后，可进行通电操作。顺序如下：

a. 合上小型断路器 QF$_1$、QF$_2$，按柜体电源启动按钮，启动电源。

b. 连接好电脑和 PLC 的传输电缆，将编好的程序下载到 PLC 中。

c. 按下正转按钮 SB$_2$，注意观察电动机和接触器的 KM$_1$、KM$_2$ 的运行情况。

d. 按停止按钮 SB$_2$，对电动机 M 进行停止操作，再按下反转按钮 SB$_3$，此时需要观察电动机和接触器的 KM$_1$、KM$_2$ 的运行情况。

七、用三个开关控制一盏灯的PLC电路

1. 电路原理

用三个开关控制一盏灯 PLC 电路如图 8-15 所示。

控制过程：用三个开关在三个不同地点控制一盏照明灯，任何一个开关都可以控制照明灯的亮与灭。

2. 输入/输出元件及控制功能

根据原理及控制要求，列出 PLC I/O 资源分配表（表 8-7）。

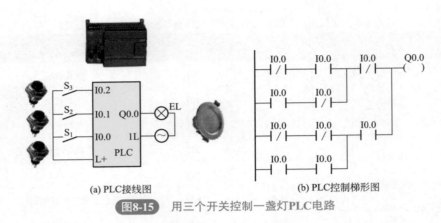

(a) PLC接线图　　　　　　　　(b) PLC控制梯形图

图8-15 用三个开关控制一盏灯PLC电路

表8-7　用三个开关控制一盏灯PLC电路I/O资源分配表

	PLC软元件	元件文字符号	元件名称	控制功能
输入	I0.0	S_1	开关1	控制灯
	I0.1	S_2	开关2	控制灯
	I0.2	S_3	开关3	控制灯
输出	Q0.0	EL	灯	照明

八、PLC与变频器组合控制电路

1. PLC与变频器组合实现电动机正反转控制电路工作原理

PLC与变频器连接构成的电动机正、反转控制电路图如图8-16所示。

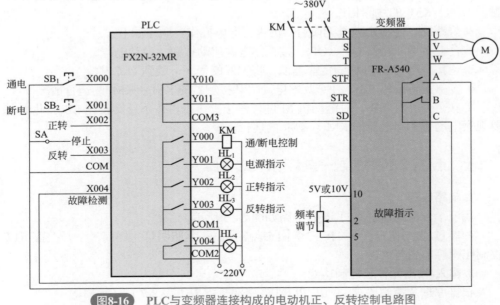

图8-16 PLC与变频器连接构成的电动机正、反转控制电路图

2. 参数设置（不同变频器设置不同，以下设置仅供参考）

在用 PLC 连接变频器进行电动机正、反转控制时，需要对变频器进行有关参数设置，具体见表 8-8。

表 8-8　变频器的有关参数及设置值

参数名称	参数号	设置值
加速时间	Pr.7	5s
减速时间	Pr.8	3s
加、减速基准频率	Pr.20	50Hz
基底频率	Pr.3	50Hz
上限频率	Pr.1	50Hz
下限频率	Pr.2	0Hz
运行模式	Pr.79	2

3. 编写程序（变频器不同程序有所不同，以下程序仅供参考）

变频器有关参数设置好后，还要给 PLC 编写控制程序。电动机正、反转控制的 PLC 程序如图 8-17 所示。

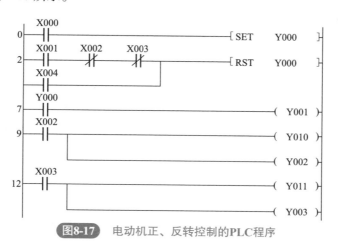

图8-17　电动机正、反转控制的PLC程序

下面说明 PLC 与频器实现电动机正、反转控制的工作原理。

（1）通电控制　当按下通电按钮 SB$_1$ 时，PLC 的 X000 端子输入为 ON，它使程序中的 [0]X000 常开触点闭合，"SET Y000" 指令执行，线圈 Y000 被置 1，Y000 端子内部的硬触点闭合，接触器 KM 线圈得电，KM 主触点闭合，将 380V 的三相交源送到变频器的 R、S、T 端，Y000 线圈置 1 还会使 [7]Y000 常开触点闭合，Y001 线圈得电，Y001 端子内部的硬触点闭合，HL$_1$ 指示灯通电点亮，指示 PLC 作出通电控制。

（2）正转控制　当三挡开关SA置于"正转"位置时，PLC的X002端子输入为ON，它使程序中的[9]X002常开触点闭合，Y010、Y002线圈均得电，Y010线圈得电使Y010端子内部硬触点闭合，将变频器的STF、SD端子接通，即STF端子为ON，变频器输出电源使电动机正转，Y002线圈得电后使Y002端子内部硬触点闭合，HL₂指示灯通电点亮，指示PLC作出正转控制。

（3）反转控制　将三挡开关SA置于"反转"位置时，PLC的X003端子输入为ON，它使程序中的[12]X003常开触点闭合，Y011、Y003线圈均得电。Y011线圈得电使Y011端子内部硬触点闭合，将变频器的STR、SD端子接通，即STR端子输入为ON，变频器输出电源使电动机反转，Y003线圈得电后使Y003端子内部硬触点闭合，HL₃灯通电点亮，指示PLC作出反转控制。

（4）停转控制　在电动机处于正转或反转时，若将SA开关置于"停止"位置，X002或X003端子输入为OFF，程序中的X002或X003常开触点断开，Y010、Y022或Y011、Y003线圈失电，Y010、Y002或Y011、Y003端子内部硬触点断开，变频器的STF或STR端子输入为OFF，变频器停止输出电源，电动机停转，同时HL₂或HL₃指示灯熄灭。

（5）断电控制　当SA置于"停止"位置使电动机停转时，若按下断电按钮SB₂，PLC的X001端子输入为ON，它使程序中的[2]X001常开触点闭合，执行"RST Y000"指令，Y000线圈被复位失电，Y000端子内部的硬触点断开，接触器KM线圈失电，KM主触点断开，切断变频器的输入电源，Y000线圈失电还会使[7]Y000常开触点断开，Y001线圈失电，Y001端子内部的硬触点断开，HL₁灯熄灭。如果SA处于"正转"或"反转"位置，[2]X002或X003常闭触点断开，无法执行"RST Y000"指令，即电动机在正转或反转时，操作SB₂按钮是不能断开变频器输入电源的。

（6）故障保护　如果变频器内部保护功能动作，A、C端子间的内部触点闭合，PLC的X004端子输入为ON，程序中的X004常开触点闭合，执行"RST Y000"指令，Y000端子内部的硬触点断开，接触器KM线圈失电，KM主触点断开，切断变频器的输入电源，保护变频器。

4. 电路接线组装

① 电路原理图如图8-18所示。

② 实际接线图如图8-19所示。

5. 电路调试与检修

当PLC控制的变频器正反转电路出现故障时，可以采用电压跟踪法进行检修，首先确认输入电路电压是否正常，检查变频器的输入点电压是否正常，检查PLC的输出点电压是否正常，最后检查PLC到变频器控制端电压是否正常。检查外围元器件是否正常，如外围元器件正常，故障应该是变频器或PLC，可以用代换法进行更换，也就是先代换一个变频器，如果能正常工作，说明是变频器故障，如果不能正常工作，说明是PLC的故障，这时检查PLC的程序、供电是否出现问题，如果PLC的程序、供电没有问题，应该是PLC的自身出现故障，一般PLC的程序可以用PLC编程器直接对PLC进行编程试验。

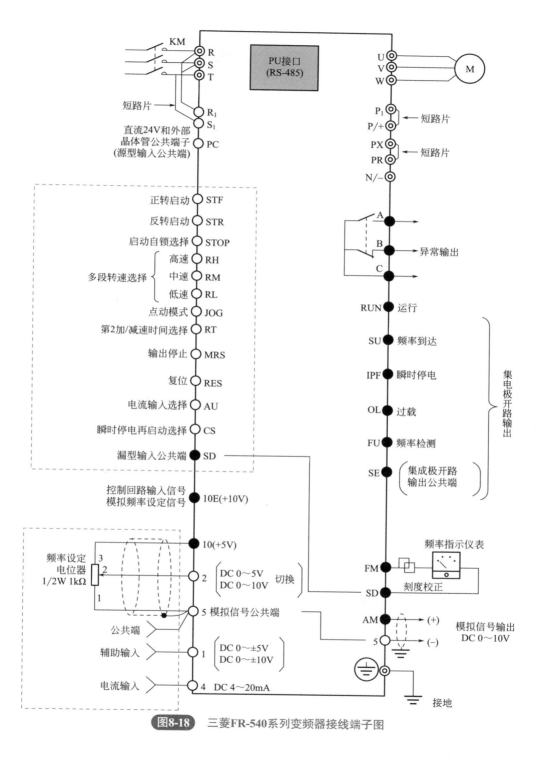

图8-18 三菱FR-540系列变频器接线端子图

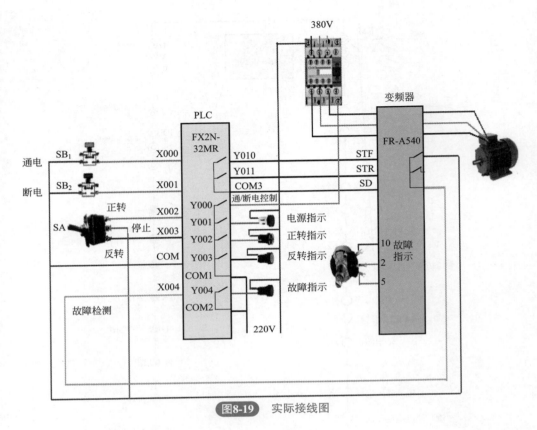

图8-19　实际接线图

提 示

　　一般可直接使用PLC，对编程不理解时不要改变其程序，以免发生其他故障或损坏PLC。

九、PLC、变频器、触摸屏组合实现多挡转速控制电路

1. PLC与变频器组合实现多挡转速控制电路工作原理

变频器可以连续调速，也可以分挡调速，FR-A540变频器有RH（高速）、RM（中速）和RL（低速）三个控制端子，通过这三个端子的组合输入，可以实现七挡转速控制。

2. 控制电路图

PLC与变频器连接实现多挡转速控制的电路图如图8-20所示。

3. 参数设置（变频器不同设置有所不同，以下设置仅供参考）

在用PLC对变频器进行多挡转速控制时，需要对变频器进行有关参数设置，参数可分为基本运行参数和多挡转速参数，具体见表8-9。

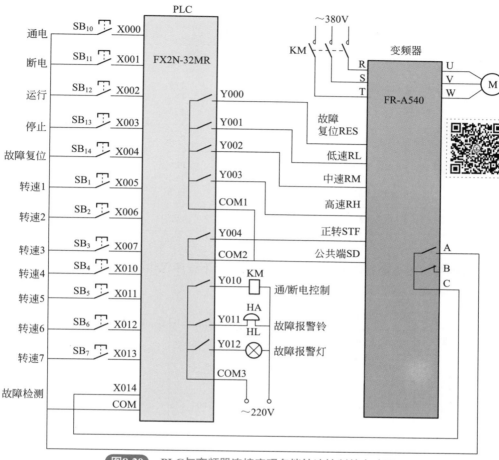

图8-20 PLC与变频器连接实现多挡转速控制的电路图

表8-9 变频器的有关参数及设置值

分类	参数名称	参数号	设定值
基本运行参数	转矩提升	Pr.0	5%
	上限频率	Pr.1	50Hz
	下限频率	Pr.2	5Hz
	基底频率	Pr.3	50Hz
	加速时间	Pr.7	5s
	减速时间	Pr.8	4s
	加、减速基准频率	Pr.20	50Hz
	操作模式	Pr.79	2

续表

分类	参数名称	参数号	设定值
多挡转速参数	转速1（RH为ON时）	Pr.4	15Hz
	转速2（RM为ON时）	Pr.5	20Hz
	转速3（RL为ON时）	Pr.6	50Hz
	转速4（RM、RL均为ON时）	Pr.24	40Hz
	转速5（RH、RL均为ON时）	Pr.25	30Hz
	转速6（RH、RM均为ON时）	Pr.26	25Hz
	转速7（RH、RM、RL均为ON时）	Pr.27	10Hz

4. 编写程序（变频器不同程序有所不同，以下程序仅供参考）

多挡转速控制的 PLC 程序如图 8-21 所示。

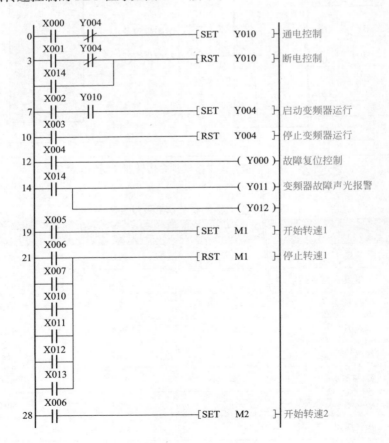

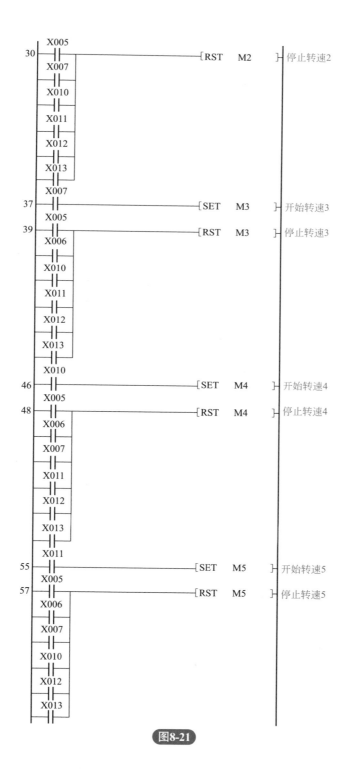

30 X005／X007／X010／X011／X012／X013 ─[RST M2] 停止转速2

37 X007 ─[SET M3] 开始转速3

39 X005 ─[RST M3] 停止转速3
X006／X010／X011／X012／X013

46 X010 ─[SET M4] 开始转速4

48 X005 ─[RST M4] 停止转速4
X006／X007／X011／X012／X013

55 X011 ─[SET M5] 开始转速5

57 X005 ─[RST M5] 停止转速5
X006／X007／X010／X012／X013

图8-21

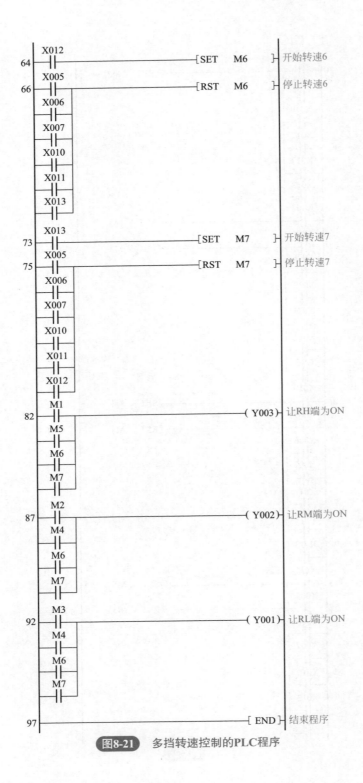

图8-21　多挡转速控制的PLC程序

5. 程序详解

下面说明 PLC 与变频器实现多挡转速控制的工作原理。

（1）通电控制　当按下通电按钮 SB$_{10}$ 时，PLC 的 X000 端子输入为 ON，它使程序中的 [0]X000 常开触点闭合，"SET Y010" 指令执行，线圈 Y010 被置 1，Y010 端子内部的硬触点闭合，接触器 KM 线圈得电，KM 主触点闭合，将 380V 的三相交源送到变频器的 R、S、T 端。

（2）断电控制　当按下断电按钮 SB$_{11}$ 时，PLC 的 X001 端子输入为 ON，它使程序中 [3]X001 常开触点闭合，"RST Y010" 指令执行，线圈 Y010 被复位失电，Y010 端子内部的硬触点断开，接触器 KM 线圈失电，KM 主触点断开，切断变频器 R、S、T 端的输入电源。

（3）启动变频器运行　当按下运行按钮 SB$_{12}$ 时，PLC 的 X002 端子输入为 ON，它使程序中的 [7]X002 常开触点闭合，由于 Y010 线圈已得电，它使 Y010 常开触点处于闭合状态，"SET Y004" 指令执行，Y004 线圈被置 1 而得电，Y004 端子内部硬触点闭合，将变频器的 STF、SD 端子接通，即 STF 端子输入为 ON，变频器输出电源启动电动机正向运转。

（4）停止变频器运行　当按下停止按钮 SB$_{13}$ 时，PLC 的 X003 端子输入为 ON，它使程序中的 [10]X003 常开触点闭合，"RST Y004" 指令执行，Y004 线圈被复位而失电，Y004 端子内部硬触点断开，将变频器的 STF、SD 端子断开，即 STF 端子输入为 OFF，变频器停止输出电源，电动机停转。

（5）故障报警及复位　如果变频器内部出现异常而导致保护电路动作时，A、C 端子间的内部触点闭合，PLC 的 X004 端子输入 ON，程序中的 [14]X014 常开触点闭合，Y011、Y012 线圈得电，Y011、Y012 端子内部硬触点闭合，报警铃和报警灯均得电而发出声光报警，同时 [3]X014 常开触点闭合，"RST Y010" 指令执行，线圈 Y010 被复位失电，Y010 端子内部的硬触点断开，接触器 KM 线圈失电，KM 主触点断开，切断变频器 R、S、T 端的输入电源。变频器故障排除后，当按下故障按钮 SB$_{14}$ 时，PLC 的 X004 端子输入为 ON，它使程序中的 [12]X004 常开触点闭合，Y000 线圈得电，变频器的 RES 端输入为 ON，解除保护电路的保护状态。

（6）转速 1 控制　变频器启动运行后，按下按钮 SB$_1$（转速 1），PLC 的 X005 端子输入为 ON，它使程序中的 [19]X005 常开触点闭合，"SET M1" 指令执行，线圈 M1 被置 1，[82]M1 常开触点闭合，Y003 线圈得电，Y003 端子内部的硬触点闭合，变频器的 RH 端输入为 ON，让变频器输出转速 1 设定频率的电源驱动电动机运转。按下 SB$_2$～SB$_7$ 的某个按钮，会使 X006～X013 中的某个常开触点闭合，"RST M1" 指令执行，线圈 M1 被复位失电，[82]M1 常闭触点断开，Y003 线圈失电，Y003 端子内部的硬触点断开，变频器的 RH 端输入为 OFF，停止按钮转速 1 运行。

（7）转速 4 控制　按下按钮 SB$_4$（转速 4），PLC 的 X010 端子输入为 ON，它使程序中的 [46]X010 常开触点闭合，"SET M4" 指令执行，线圈 M4 被置 1，[87]、[92]M4 常开触点均闭合，Y002、Y001 线圈均得电，Y002、Y001 端子内部的硬触点均闭合，变频器的 RM、RL 端输入均为 ON，让变频器输出转速 4 设定频率的电源驱动电动机运转。按下 SB$_1$～SB$_3$ 或 SB$_5$～SB$_7$ 中的某个按钮，会使 Y005～Y007 或

Y011～Y013中的某个常开触点闭合，"RST M4"指令执行，线圈M4被复位失电，[87]、[92]M4常开触点均断开，Y002、Y001线圈失电，Y002、Y001端子内部的硬砂均断开，变频器的RM、RL端输入均为OFF，停止按钮转速4运行。

其他转速控制与上述转速控制过程类似，这里不再叙述。RH、RM、RL端输入状态与对应的速度关系如图8-22所示。

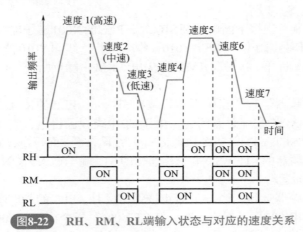

图8-22 RH、RM、RL端输入状态与对应的速度关系

6. 电路接线

电路接线如图8-23所示。

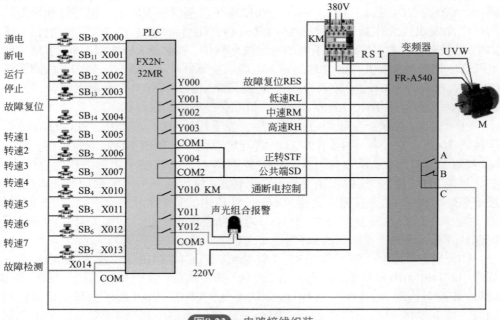

图8-23 电路接线组装

7. 电路调试与检修

在这个电路当中，PLC 通过外接开关，实现电动机的多挡速旋转，出现故障后，直接用万用表去检查外部的控制开关是否毁坏，连接线是否有断路的故障，如果外部器件包括接触器毁坏应直接更换。如果 PLC 的程序没有问题，应该是变频器出现故障。如果 PLC 没有办法输入程序的话，故障应该是 PLC 毁坏，更换 PLC 并重新输入程序。变频器毁坏后，可以维修或更换变频器。

另外在 PLC 电路当中还设有报警和故障指示灯，当报警和故障指示灯出现故障时，只要检查外围的电铃及指示灯没有毁坏，应去查找 PLC 的程序或 PLC 是否毁坏。

第三节　PLC 常见故障与检修

为了方便读者学习、下载，PLC 常见故障与检修可扫二维码阅读。

PLC 常见
故障检修

第九章

高压变配电与二次配电安装、接线

第一节　高压变压器的安装、接线与维护

一、变压器在台杆上的安装

（1）杆上变压器台的安装接线　杆上变压器台有三种形式。第一种是双杆变压器台，即将变压器安装在线路方向上单独增设的两根杆的钢架上，再从线路的杆上引入10kV电源。如果低压是公用线路，则再把低压用导线送出去与公用线路并接或与其他变压器台并列；如果是单独用户，则再把低压用硬母线引入到低压配电室内的总柜上或低压母线上去，如图9-1所示。

第二种是借助原线路的电杆，在其旁再另立一根电杆，将变压器安装在这两根电杆间的钢架上，其他同上。因为只增加了一根电杆，因此称单杆变压器台，如图9-2所示。

另外，还有一种变压器台，是指容量在100kV·A以下，将其直接安装在线路的单杆上，不需要增加电杆，又常设在线路的终端，为单台设备供电，如深井泵房或农村用电，如图9-3所示，称为本杆变压器台。

（2）杆上变压器台　它安装方便，工艺简单，主要有立杆、组装金具构架及电气元件、吊装变压器、接线、接地等工序。

a. 变压器支架通常用槽钢制成，用U形抱箍与杆连接，变压器安装在平台横担的上面，应使油枕侧偏高，有1%～1.5%的坡度，支架必须安装牢固，一般钢架应有斜支撑。

b. 跌落式熔断器的安装。跌落式熔断器安装在高压侧丁字形的横担上，用针式绝缘子的螺杆固定连接，再把熔断器固定在连板上，如图9-4所示。其间隔不小于500mm，以防弧光短路，熔管轴线与地面的垂线夹角为15°～30°，排列整齐，高低一致。

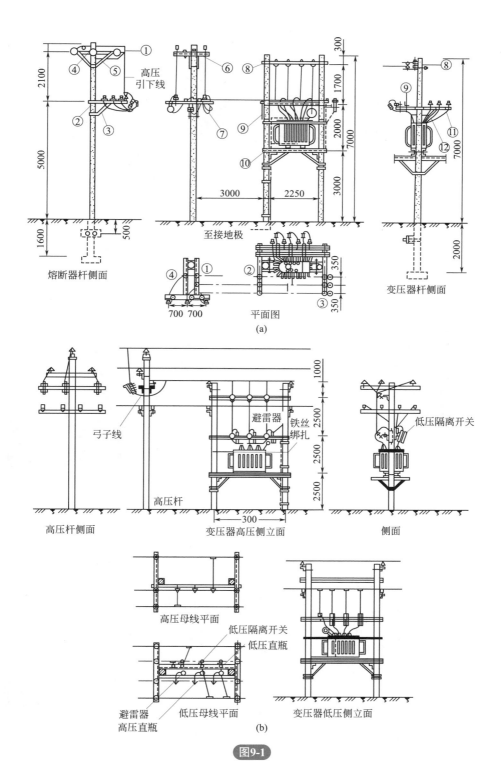

图9-1

双杆变压器安装

(c) 双杆变压器安装实物

图9-1 双杆变压器台示意图

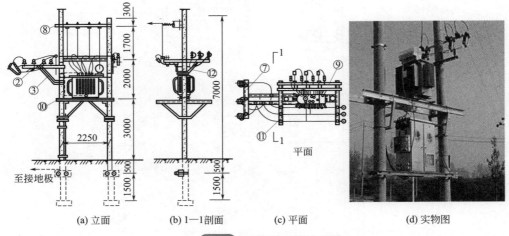

(a) 立面   (b) 1—1剖面   (c) 平面   (d) 实物图

图9-2 单杆变压器台安装

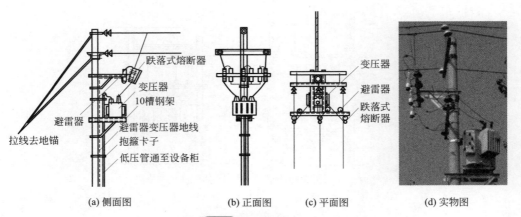

(a) 侧面图   (b) 正面图   (c) 平面图   (d) 实物图

图9-3 本杆变压器台安装

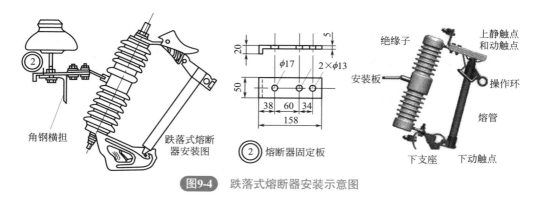

图9-4 跌落式熔断器安装示意图

跌落式熔断器安装前应确保其外观零部件齐全，瓷件良好，瓷釉完整无裂纹、无破损，接线螺钉无松动，螺纹与螺母配套，固定板与瓷件结合紧密无裂纹，与上端的鸭嘴和下端挂钩结合紧密无松动；鸭嘴、挂钩等铜铸件不应有裂纹、砂眼，鸭嘴触点接触良好紧密，挂钩转轴灵活无卡，用电桥或数字万用表测其接触电阻应符合要求，按图9-4所示，放置时鸭嘴触点一经由下向上触动即断开，一推动熔管或上部合闸挂环即能合闸，且有一定的压缩行程，接触良好，即一捅就开，一推即合；熔管不应有吸潮膨胀或弯曲现象，与铜件的结合应紧密；固定熔丝的螺钉，其螺纹完好，与元宝螺母配套；装有灭弧罩的跌落式熔断器，其罩应与鸭嘴固定良好，中心轴线应与合闸触点的中心轴线重合；带电部分和固定板的绝缘电阻须用1000～2500V的兆欧表测试，其值不应小于1200MΩ，35kV的跌落式熔断器须用2500V的兆欧表测试，其值不应小于3000MΩ。

c. 避雷器的安装。避雷器通常安装在距变压器高压侧最近的横担上，可用直螺钉单独固定，如图9-5所示。其间隔不小于350mm，轴线应与地面垂直，排列整齐，高低一致，安装牢固，抱箍处要垫2～3mm厚的耐压胶垫。

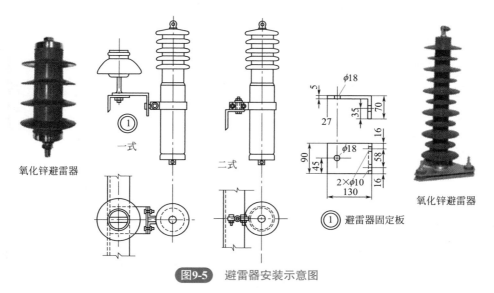

图9-5 避雷器安装示意图

安装前的检查与跌落式熔断器基本相同，但无可动部分，瓷套管与铁法兰间应良好结合，其顶盖与下部引线处的密封物应无龟裂或脱落，摇动器身应无任何声响。用2500V兆欧表测试其带电端与固定抱箍的绝缘电阻应不小于2500MΩ。

避雷器和跌落式熔断器必须有产品合格证，没有试验条件的，应到当地供电部门进行试验。避雷器和跌落式熔断器的规格型号必须与设计相符，不得使用额定电压小于线路额定电压的避雷器和跌落式熔断器。

d. 低压隔离开关的安装。有的设计在变压器低压侧装有一组隔离开关，通常装设在距变压器低压侧最近的横担上，有三极的，也有单极的，目的是更换低压熔断器方便，其外观检查和测试基本与低压断路器相同，但要求瓷件良好，安装牢固，操动机构灵活无卡，隔离刀刃合闸后应接触紧密，分闸时有足够的电气间隙（≥200mm），三相联动动作同步，动作灵活可靠。用500V兆欧表测试绝缘电阻应大于2MΩ。

（3）变压器的接线　变压器安装必须经供电部门认可的试验单位试验合格，并有试验报告。室外变压器台的安装主要包括变压器的吊装、绝缘电阻的测试和接线等作业内容。

① 接线要求

• 和电器连接必须紧密可靠，螺栓应有平垫及弹垫，其中与变压器和跌落式熔断器、低压隔离开关的连接，必须压接线鼻子过渡连接，与母线的连接应用T形线夹，与避雷器的连接可直接压接连接。与高压母线连接时，如采用绑扎法，绑扎长度不应小于200mm。

• 导线在绝缘子上的绑扎必须按前述要求进行。

• 接线应短而直，必须保证线间及对地的安全距离，跨接弓子线在最大风摆时要保证安全距离。

• 避雷器和接地的连接线通常使用绝缘铜线，避雷器上引线不小于16mm²，下引线不小于25mm²，接地线一般为25mm²。若使用铝线，上引线不小于25mm²，下引线不小于35 mm²，接地线不小于35 mm²。

② 接线工艺　以图9-6来说明接线工艺过程。

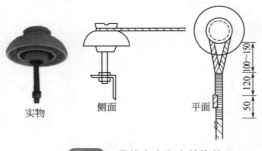

实物　　　　侧面　　　　平面

图9-6　导线在直瓶上的绑扎

• 将导线撑直，绑扎在原线路杆顶横担上的直瓶上和下部丁字横担的直瓶上，与直瓶的绑扎应采用终端式绑扎法，如图9-6所示。同时将下端压接线鼻子，与跌落式熔断器的上闸口接线柱连接拧紧，如图9-7所示。导线的上端应暂时团起来，先固扎在杆上。

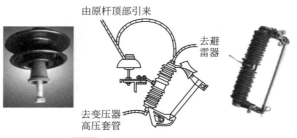

图9-7 导线与跌落式熔断器的连接

● 高压软母线的连接。首先将导线撑直，一端绑扎在跌落式熔断器丁字横担上的直瓶上，另一端水平通至避雷器处的横担上，并绑扎在直瓶上，与直瓶的绑扎方式如图9-6所示。同时丁字横担直瓶上的导线按相序分别采用弓子线的形式接在跌落式熔断器的下闸口接线柱上。弓子线要做成铁链自然下垂的形式，见图9-6平面图，其中U相和V相直接由跌落式熔断器的下闸口由丁字横担的下方翻至直瓶上按图9-6的方法绑扎，而W相则由跌落式熔断器的下闸口直接上翻至T形横担上方的直瓶上，并按图9-8的方法绑扎。

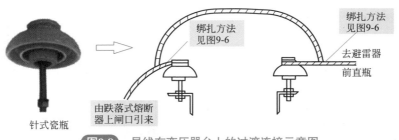

图9-8 导线在变压器台上的过渡连接示意图

而软母线的另一侧，均应上翻，接至避雷器的上接线柱，方法如图9-8所示。

其次将导线撑直，按相序分别用T形线夹与软母线连接，连接处应包缠两层铝包带，另一端直接引至高压套管处，压接线鼻子，按相序与套管的接线柱接好，这段导线必须撑紧。

● 低压侧的接线。将低压侧三只相线的套管，直接用导线引至隔离开关的下闸口（这里要注意，这全是为了接线的方便，操作时必须先验电后操作），导线撑直，必须用线鼻子过渡。

将线路中低压的三根相线及一根零线，经上部的直瓶直接引至隔离开关上方横担的直瓶上，绑扎如图9-9所示，直瓶上的导线与隔离开关上闸口的连接如图9-10所示，其中跌落式熔断器与导线的连接可直接用上面的元宝螺栓压接，同时按变压器低压侧额定电流的1.25倍选择与跌落式熔断器配套的熔片，装在跌落式熔断器上，其中零线直接压接在变压器中性点的套管上。

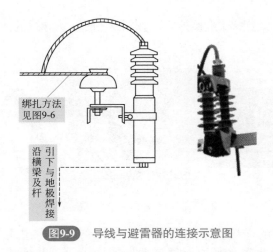

绑扎方法
见图9-6

沿横梁及杆

引下与地极焊接

图9-9 导线与避雷器的连接示意图

如果变压器低压侧直接引入低压配电室，则应安装硬母线将变压器二次侧引入配电室内。如果变压器专供单台设备用电，则应设管路将低压侧引至设备的控制柜内。

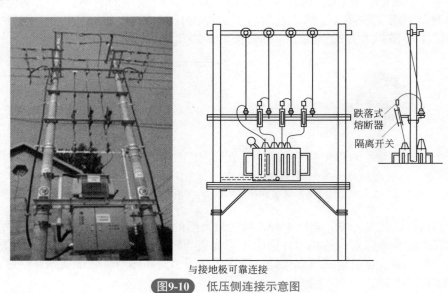

跌落式熔断器

隔离开关

与接地极可靠连接

图9-10 低压侧连接示意图

• 变压器台的接地。变压器台的接地共有三个点，即变压器外壳的保护接地、低压侧中性点的工作接地、避雷器下端的防雷接地，三个接地点的接地线必须单独设置，接地极则可设一组，但接地电阻应小于4Ω。接地极的设置同前述架空线路的防雷接地，并将其引至杆处上翻1.20m处，一杆一根，一根接避雷器，另一根接中性点和外壳。

接地引线应采用25mm²及以上的铜线或4mm×40mm镀锌扁钢，其中，中性点接地应沿器身翻至杆处，外壳接地应沿平台翻至杆处；与接地线可靠连接；避雷器下端可用一根导线串接而后引至杆处，与接地线可靠连接，如图9-11所示。其他同架空线路。装有低压隔离开关时，其接地螺钉也应另外接线，与接地体可靠连接。

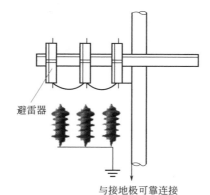

避雷器

与接地极可靠连接

图9-11 杆上变压器台避雷器的接地示意图

- 变压器台的安装要求。变压器应安装牢固，水平倾斜不应大于1/100，且油枕侧偏高，油位正常；一、二次接线应排列整齐，绑扎牢固；变压器应完好，外壳干净，试验合格；应可靠接地，接地电阻符合设计要求。

- 全部装好接线后，应检查有无不妥，并把变压器顶盖、套管、分接开关等用棉丝擦拭干净，重新测试绝缘电阻和接地电阻并确保其符合要求。将高压跌落式熔断器的熔管取下，按表9-1选择高压熔丝，并将其安装在熔管内。高压熔丝安装时必须伸直，且有一定的拉力，然后将其挂在跌落式熔断器下边的卡环内。

表9-1 高压跌落式熔断器的选择

变压器容量/kV	100/125	160/200	250	315/400	500
熔断器规格/A	50/15	50/20	50/30	50/40	50/50

与供电部门取得联系，在线路停电的情况下，先挂好临时接地线，然后将三根高压电源线与线路连接，通常用绑扎或T形线夹的方法进行连接，要求同前。接好后再将临时接地线拆掉，并与供电部门联系，请求送电。

二、落地变压器的安装

落地变压器台与杆上变压器台的主要区别是将变压器安装在地面上的混凝土台上，其标高应大于500mm，上面装有与主筋连接的角钢或槽钢滑道，油枕侧偏高。安装时将变压器的底轮取掉或装上止轮器。其他有关安装、接线、测试、送电合闸、运行等与杆上变压器台相同。

安装好后，应在变压器周围装设防护遮栏，高度不小于1.70m，与变压器距离应大于或等于2.0m并悬挂警告牌"禁止攀登，高压危险"。落地变压器台布置如图9-12所示，安装方法基本同前。

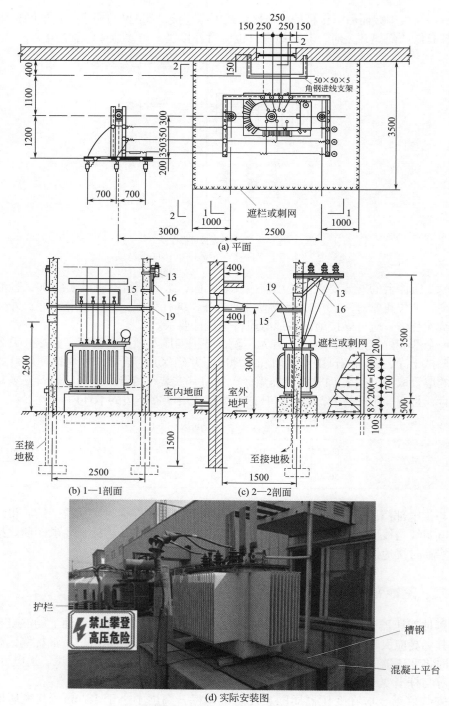

(a) 平面

(b) 1—1剖面

(c) 2—2剖面

(d) 实际安装图

图9-12 室外落地变压器台布置图

注：如无防雨罩时，穿墙板改为户外穿墙套管。

三、变压器的实验与检查维护

关于变压器的绝缘油、变压器补油、变压器分接开关的调整与检查、变压器的绝缘检查可参考本书第四章第二节第三点。

四、变压器的并列运行

1. 变压器并列运行的条件

a. 变压器容量比不超过 3 ∶ 1。

b. 变压器的电压比要求相等，其变比最大允许相差 ±0.5%。

c. 变压器短路电压百分比（又称阻抗电压）要求相等，允许相差不超过 ±10%。

d. 变压器的接线组别应相同。

变压器的并列运行，根据运行负荷的情况，应该考虑经济运行。对于能满足上述条件的变压器，在实际需要时，可以并列运行；如不能满足并列条件，则不允许并列运行。

2. 变压器并列运行条件的含义

a. 变压器接线组号。它是表示三相变压器，一、二次绕组接线方式的代号。

在变压器并列运行的条件中，最重要的一条就是要求并列的变压器接线组号相同，如果接线组号不同的变压器并列，即使电压的有效值相等，在两台变压器同相的二次侧，也可能会出现很大的电压差（电位差），由于变压器二次阻抗很小，将会产生很大的环流而烧毁变压器，因此，接线组号不同的变压器是不允许并列运行的。

b. 变压器的变比差值百分比。它是指并列运行的变压器实际运行变比的差值与变比误差小的一台变压器的变比之比的百分数，依照规定不应超过 ±0.5%。如果两台变压器并列运行，变比差值超过规定范围时，两台变压器的一次电压相等的条件下，两台变压器的二次电压不等，同相之间有较大的电位差，并列时将会产生较大环流，会造成较大的功率损耗，甚至会烧毁变压器。

c. 变压器的短路电压百分比（又称为阻抗电压的百分比）。这个技术数据是变压器很重要的技术参数，是通过变压器短路试验得出来的。也就是说，把变压器接于试验电源上，变压器的一次侧通过调压器逐渐升高电压，当调整到变压器一次侧电流等于额定电流时，测量一次侧实际加入的电压值为短路电压，将短路电压与变压器额定电压之比再乘以 100%，即为短路电压的百分比。因为是在额定电流的条件下测得的数据，所以短路电压被额定电流来除就可得到短路阻抗，因此又称为百分阻抗。

变压器的阻抗电压与变压器的额定电压和额定容量有关，所以不同容量的变压器短路阻抗也各不相同。一般说来，变压器并列运行时，负荷分配与短路电压的数值大小成反比，即短路电压大的变压器分配的负荷电流小，而短路电压小的变压器分配的负荷大，如果并列运行的变压器短路电压百分比之差超过规定，造成负荷的分配不合理，容量大的变压器带不满负载，而容量小的变压器要过负载运行，这样运行就很不经济，达不到变压器并列运行的目的。

d. 运行规程还规定了，两台并列运行的变压器，其容量比不允许超过 3∶1。这也是从变压器经济运行的方面考虑的，因为容量比超过 3∶1，阻抗电压也相差较大，同样也满足不了第三个条件，并列运行还是不合理。

3. 变压器并列运行应注意的事项

变压器并列运行，除应满足并列运行条件外，还应该注意安全操作，往往要考虑下列方面。

a. 新投入运行和检修后的变压器，在并列运行之前，首先要进行核相，并在变压器空载状态时试并列后，方可正式并列运行带负荷。

b. 变压器的并列运行，必须考虑并列运行的合理性，不经济的变压器不允许并列运行，同时还应注意不应频繁操作。

c. 进行变压器的并列或解列操作时，不允许使用隔离开关和跌落式熔断器。并列和解列运行要保证正确的操作，不允许通过变压器倒送电。

d. 需要并列运行的变压器，在并列运行之前应根据实际情况，核算变压器负荷电流的分配，在并列之后立即检查两台变压器的运行电流分配是否合理。在需解列变压器或停用一台变压器时，应根据实际负荷情况，预计是否有可能造成一台变压器的过负荷。而且也应检查实际负荷电流，在有可能造成变压器过负荷的情况下，变压器不能进行解列操作。

第二节　电源中性点直接接地的低压配电系统

在电力系统中，当变压器或发电机的三相绕组为星形连接时，其中性点有两种运行方式：中性点接地和中性点不接地。中性点直接接地系统常称为大电流接地系统，中性点不接地和中性点经消弧线圈（或电阻）接地的系统称为小电流接地系统。

中性点运行方式的选择主要取决于单相接地时电气设备的绝缘要求及从电可靠性。如图 9-13 所示为常用的电力系统中性点运行方式，图中电容 C 为输电线路对地分布电容。

目前，在我国电力系统中，110kV 以上高压系统，为降低绝缘设备要求，多采用中性点直接接地运行方式；6 ～ 35kV 中压系统中，为提高从电可靠性，首选中性点不接地运行方式。当接地系统不能满足要求时，可采用中性点经消弧线圈或电阻接地的运行方式；低于 1kV 的低压配电系统中，考虑到单相负荷的使用，通常均为中性点直接接地的运行方式。

电源中性点直接接地的三相低压配电系统中，从电源中性点引出有中性线（代号 N）、保护线（代号 PE）或保护中性线（代号 PEN）。

（1）低压电力网接地形式分类

① 低压电力网接地形式分类　电源中性点直接接地的三相四线制低压配电系统可分成 3 类：TN 系统、TT 系统和 IT 系统。其中 TN 系统又分为 TN-S 系统、TN-C 系统和 TN-C-S 系统 3 类。

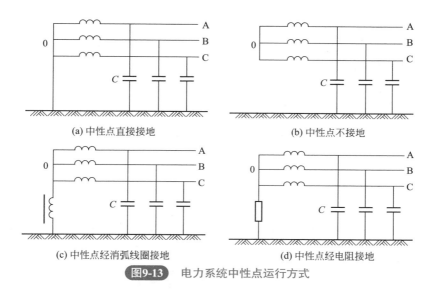

(a) 中性点直接接地　　　　　　　　(b) 中性点不接地

(c) 中性点经消弧线圈接地　　　　　(d) 中性点经电阻接地

图9-13 电力系统中性点运行方式

　　TN 系统和 TT 系统都是中性点直接接地系统，且都引出有中性线（N 线），因此都称为"三相四线制系统"。但 TN 系统中的设备外露可导电部分（如电动机、变压器的外壳，高压开关柜、低压配电柜的门及框架等）均采取与公共的保护线（PE 线）或保护中性线（PEN 线）相连的保护方式，如图 9-14 所示；而 TT 系统中的

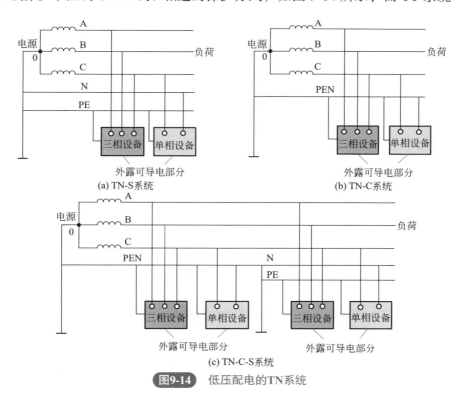

(a) TN-S系统　　　　　　　　　　(b) TN-C系统

(c) TN-C-S系统

图9-14 低压配电的TN系统

设备外露可导电部分则采取经各自的 PE 线直接接地的保护方式，如图 9-15 所示。IT 系统的中性点不接地或经电阻（约 1000Ω）接地，且通常不引出中性线，因它一般为三相三线制系统，其中设备的外露可导电部分与 TT 系统一样，也是经各自的 PE 线直接接地，如图 9-16 所示。

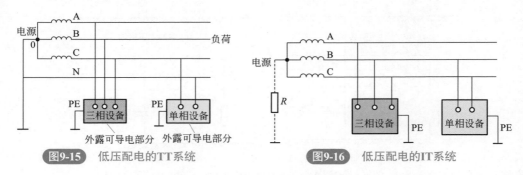

图9-15　低压配电的TT系统　　　　　**图9-16**　低压配电的IT系统

　　所谓"外露可导电部分"是指电气装置中能被触及的导电部分。它在正常情况时不带电，但在故障情况下可能带电，一般是指金属外壳，如高低压柜（屏）的框架、电机机座、变压器或高压多油开关的箱体及电缆的金属外护层等。"装置外导电部分"也称为"外部导电部分"。它并不属于电气装置，但也可能引入电位（一般是地电位），如水、暖气、煤气、空调等的金属管道及建筑物的金属结构。

　　中性线（N 线）是与电力系统中性点相连能起到传导电能作用的导体。N 线是不容许断开的，在 TN 系统的 N 线上不得装设熔断器或开关。

　　保护线与用电设备外露的可导电部分（指在正常工作状态下不带电，在发生绝缘损坏故障时有可能带电，而且极有可能被操作人员触及的金属表面）可靠连接，其作用是在发生单相绝缘损坏对地短路时，一是使电气设备带电的外露可导电部分与大地同电位，可有效避免触电事故的发生，保证人身安全；二是通过保护线与地之间的有效连接，能迅速形成单相对地短路，使相关的低压保护设备动作，快速切除短路故障。

　　保护中性线（PEN 线）兼有 PE 线和 N 线的功能，用于保护性和功能性结合在一起的场合，如图 9-14（b）所示的 TN-C 系统，但首先必须满足保护性措施的要求，PEN 线不用于由剩余电流保护装置 RCD 保护的线路内。

　　② 接地系统字母符号含义

　　a. 第一个字母表示电源端与地的关系：

　　T——电源端有一点（一般为配电变压器低压侧中性点或发电机中性点）直接接地。

　　I——电源端所有带电部分均不接地，或有一点（一般为中性点）通过阻抗接地。

　　b. 第二个字母表示电气设备（装置）正常不带电的外露可导电部分与地的关系：

　　T——电气设备外露可导电部分独立直接接地，此接地点与电源端接地点在电气上不相连。

　　N——电气设备外露可导电部分与电源端的接地点有用导线所构成的直接电气

连接。

c. "–"（半横线）后面的字母表示中性导体（中性线）与保护导体的组合情况：

S——中性导体与保护导体是分开的。

C——中性导体与保护导体是合一的。

（2）TN 系统　TN 系统是指在电源中性点直接接地的运行方式下，电气设备外露可导电部分用公共保护线（PE 线）或保护中性线（PEN 线）与系统中性点 0 相连接的三相低压配电系统。TN 系统又分 3 种形式：

① TN-S 系统　整个供电系统中，保护线 PE 与中性线 N 完全独立分开，如图 9-14（a）所示。正常情况下，PE 线中无电流通过，因此对连接 PE 线的设备不会产生电磁干扰。而且该系统可采用剩余电流保护，安全性较高。TN-S 系统现已广泛应用在对安全要求及抗电磁干扰要求较高的场所，如重要办公楼、实验楼和居民住宅楼等民用建筑。

② TN-C 系统　整个供电系统中，N 线与 PE 线是同一条线（也称为保护中性线 PEN，简称 PEN 线），如图 9-14（b）所示。PEN 线中可能有不平衡电流流过，因此通过 PEN 线可能对有些设备产生电磁干扰，且该系统不能采用灵敏度高的剩余电流保护来防止人员遭受电击。因此，TN-C 系统不适用于对抗电磁干扰和安全要求较高的场所。

③ TN-C-S 系统　在供电系统中的前一部分，保护线 PE 与中性线 N 合为一根 PEN 线，构成 TN-C 系统，而后面有一部分保护线 PE 与中性线 N 独立分开，构成 TN-S 系统，如图 9-14（c）所示。此系统比较灵活，对安全要求及抗电磁干扰要求较高的场所采用 TN-S 系统配电，而其他场所则采用较经济的 TN-C 系统。

不难看出，在 TN 系统中，由于电气设备的外露可导电部分与 PE 或 PEN 线连接，因此在发生电气设备一相绝缘损坏，造成外露可导电部分带电时，则该相电源经 PE 或 PEN 线形成单相短路回路，可导致大电流的产生，引起过电流保护装置动作，切断供电电源。

（3）TT 系统　TT 系统是指在电源中性点直接接地的运行方式下，电气设备的外露可导电部分与电源引出线无关的各自独立接地体连接后，进行直接接地的三相四线制低压配电系统，如图 9-15 所示。由于各设备的 PE 线之间无电气联系，因此相互之间无电磁干扰。此系统适用于安全要求及抗电磁干扰要求较高的场所。国外这种系统较普遍，现我国也开始推广应用。

在 TT 系统中，若电气设备发生单相绝缘损坏，外露可导电部分带电，则该相电源经接地体、大地与电源中性点形成接地短路回路，产生单相故障电流不大，一般需设高灵敏度的接地保护装置。

（4）IT 系统　IT 系统的电源中性点不接地或经约 1000Ω 电阻接地，其中所有电气设备的外露可导电部分也都各自经 PE 线单独接地，如图 9-16 所示。此系统主要用于对供电连续性要求较高及存在易燃易爆危险的场所，如医院手术室、矿井下等。

第三节　用户供电系统及主接线

一、电力用户供电系统的组成

电力用户供电系统由外部电源进线、用户变配电所、高低压配电线路和用电设备组成。按供电容量的不同，电力用户可分为大型（10000kV·A以上）、中型（1000 ~ 10000kV·A）、小型（1000kV·A及以下）。

（1）大型电力用户供电系统　大型电力用户的供电系统，采用的外部电源进线供电电压等级为35kV及以上，一般需要经用户总降压变电所和车间变电所两级变压。总降压变电所将进线电压降为6 ~ 10kV的内部高压配电电压，然后经高压配电线路引至各车间变电所，车间变电所再将电压变为220/380V的低压供用电设备使用。其结构如图9-17所示。

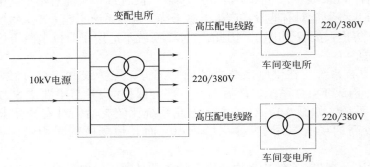

图9-17　大型电力用户供电系统

某些厂区的环境和设备条件许可的大型电力用户，也有的采用"高压深入负荷中心"的供电方式，即35kV的进线电压直接一次降为220/380V的低电压。

（2）中型电力用户供电系统　中型电力用户一般采用10kV的外部电源进线供电电压，经高压配电所和10kV用户内部高压配电线路馈电给各车间变电所，车间变电所再将电压变换成220/380V的低电压供用电设备使用。高压配电所通常与某个车间变电所合建，其结构如图9-18所示。

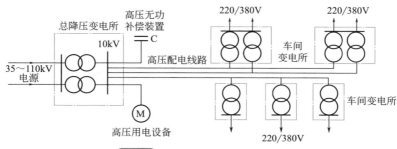

图9-18 中型电力用户供电系统

（3）小型电力用户供电系统　一般的小型电力用户也用10kV外部电源进线电压，通常只设有一个相当于建筑物变电所的降压变电所，容量特别小的小型电力用户可不设变电所，采用低压220/380V直接进线。

二、电气主接线的基本形式

变配电所的电气主要接线是以电源进线和引出线为基本环节，以母线为中间环节构成的电能输配电电路。变电所的主接线（或称一次接线、一次电路）是由各种开关设备（断路器、隔离开关等）、电力变压器、避雷器、互感器、母线、电力电缆、移相电容器等电气设备按一定次序相连接组成的具有接收和分配电能的电路。

母线又称汇流排，它是电路中的一个电气节点，由导体构成，起着汇集电能和分配电能的作用，它将变压器输出的电能分配给各用户馈电线。

如果母线发生故障，则所有用户的供电将全部中断，因此要求母线应有足够的可靠性。

变电所主接线形式直接影响到变电所电气设备的选择、变电所的布置、系统的安全运行、保护控制等许多方面。因此，正确确定主接线的形式是建筑供电中一个不可缺少的重要环节。

考虑到三相系统对称，为了分析清楚和方便起见，通常主接线图用单线图表示。如果三相不尽相同，则局部可以用三线图表示。主接线的基本形式按有无母线通常分为有母线接线和无母线接线两大类。有母线的主接线按母线设置的不同，又有单母线接线、单母线分段接线和双母线接线 3 种接线形式。无母线接线有线路 - 变压器接线和桥接线两种接线形式。

（1）单母线不分段接线　如图9-19所示，每条引入线和引出线的电路中都装有断路器和隔离开关，电源的引入与引出是通过同一组母线连接的。断路器（QF_1、QF_2）主要用来切断负荷电流或故障电流，是主接线中最主要的开关设备。隔离开关（QS）有两种：靠近母线侧的称为母线隔离开关（QS_2、QS_3），作为隔离母线电源，以便检修母线、断路器 QF_1、QF_2；靠近线路侧的称为线路隔离开关（QS_1、QS_4），防止在检修断路器时从用户（负荷）侧反向供电，或防止雷电过电压沿线路侵入，以保证维修人员安全。

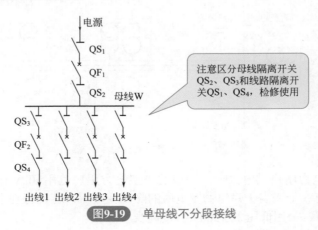

图9-19 单母线不分段接线

隔离开关与断路器必须实行联锁操作，以保证隔离开关"先通后断"，不带负荷操作。如出线 1 送电时，必须先合上 QS_3、QS_4，再合上断路器 QF_2；如停止供电，必须先断开 QF_2，然后断开 QS_3、QS_4。

单母线接线简单，使用设备少，配电装置投资少，但可靠性、灵活性较差。当母线或母线隔离开关故障或检修时，必须断开所有回路，造成全部用户停电。

这种接线适用于单电源进线的一般中、小型容量且对供电连接性要求不高的用户，电压为 6 ～ 10kV 级。

有时为了提高供电系统的可靠性，用户可以将单母线不分段接线进行适当的改进，如图 9-20 所示。改进的单母线不分段接线，增加了一个电源进线的母线隔离开关（QS_2、QS_3），并将一段母线分为两段（W_1、W_2）。当某段母线故障或检修时，先将电源切断（QF_1、QS_1 分断），再将故障或需要检修的母线 W_1（或 W_2）的电源侧母线隔离开关 QS_2（或 QS_3）打开，使故障或需检修的母线段与电源隔离。然后，接通电源（QS_1、QF_1 闭合），可继续对非故障母线段 W_2（或 W_1）供电。这样，缩小了因母线故障或检修造成的停电范围，提高了单母线不分段接线方式供电的可靠件。

（2）单母线分段接线　当出线回路数增多且有两路电源进线时，可用隔离开关（或断路器）将母线分段，成为单母线分段接线。如图 9-21 所示，QSL（或 QFL）为分段隔离开关（或断路器）。母线分段后，可提高供电的可靠性和灵活性。在正常工作时，分段隔离开关（或断路器）既可接通也可断开运行。即单母线分段接线可以分段运

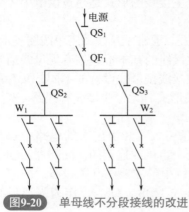

图9-20 单母线不分段接线的改进

行，也可以并列运行。

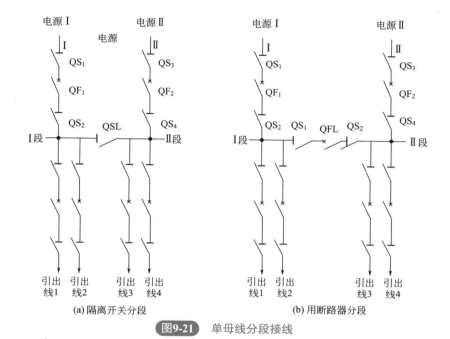

(a)隔离开关分段　　　　　　(b)用断路器分段

图9-21 单母线分段接线

① 分段运行　采用分段运行时，各段相当于单母线不分段接线。各段母线之间在电气上互不影响，互相分列，母线电压按非同期（同期指的是两个电源的频率、电压幅值、电压波形、初相角完全相同）考虑。

任一路电源故障或检修时，如其余电源容量还能负担该电源的全部引出线负荷，则可经过"倒闸操作"恢复对故障或检修部分引出线的供电，否则该电源所带的负荷将全部或部分停止运行。当任意一段母线故障或检修时，该段母线的全部负荷将停电。

单母线分段接线方式根据分段的开关设备不同，有以下几种：

● 用隔离开关分段，如图 9-21(a)所示。对于用隔离开关 QSL 分段的单母线接线，由于隔离开关不能带电流操作，因此当需要切换电源（某一电源故障停电或开关检修）时，会造成部分负荷短时停电。如母线 I 的电源 I 停电，需要电源 II 带全部负荷时，首先将 QF_1、QS_2 断开，再将 I 段母线各引出线开关断开，然后将母线隔离开关 QSL 闭合。这时，I 段母线由电源 II 供电，可分别合上该段各引出线开关恢复供电。当母线故障或检修时，该段母线上的负荷将停电。当需要检修母线隔离开关 QS_2 时，需要将两段母线上的部分负荷停电。

● 用隔离开关分段的单母线接线方式，适用于由双回路供电、允许短时停电的二级负荷。

● 用负荷开关分段。其性能特点与用隔离开关分段的单母线基本相同。

● 用断路器分段，接线如图 9-21（b）所示。分段断路器 QFL，除具有分段隔离开关的作用外，还一般都装有继电保护装置，能切断负荷电流或故障电流，还可实现自动分、合闸。当某段母线故障时，分段断路器 QFL 与电源进线断路器（QF_1 或 QF_2）的继电保护动作将同时切断故障母线的电源，从而保证了非故障母线正常运行。当母线检修时，也不会引起正常母线段的停电，可直接操作分段断路器，拉开隔离开关进行检修，其余各段母线继续运行。用断路器分段接线，可靠性提高。如果有后备措施，一般可以对一级负荷供电。

② 并列运行　采用并列运行时，相当于单母线不分段接线形式。当某路电源停电或检修时，无须整个母线停电，只需断开停电或故障电源的断路器及其隔离开关，调整另外电源的负荷量即可，但当某段母线故障或检修时，将会引起正常母线段的短时停电。

母线可分段运行，也可不分段运行。实际运行中，一般采取分段运行的方式。单母线分段便于分段检修母线，减小母线故障影响范围，提高了供电的可靠性和灵活性。这种接线适用于双电源进线的比较重要的负荷，电压为 6 ～ 10kV 级。

（3）带旁路母线的单母线接线　单母线分段接线，不管是用隔离开关分段还是用断路器分段，在母线检修或故障时，都避免不了使该母线的用户停电。另外，单母线接线在检修引出线断路器时，该引出线的用户必须停电（双回路供电用户除外）。为了克服这一缺点，可采用单母线加旁路母线。单母线带旁路接线方式如图9-22所示，增加了一条母线和一组联络用开关电器、多个线路侧隔离开关。

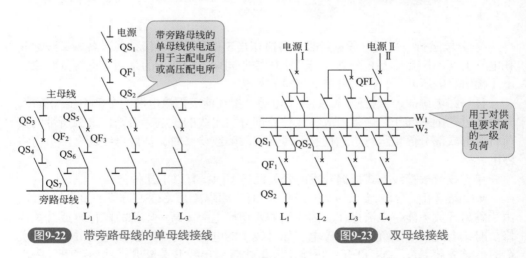

图9-22　带旁路母线的单母线接线　　　图9-23　双母线接线

当对引出线断路器 QF_3 检修时，先闭合隔离开关 QS_7、QS_4、QS_3，再闭合旁路母线断路器 QF_2，QF_3 断开，打开隔离开关 QS_5、QS_6；引出线不需停电就可进行断路器 QF_3 的检修，保证供电的连续性。

这种接线适用于配电线路较多、负载性质较重要的主变电所或高压配电所。该运行方式灵活，检修设备时可以利用旁路母线供电，减少停电。

（4）双母线接线　双母线接线方式如图9-23所示。其中，母线 W_1 为工作母线，母线 W_2 为备用母线，两段母线互为备用。任一电源进线回路或负荷引出线都经一个断路器和两个母线隔离开关接于双母线上，两个母线通过母线断路器QFL隔离开关相连接。其工作方式可分为两种。

① 两组母线分列运行　其中一组母线运行，一组母线备用，即两组母线分为运行或备用状态。与 W_1 连接的母线隔离开关闭合，与 W_2 连接的母线隔离开关断开，母线联络断路器 QFL 在正常运行时处于断开状态，其两侧与之串接的隔离开关为闭合状态。当工作母线 W_1 故障或检修时，经"倒闸操作"即可由备用母线继续供电。

② 两组母线并列运行　两组母线并列运行，但互为备用。将电源进线和引出线路与两组母线连接，并将所有母线隔离开关闭合，母线联络断路器 QFL 在正常运行时也闭合。当某组母线故障或检修时，仍可经"倒闸操作"，将全部电源和引出线路均接于另一组母线上，继续为用户供电。

双母线两组互为备用，大大提高了供电可靠性和主接线工作的灵活性，一般用在对供电可靠性要求很高的一级负荷，如大型建筑物群总降压变电所的 35～110kV 主接线系统中，或有重要高压负荷或有自备发电厂的 6～10kV 主接线系统。

（5）线路-变压器组接线电路

① 图 9-24（a）所示为一次侧电源进线和一台变压器的接线方式。断路器 QF_1 用来切断负荷或故障电流，线路隔离开关 QF_1 用来隔离电源，以便安全检修变压器或断路器等电气设备。在进线的线路隔离开关 QS_1 上，一般带有接地刀闸 QSD，在检修时可通过 QSD 将线路与地短接。

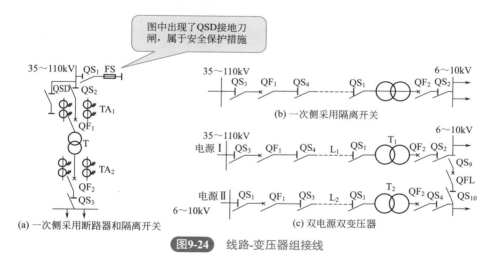

图中出现了QSD接地刀闸，属于安全保护措施

图9-24 线路-变压器组接线

② 如图 9-24（b）所示接线，当电源由区域变电所专线供电，且线路长度在 2～3km，变压器容量不大，系统短路容量较小时，变压器高压侧可不装设断路器，只装设隔离开关 QS_1，由电源侧引出线断路器 QF_1 承担对变压器及其线路的保护。

若切除变压器，先切除负荷侧的断路器 QF_2，再切除一次侧的隔离开关 QS_1；投入变压器时，则操作顺序相反，即先合上一次侧的隔离开关 QS_1，再使二次侧断路器 QF_2 闭合。

利用线路隔离开关 QS_1 进行空载变压器的切除和投入时，若电压为 35kV 以内，则电压为 110kV 的变压器，容量限制在 3200kV·A 以内。

③ 如图 9-24（c）所示接线，采用两台电力变压器，并分别由两个电源供电，二次侧母线设有自投装置，可极大提高供电的可靠性。二次侧可以并联运行，也可分列运行。

该接线的特点是直接将电能送至用户，变压侧无用电设备，电气线路发生故障或检修时，需停变压器；变压器故障或检修时，所有负荷全部停电。该接线方式适用于引出线为二级、三级负荷，只有 1～2 台变压器的单电源或双电源进线的供电。

（6）桥式接线　对于具有双电源进线、两台变压器的终端总降压变电所，可采用桥式接线。桥式接线实质上是连接了两个 35～110kV 线路-变压器组的高压侧，其特点是有一条横连跨桥的"桥"。桥式接线比分段单母线结构简单，减少了断路器的数量，两路电源进线只采用 3 台断路器就可实现电源的互为备用。根据跨接桥横连位置的不同，分内桥接线和外桥接线。

① 内桥接线　图 9-25（a）为内桥接线，跨接桥接在进线断路器之下而靠近变压器侧，桥断路器（ QF_3 ）装在线路断路器（ QF_1 、 QF_2 ）之内，变压器高压侧仅装隔离开关，不装断路器。采用内桥接线可以提高输电线路运行方式的灵活性。

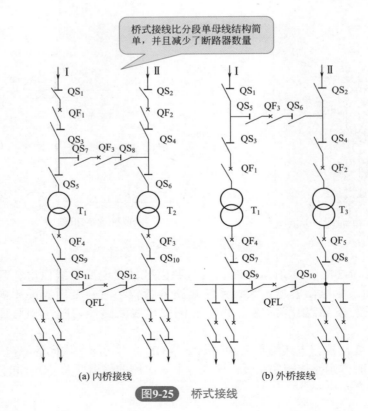

图9-25　桥式接线

电源进线 I 失电或检修时，先将 QF$_1$ 和 QS$_3$ 断开，然后合上 QF$_3$（其两侧的 QS$_7$、QS$_8$ 应先合上），即可使两台主变压器 T$_1$、T$_2$ 均由电源进线 II 供电，操作比较简单。如果要停用变压器 T$_1$，则需先断开 QF$_1$、QF$_3$ 及 QF$_4$，然后断开 QS$_5$、QS$_9$，再合上 QF$_1$ 和 QF$_3$，使主变压器 T$_2$ 仍可由两路电源进线供电。

内桥接线适用于：变电所对一级、二级负荷供电；电源线路较长；变电所跨接桥没有电源线之间的穿越功率；负荷曲线较平衡，主变压器不经常退出工作；终端型总降压变电所。

② 外桥接线 图9-25（b）为外桥接线，跨接桥接在进线断路器之上而靠近线路侧，桥断路器（QF$_3$）装在变压器断路器（QF$_1$、QF$_2$）之外，进线回路仅装隔离开关，不装断路器。

电源进线 I 失电或检修时，需断开 QF$_1$、QF$_3$，然后断开 QS$_1$，再合上 QF$_1$、QF$_3$，使两台主变压器 T$_1$、T$_2$ 均由电源进线 II 供电。如果要停用变压器 T$_1$，只要断开 QF$_1$、QF$_1$ 即可；如果要停用变压器 T$_2$，只要断开 QF$_2$、QF$_5$ 即可。

外桥接线适用于：变压所对一级、二级负荷供电；电源线路较短；允许变电所高压进线之间有较稳定的穿越功率；负荷曲线变化大，主变压器需要经常操作；中间型总降压变电所，易于构成环网。

三、变电所的主接线

高压侧采用电源进线经过跌落式熔断器接入变压器。结构简单经济，供电可靠性不高，一般只用于 630kV·A 及以下容量的露天的变电所，对不重要的三级负荷供电，如图 9-26（a）所示。

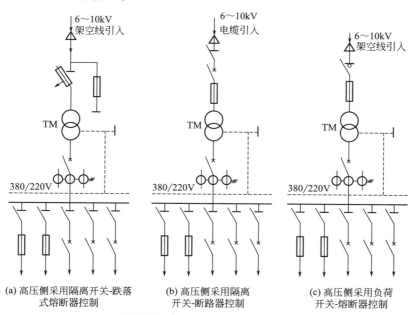

(a) 高压侧采用隔离开关-跌落式熔断器控制　(b) 高压侧采用隔离开关-断路器控制　(c) 高压侧采用负荷开关-熔断器控制

图9-26 一般民用建筑变电所主接线

高压侧采用隔离开关 - 户内高压熔断器断路器控制的变电所，通过隔离开关和户内高压熔断器接入进线电缆。这种接线由于采用了断路器，因此变电所的停电、送电操作灵活方便。但供电可靠性仍不高，一般只用于三级负荷。如果变压器低压侧有与其他电源的联络线，则可用于二级负荷，如图 9-26（b）所示，一般用于 320kV·A 及以下容量的室内变电所，且变压器不经常进行投切操作。

高压侧采用负荷开关-熔断器控制，通过负荷开关和高压熔断器接入进线电缆。结构简单、经济，供电可靠性仍不高，但操作比上述方案要简便灵活，也只适用于不重要的三级负荷容量在 320kV·A 以上的室内变电所，如图9-26（c）所示。

两路进线、高压侧无母线、两台主变压器、低压侧单母线分段的变电所主接线如图9-27所示。这种接线可靠性较高，供二、三级负荷。

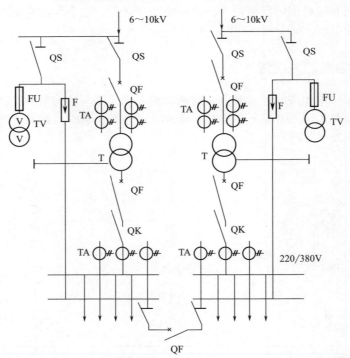

二级负荷：一般应有两回路供电，当电源来自同一
区域变电站的不同变压器时，即可认为满足要求

图9-27 两路进线、高压侧无母线、两台主变压器、低压侧单母线分段的变电所主接线

一路进线、高压侧单母线、两台主变压器、低压侧单母线分段的变电所主接线如图9-28所示。这种接线可靠性也较高，可供二、三级负荷。

两路进线、高压侧单母线分段、两台主变压器、低压侧单母线分段的变电所主接线如图9-29所示。这种接线可靠性高，可供一、二级负荷。

三级负荷：为不重要的一般负荷，对供电电源无特殊要求

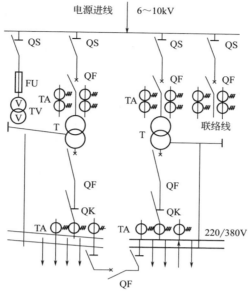

图9-28　一路进线、高压侧单母线、两台主变压器、低压侧单母线分段的变电所主接线

一级负荷：应有两个独立电源供电，以保证供电的持续性，其中一路电源为备用

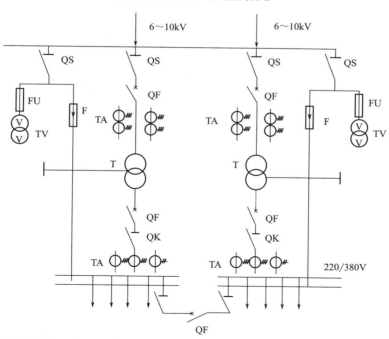

图9-29　两路进线、高压侧单母线分段、两台主变压器、低压侧单母线分段的变电所主接线

四、供配线路的接线方式

（1）供配线路的接线方式　高压配电线路的接线方式有放射式、树干式及环式。

①放射式　高压放射式接线是指由变配电所高压母线上引出的任一回线路，只直接向一个变电所或高压用电设备供电，沿线不分接其他负荷，如图9-30（a）所示。这种接线方式简单，操作维护方便，便于实现自动化，但高压开关设备用得多、投资高，线路故障或检修时，由该线路供电的负荷要停电。为提高可靠性，根据具体情况可增加备用线路，如图9-30（b）所示为采用双回路放射式线路供电，如图9-30（c）所示为采用公共备用线路供电，如图9-30（d）所示为采用低压联络线供电线路等，都可以增加供电的可靠性。

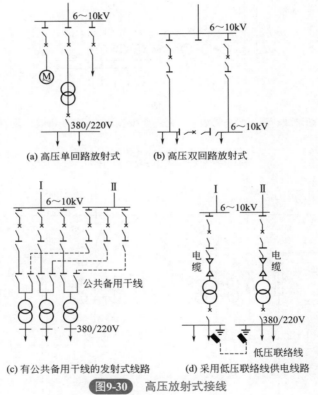

(a) 高压单回路放射式　　(b) 高压双回路放射式

(c) 有公共备用干线的发射式线路　　(d) 采用低压联络线供电线路

图9-30　高压放射式接线

②树干式　高压树干式接线是指由建筑群变配电所高压母线上引出的每路高压配电干线上，沿线要分别连接若干个建筑物变电所用电设备或负荷点的接线方式，如图9-31（a）所示。这种接线从变配电所引出的线路少，高压开关设备相对应用得少。配电干线少可以节约有色金属，但供电可靠性差，干线检修将引起干线上的全部用户停电。所以，一般干线上连接的变压器不得超过5台，总容量不应大于3000kV·A。为提高供电可靠性，同样可采用增加备用线路的方法。如图9-31（b）所

示为采用两端电源供电的单回路树干式供电，若一侧干线发生故障，还可采用另一侧干线供电。另外，不可采用树干式供电和带单独公共备用线路的树干式供电来提高供电可靠性。

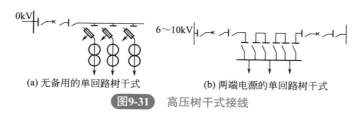

(a) 无备用的单回路树干式 (b) 两端电源的单回路树干式

图9-31 高压树干式接线

③ 环式　对建筑供电系统而言，高压环式接线其实是树干式接线的改进，如图9-32所示，两路树干式线路连接起来就构成了环式接线。这种接线运行灵活，供电可靠性高。当干线上任何地方发生故障时，只要找出故障段，拉开其两侧的隔离开关，把故障段切除后，全部线路可以恢复供电。由于闭环运行时继电保护整定比较复杂，因此正常运行时一般均采用开环运行方式。

以上简单分析了3种基本接线方式的优缺点，实际上，建筑高压配电系统的接线方式往往是几种接线方式的组合，究竟采用什么接线方式，应根据具体情况，经技术经济综合比较后才能确定。

（2）低压配电线路的接线方式　低压配电线路的基本接线方式可分为放射式、树干式和环式3种。

① 放射式　低压放射式接线如图 9-33 所示，由变配电所低压配电屏供电给主配电箱，再经放射式分配至分配电箱。由于每个配电箱由单独的线路供电，故这种接线方式供电可靠性较高，所用开关设备及配电线路也较多，因此，多用于用电设备容量大，负荷性质重要，建筑物内负荷排列不整齐及有爆炸危险的厂房等场合。

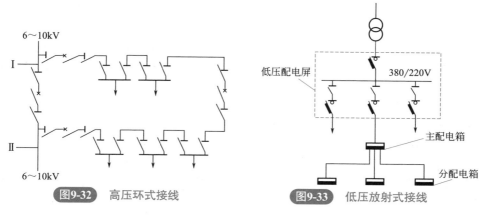

图9-32 高压环式接线　　　　**图9-33** 低压放射式接线

② 树干式　低压树干式接线主要供电给用电容量较小且分布均匀的用电设备。这种接线方式引出的配电干线较少，采用的开关设备自然较少，但干线出现

故障就会使所连接的用电设备受到影响，供电可靠性较差。如图 9-34 所示为几种树干式接线方式。图中，链式接线方式适用于用电设备距离近、容量小（总容量不超过 10kW）、台数为 3 ～ 5 台的场合。变压器 - 干线式接线方式的二次侧引出线经过负荷开关（或隔离开关）直接引至建筑物内，省去了变电所的低压侧配电装置，简化了变电所结构，减少了投资。

③ 环式　建筑群内各建筑物变电所的低压侧，可以通过低压联络线连接起来，构成一个环，如图 9-35 所示。这种接线方式供电可靠性高，一般线路故障或检修只是引起短时停电或不停电，经切换操作后就可恢复供电。环式接线保护装置整定配合比较复杂，因此低压环形供电多采用开环运行。

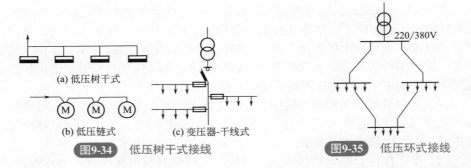

(a) 低压树干式

(b) 低压链式

(c) 变压器-干线式

图9-34　低压树干式接线

220/380V

图9-35　低压环式接线

实际工厂低压配电系统的接线，也往往是上述几种接线方式的组合，可根据具体实际情况而定。

五、电气主电路图

当你拿到一张图纸时，若看到有母线，就知道它是变配电所的主电路图。然后，再看看是否有电力变压器，若有电力变压器就是变电所的主电路图，若无则是配电所的主电路图。但是不管是变电所的还是配电所的主电路图，它们的分析（识图）方法一样，都是从电源进线开始，按照电能流动的方向进行识图。

电气主电路图是变电所、配电所的主要图纸，有些主电路图又比较复杂，要想读懂它必须掌握一定的读图方法，一般从变压器开始，然后向上、向下读图。向上识读电源进线，向下识读配电出线。

① 电源进线　看清电源进线回路的个数、编号、电压等级、进线方式（架空线、电缆及其规格型号）、计算方式、电流互感器、电压互感器和仪表规格型号数量、防雷方式和避雷器规格型号数量。

② 了解主变压器的主要技术数据　这些技术数据（主变压器的规格型号、额定容量、额定电压、额定电流和额定频率）一般都标在电气主电路图中，也有另列在设备表内的。

③ 明确各电压等级的主接线基本形式　变电所都有二级或三级电压等级，识读电气主电路图时应逐个阅读，明确各个电压等级的主接线基本形式，这样，对复杂

的电气主电路图就能比较容易地读懂。

对变电所来说，主变压器高压侧的进线是电源，因此要先看高压侧的主接线基本形式，是单母线还是双母线，是不分段的还是分段的，是带旁路母线的还是不带旁路母线的；是不是桥式，是内桥还是外桥。如果主变压器有中压侧，则最后看中压侧的主接线基本形式，其思考方法与看高压侧的相同。还要了解母线的规格型号。

④ 了解开关、互感器、避雷器等设备配置情况　电源进线开关的规格型号及数量、进线柜的规格型号及台数、高压侧联络开关规格型号；低压侧联络开关（柜）规格型号；低压出线开关（柜）的规格型号及台数；回路个数、用途及编号；计量方式及仪表；有无直控电动机或设备及其规格型号、台数、启动方法、导线电缆规格型号。对主变压器、线路和母线等，与电源有联系的各侧都应配置有断路器，当它们发生故障时，就能迅速切除故障；断路器两侧一般都应该配置隔离开关，且刀片端不应与电源相连接；了解互感器、避雷器配置情况。

⑤ 电容补偿装置和自备发电设备或 UPS 的配置情况　了解有无自备发电设备或 UPS，其规格型号、容量与系统连接方式及切换方式，切换开关及线路的规格型号，计量方式及仪表，电容补偿装置的规格型号及容量，切换方式及切换装置的规格型号。

（1）电流互感器的接线方案　在电气主电路中电流互感器的画法如图9-36所示。

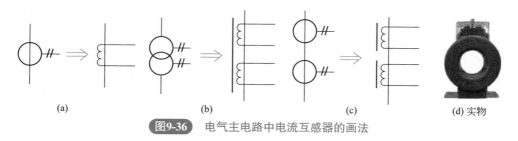

图9-36 电气主电路中电流互感器的画法

电流互感器在三相电路中常见有 4 种接线方案，如图 9-37 所示。

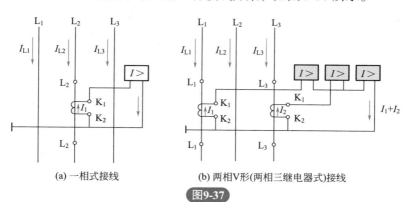

(a) 一相式接线　　　　(b) 两相V形(两相三继电器式)接线

图9-37

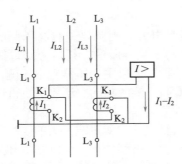

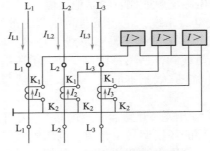

(c) 两相电流差(两相一继电器式)接线　　　　(d) 三相星形(三相三继电器式)接线

(e) 电流互感器实物接线

图9-37 电流互感器四种常用接线方案

① 一相式接线　如图9-37（a）所示。这种接线在二次侧电流线圈中通过的电流，反映一次电路对应相的电流。这种接线通常用于负荷平衡的三相电路，供测量电流和作过负荷保护装置用。

② 两相电流接线（两相 V 形接线）　如图 9-37（b）所示。这种接线也叫两相不完全星形接线，电流互感器通常接于 L_1、L_3 相上，流过二次侧电流线圈的电流，反映一次电路对应相的电流，而流过公共电流线圈的电流为 $I_1+I_3=-I_2$，它反映了一次电路 L_2 相的电流。这种接线广泛应用于 6 ～ 10kV 高压线路中，测量三相电能、电流和作过负荷保护用。

③ 两相电流差接线　如图9-37（c）所示。这种接线也常把电流互感器接于 L_1、L_3 相上，在三相短路对称时流过二次侧电流线圈的电流为 $I=I_1-I_3$，其值为相电流的 $\sqrt{3}$ 倍。这种接线在不同短路故障下，反映到二次侧电流线圈的电流各自不同，因此对不同的短路故障具有不同的灵敏度。这种接线主要用于6～10kV高压电路中的过电流保护。

④ 三相星形接线　如图9-37（d）所示。这种接线流过二次侧电流线圈的电流分别对应主电路的三相电流，它广泛用于负荷不平衡的三相四线制系统和三相三线制系统中，用作电能、电流的测量及过电流保护。

（2）电压互感器的接线方案　电压互感器在三相电路中常见的接线方案有4种，如图9-38所示。

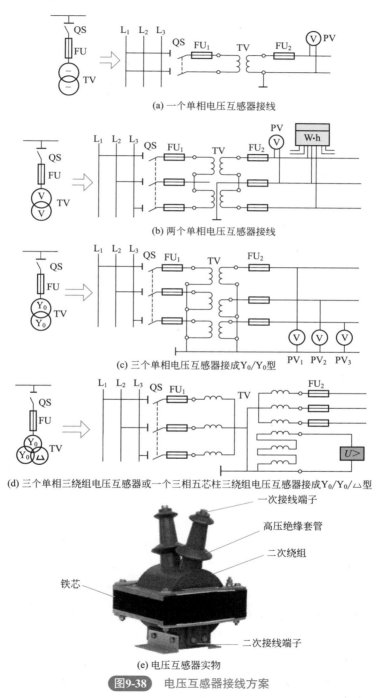

(a) 一个单相电压互感器接线

(b) 两个单相电压互感器接线

(c) 三个单相电压互感器接成Y_0/Y_0型

(d) 三个单相三绕组电压互感器或一个三相五芯柱三绕组电压互感器接成$Y_0/Y_0/\triangle$型

一次接线端子
高压绝缘套管
二次绕组
铁芯
二次接线端子

(e) 电压互感器实物

图9-38　电压互感器接线方案

① 一个单相电压互感器的接线　如图9-38（a）所示。供仪表、继电器接于三相电路的一个线电压上。

② 两个单相电压互感器接线　如图9-38（b）所示。供仪表、继电器接于三相三线制电路的各个线电压上，它广泛地应用在6～10kV高压配电装置中。

③ 三个单相电压互感器接线（Y_0/Y_0）　如图9-38（c）所示。供电给要求相电压的仪表、继电器，并供电给接相电压的绝缘监察电压表。由于小电流接地的电力系统在发生单相接地故障时，另外正常相的对地电压要升高到线电压的$\sqrt{3}$倍，因此绝缘监察电压表不能接入按相电压选择的电压表中，否则在一次电路发生单相接地时，电压表可能被烧坏。

④ 三个单相三绕组电压互感器或一个三相五芯柱三绕组电压互感器接成$Y_0/Y_0/\triangle$型（开口三角形）　如图9-38（d）所示。接成Y_0的二绕组，供电给需相电压的仪表、继电器及作为绝缘监察的电压表，而接成开口三角形的辅助二绕组，供电给用作绝缘监察的电压继电器，一次电路正常工作时，开口三角形两端的电压接近于无序，当某一相接地时，开口三角形两端将出现近100V的零序电压，使继电器启动，发出信号。

（3）变电所的主电路图有两种基本绘制方式——系统式主电路图和装置式主电路图系统式主电路图是按照电能输送和分配的顺序，用规定的图形符号和文字符号来表示设备的相互连接关系，表示出了高压、低压开关柜相互连接关系。这种主电路图全面、系统，但未标出具体安装位置，不能反映出其成套装置之间的相互排列位置，如图9-39所示。这种图主要在设计过程中进行分析、计算和选择电气设备时使用，在运行中的变电所值班室中作为模拟演示供配电系统运行状况用。

在工程设计的施工设计阶段和安装施工阶段，通常需要把主电路图转换成另外一种形式，即按高压或低压配电装置之间的相互连接和排列位置而画出的主接线图，称为装置式主电路图，各成套装置的内部设备的接线以及成套装置之间的相互连接和排列位置一目了然。这样才能便于成套配电装置订货和安装施工。系统式主电路如图9-39所示，经过转换，可以得出如图9-40所示的装置式主电路图。

识图示例如下：

① 有两台主变压器的降压变电所的主电路　电路如图9-41所示，该变电所的负荷主要是地区性负荷。变电所110kV侧为外桥接线，10kV侧采用单母线分段接线。

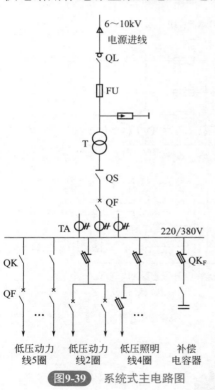

图9-39　系统式主电路图

这种接线要求10kV各段母线上的负荷分配大致相等。

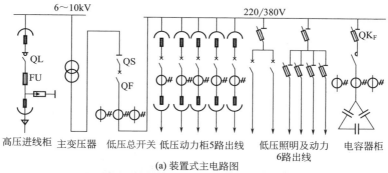

高压进线柜　主变压器　低压总开关　低压动力柜5路出线　低压照明及动力　电容器柜
　　　　　　　　　　　　　　　　　　　　　　　　　　　6路出线

(a) 装置式主电路图

(b) 配电设备装置主电路图标牌

图9-40　装置式主电路图

　　a. 主变压器。1主变压器与2主变压器的一、二次侧电压为110kV/10kV，其容量都是10000kV·A，而且两台主变压器的接线组别也相同，都为Y，d5接线。主电路图一般都画成单线图，局部地方可画成多线图。由这些情况得知，这两台主变压器既可单独运行也可并列运行。电源进线为110kV。

　　b. 在110kV电源入口处，都有避雷器、电压互感器和接地隔离开关（俗称接地刀闸），供保护、计量和检修之用。

　　c. 主变压器的二次侧。两台主变压器的二次侧出线各经电流互感器、断路器和隔离开关，分别与两段10kV母线相连。这两段母线由母线联络开关（由两个隔离开关和一个断路器组成）进行联络。正常运行时，母线联络开关处于断开状态，各段母线分别由各自主变压器供电。当一台主变压器检修时，接通母线联络开关，于是两段母线合成一段，由另一台主变压器供电，从而保证不间断向用户供电。

　　d. 配电出线。在每段母线上接有4条架空配电线路和2条电缆配电线路。在每条架空配电线路上都接有避雷器，以防线被雷击损坏。变电所用电由变压器供给，这是一台容量为50kV·A，接线组别为Y，yn0的三相变压器，它可由10kV两段母线双受电，以提高用电的可靠性。此外，在两段母线上还各接有电压互感器和避雷器作为计量和防雷保护用。

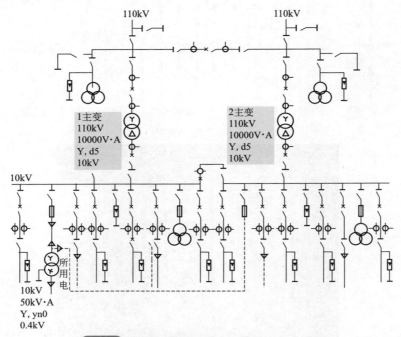

1主变
110kV
10000V·A
Y, d5
10kV

2主变
110kV
10000V·A
Y, d5
10kV

10kV

所用电

10kV
50kV·A
Y, yn0
0.4kV

图9-41 两台主变压器的降压变电所的主电路

② 有一台主变压器附备用电源的降压变电所主电路　对不太重要、允许短时间停电的负荷供电时，为使变电所接线简单、节省电气元件和投资，往往采用一台主变压器并附备用电源的接线方式，其主电路如图9-42所示。

a. 主变压器。主变压器一、二次侧电压为35kV/10kV，额定容量为6300kV·A，接线组别为Y，d5。

b. 主变压器一次侧。主变压器一次侧经断路器、电流互感器和隔离开关与35kV架空线路连接。

c. 主变压器二次侧。主变压器二次侧出口经断路器、电流互感器和隔离开关与10kV母线连接。

d. 备用电源。为防止35kV架空线路停电，备有一条10kV电缆电源线路，该电缆经终端电缆头变换成三相架空线路，经隔离开关、断路器、电流互感器和隔离开关也与10kV母线连接。正常供电时，只使用35kV电源，备用电源不投入；当35kV电源停用时，方投入备用电源。

e. 配电出线。10kV母线分成两段，中间经母线联络开关联络。正常运行时，母线联络开关接通，两段母线共同向6个用户供电。同时，还通过一台20kV·A三相变压器向变电所供电。此外，母线上还接电压互感器和避雷器，用作测量和防雷保护，电压互感器三相户内式由辅助二次线圈接成开口三角形。

35kV
10kV
主变
35kV
6300kV·A
Y, d5
10kV
10kV
所用电
10kV
20kV·A
Y, yn0
0.4kV

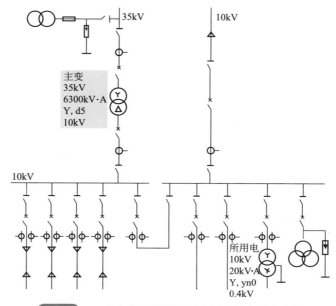

图9-42 一台主变压器附备用电源的变电所主电路

③ 组合式成套变电所　组合式成套变电所又叫箱式变电所（站），其各个单元部分都是由制造厂成套供应，易于在现场组合安装。组合式成套变电所不需建造变压器室和高、低压配电室，并且易于深入负荷中心。如图 9-43 所示为 XZN-1 型户内组合式成套变电所的高、低压主电路。

序号
1
2
3
4
5
6
7
8
9
10
方案
4回路
4回路
8回路
8回路
名称
进线
电压测量及过电压保护
计量
出线
变压器
低压总进线
出线
出线
出线
出线

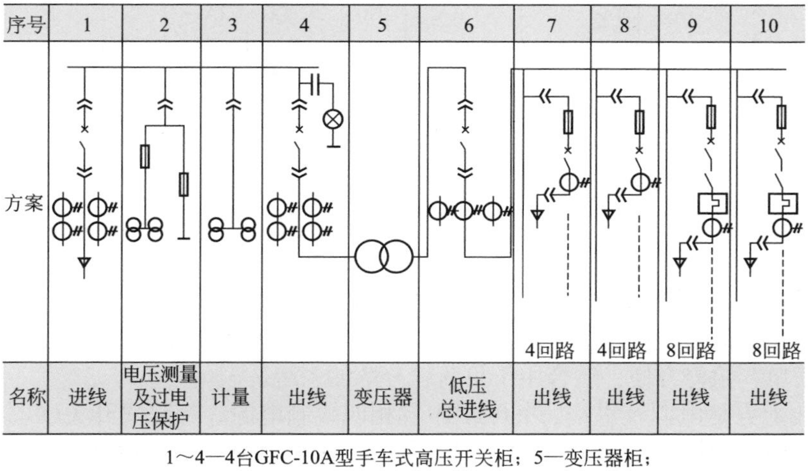

1～4—4台GFC-10A型手车式高压开关柜；5—变压器柜；
6—低压总过线柜；7～10—4台BFC-10A型抽屉式低压柜

图9-43 XZN-1型户内组合式成套变电所的高、低压主电路

其电气设备分为高压开关柜、变压器柜和低压柜3部分。高压开关柜采用GFC-10A型手车式高压开关柜，在手车上装有N4-10C型真空断路器；变压器柜主要装配SCL型环氧树脂浇注干式变压器，防护工可拆装结构，变压器装有滚轮，便于取出检修；低压柜采用BFC-10A型抽屉式低压配电柜，主要装配ME型低压断路器等。

④ 低压配电线路　低压配电线路一般是指从低压母线或总配电箱（盘）送到各低压配电箱的低电线路。如图9-44所示为低压配电线路。电源进线规格型号为BBX-500，$3\times95+1\times50$，这种线为橡胶绝缘铜芯线，三根相线截面积为$95mm^2$，一根零线的截面积$50mm^2$。电源进线先经隔离开关，用三相电流互感器测量三相负荷电流，再经断路器作短路和过载保护，最后接到100×6的低压母线，在低压母线排上接有若干个低压开关柜，可根据其使用电源的要求分类设置开关柜。

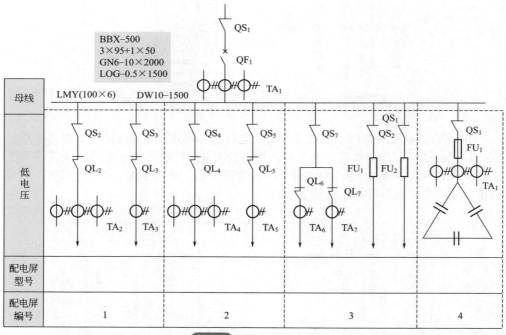

图9-44　低压配电线路

该线路采用放射式供电系统。从低压母线上引出若干条支路直接接支路配电箱（盘）或用户设备配电，沿线不再接其他负荷，各支路间无联系，因此这种供电方式线路简单，检修方便，适合用于负荷较分散的系统。

母线上方是电源及进线。380/220V三相四线制电源，经隔离开关QS_1、断路器QF_1送至低压母线。QF_1用作短路与过载保护。三相电流互感器TA_1用于测量三相负荷电流。

在低压母线排上接有若干个低压开关柜，在配电回路上都接有隔离开关、断路器或负荷开关，作为负荷的控制和保护装置。

⑤某公司配电室高压和低压开关柜实物　如图 9-45 和图 9-46 所示。

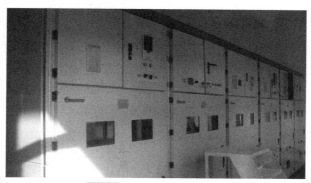

图9-45　配电室高压开关柜

图9-46　配电室低压开关柜

第四节　继电保护装置的操作电源与二次回路

继电保护装置的操作电源是继电保护装置的重要组成部分。要使继电保护可靠动作，就需要可靠地操作电源。对于不同的变、配电所，采用各种不同形式的继电保护装置，因而就要配置不同形式的操作电源。继电保护常用的操作电源有以下几种。

一、交流操作电源

交流操作的继电保护，广泛用于 10kV 变、配电室中，交流操作电源主要取自电压互感器，变、配电所内用的变压器、电流互感器等。

（1）交流电压作为操作电源　这种操作电源常作为变压器的瓦斯或温度保护的操作电源。断路器操动机构一般可用C82型手力操动机构，配合电压切断掉闸（分励脱扣）机构。操作电源取自电压互感器（电压100V）或变、配电所内用的变压器（电压220V）。

这种操作电源，实施简单、投资省、维护方便，便于实施断路器的远程控制。

交流电压操作电源的主要缺点是受系统电压变化的影响，特别是当被保护设备发生三相短路故障时，母线电压急剧下降，影响继电保护的动作，使断路器不能掉闸，造成越级掉闸，可能使事故扩大。这种操作电源不适用作变、配电所主要保护的操作电源。

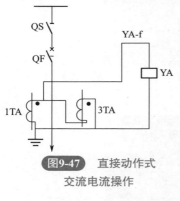

图9-47　直接动作式
交流电流操作

（2）交流电流作为操作电源　对于10kV反时限过流保护，往往采用交流电流操作，操作电源取自电流互感器。这种操作电源一般分为以下几种操作方式。

① 直接动作式交流电流操作的方式　如图9-47所示，这种操作方式构成的保护装置结构简单、经济实用，但是，动作电流精度不高、误差较大，适用于10kV以下的电动机保护或用于一般的配电线路中。

② 采用去分流式交流电流的操作方式　这种操作方式继电器应采用常闭式触点，结构比较简单，如图9-48所示。

③ 应用速饱和变流器的交流电流的操作方式　这种操作方式还需要配置速饱和变流器。继电器常用常开式触点，这种方式可以限制流过继电器和操动机构电流线圈的电流，接线相对简单，如图9-49所示。

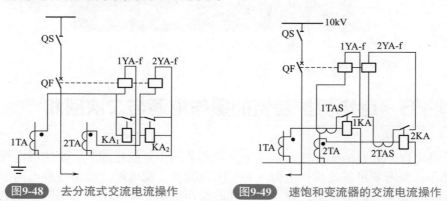

图9-48　去分流式交流电流操作　　　图9-49　速饱和变流器的交流电流操作

在应用交流电流的操作电源时，应注意选用适当型号的电流继电器以及适当型号的断路器操动机构掉闸线圈。

二、直流操作电源

直流操作电源适用于比较复杂的继电保护，特别是有自动装置时，更为必要。

常用的直流操作电源分为固定蓄电池室和硅整流式直流操作电源。

（1）固定蓄电池组的直流操作电源　这种操作电源对于大、中型变、配电所，配电出线较多，或双路电源供电，有中央信号系统并需要电动合闸时，较为适当（多用于发电厂）。它可以应用蓄电池组作直流电源，供操作、保护、灯光信号、照明、通信以及自动装置等使用，往往用于建蓄电池室，设专门的直流电源控制盘，这种操作电源是一种比较理想的电源。

（2）硅整流式直流操作电源　这种操作电源是交流经变压、整流后得到的。和固定蓄电池组相比较它经济实用，无须建筑直流室和增设充电设备，适用于中、小型变、配电所采用直流保护或具有自动装置的场合。为使操作电源具有可靠性，应采用独立的两路交流电源供电，硅整流操作电源接线原理如图9-50所示。

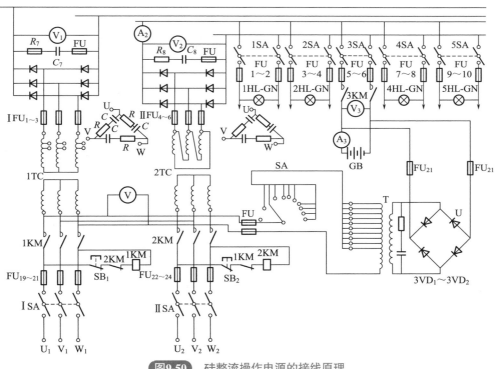

图9-50　硅整流操作电源的接线原理

如果操作电源供电的合闸电流不大，硅整流柜的交流电源可由电压互感器供电，同时为了保证在交流系统整个停电或系统发生短路故障的情况下，继电保护仍能可靠动作掉闸，硅整流装置还要采用直流电压补偿装置。常用的直流电压补偿装置是在直流母线上增加电容储能装置或镉镍电池组。

三、继电保护装置的二次回路

供电、配电用的回路，往往有较高的电压、电流，输送的功率很大，称为一次回路，又叫做主回路。为一次回路服务的检测计量回路、控制回路、继电保护回路、信号回路等叫做二次回路。

继电保护装置由六个单元构成，因而继电保护二次回路就包含了若干回路。这些回路按电源性质分为：交流电流回路，主要是电流互感器的二次回路；交流电压回路，主要是电压互感器的二次回路；直流操作回路、控制回路及交流操作回路等。按二次回路的主要用途分为：继电保护回路，自动装置回路，开关控制回路，灯光及音响的信号回路，隔离开关与断路器的电气联锁回路，断路器的分、合闸操作回路及仪表测量回路等。

绘制继电保护装置二次回路接线图、原理图应遵循以下原则。

① 必须按照国家标准的电气图形符号绘制。

② 继电保护装置二次回路中，还要标明各元件的文字标号，这些标号也要符合国家标准。常用的文字标号见表9-2。

③ 继电保护二次回路接线图（包括盘面接线图）中回路的数字标号，又称线号，应符合下述规定。

● 继电保护的交流电压、电流、控制、保护、信号回路的文字标号见表9-2。

表9-2　交流回路文字标号组

回路名称	互感器的文字符号	回路标号组			
		U相	V相	W相	中性线
保护装置及测量表计的电流回路	TA	U401～409	V401～409	W401～409	N401～409
	1TA	U411～419	V411～419	W411～419	N411～419
	2TA	U421～429	V421～429	W421～429	N421～429
保护装置及测量表计的电压回路	TV	U601～609	V601～609	W601～609	N601～609
	1TV	U611～619	V611～619	W611～619	N611～619
	2TV	U621～629	V621～629	W621～629	N621～629
控制，保护信号回路		U1～399	V1～399	W1～399	N1～399

● 继电保护直流回路数字标号见表9-3。

表9-3　直流回路数字标号组

回路名称	数字标号组			
	I	II	III	IV
+电源回路	1	101	201	301
−电源回路	2	102	202	302
合闸回路	3～31	103～131	203～231	303～331
绿灯或合闸回路监视继电器的回路	5	105	205	305
跳闸回路	33～49	133～149	233～249	333～349

回路名称	数字标号组			
	I	II	III	IV
红灯或跳闸回路监视继电器的回路	35	135	235	335
备用电源自动合闸回路	50～69	150～169	250～269	350～369
开关器具的信号回路	70～89	170～189	270～289	370～389
事故跳闸音响信号回路	90～99	190～199	290～299	390～399
保护及自动重合闸回路	01～099（或J1～J99）			
信号及其他回路	701～999			

● 继电保护及自动装置用交流、直流小母线的文字符号及数字标号见表9-4。

表9-4　小母线标号

小母线名称		小母线标号	
		文字标号	数字标号
控制回路电源小母线		+WB-C −WB-C	101 102
信号回路电源小母线		+WB-S −WB-S	701　703　705 702　704　706
事故音响小母线	用于配电设备装置内	WB-A	708
预报信号小母线	瞬时动作的信号	1WB-PI	709
		2WB-PI	710
	延时动作的信号	3WB-PD	711
		4WB-PD	712
直流屏上的预报信号小母线（延时动作信号）		5WB-PD	725
		6WB-PD	724
在配电设备装置内瞬时动作的预报小母线		WB-PS	727
控制回路短线预报信号小母线		1WB-CB 2WB-CB	713 714
灯光信号小母线		−WB-L	
闪光信号小母线		（+）WB-N-FLFI	100
合闸小母线		+WB-N-WBF-H	
"掉牌未复归"光字牌小母线		WB-R	716
指挥装置的音响小母线		WBV-V	715
公共的V相交流电压小母线		WBV-V	V600

续表

小母线名称	小母线标号	
	文字标号	数字标号
第一组母线系统或奇数母线段的交流电压小母线	1WBV-U	U640
	1WBV-W	W640
	1WBV-N	N640
	1WBV-Z	Z640
	1WBV-X	X640
第二组母线系统或偶数母线段的交流电压小母线	2WBV-U	U640
	2WBV-W	W640
	2WBV-N	N640
	2WBV-Z	Z640
	2WBV-X	X640

• 继电保护的操作、控制电缆的标号规定变、配电所中的继电保护装置、控制与操作电缆的标号范围是 100 ～ 199，其中 111 ～ 115 为主控制室至 6 ～ 10kV 的配电设备装置，116 ～ 120 为主控制室至 35kV 的配电设备装置，121 ～ 125 为主控制室至 110kV 的配电设备装置，126 ～ 129 为主控制室至变压器，130 ～ 149 为主控制室至室内屏间联络电缆，150 ～ 199 为其他各处控制电缆标号。

同一回路的电缆应当采用同一标号，每一电缆的标号后可加脚注a、b、c、d等。

主控制室内电源小母线的联络电缆，按直流网络配电电缆标号，其他小母线的联络电缆用中央信号的安装单位符号标注编号。

第五节　电流保护回路的接线

电流保护的接线，根据实际情况和对继电保护装置保护性能的要求，可采用不同的接线方式。凡是需要根据电流的变化而动作的继电保护装置，都需要经过电流互感器，把系统中的电流变换后传送到继电器中去。实际上电流保护的电流回路的接线，是指变流器（电流互感器）二次回路的接线方式。为说明不同保护接线的方式，对系统中各种短路故障电流的反应，进一步说明各种接线的适用范围，对每种接线的特点作以下介绍。

一、三相完整Y接线

三相完整 Y 接线如图9-51所示。电流保护完整 Y 接线的特点如下。

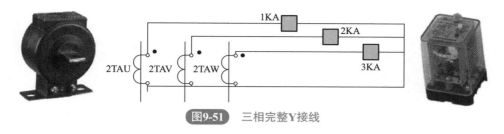

图9-51 三相完整Y接线

a. 这是一种合理的接线方式，用于三相三线制供电系统的中性点不接地、中性点直接接地和中性点经消弧电抗器接地的三相系统中，也适用三相四线制供电系统。

b. 对于系统中各种类型短路故障的短路电流，灵敏度较高，保护接线系数等于1。因而对系统中三相短路、两相短路、两相对地短路及单相短路等故障，都可起到保护作用。

c. 保护装置适用于10～35kV变、配电所的进、出线保护和变压器。

d. 这种接线方式，使用的电流互感器和继电器数量较多，投资较高，接线比较复杂，增加了维护及试验的工作量。

e. 保护装置的可靠性较高。

二、三相不完整Y接线

Y接线是三相供电系统中10kV变、配电所常用的一种接线，如图9-52所示。

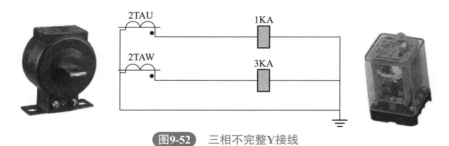

图9-52 三相不完整Y接线

电流保护不完整Y接线的特点如下。

① 应用比较普遍，主要用于10kV三相三线制中性点不接地系统的进、出线保护。

② 接线简单、投资省、维护方便。

③ 这种接线不适宜作为大容量变压器的保护，V形接线的电流保护主要是一种反映多相短路的电流保护，对于单相短路故障不起保护作用，当变压器为"Y，Y/Y$_0$"接线，未装电流互感器的发生单相短路故障时，保护不动作。用于"Y，Y/△"接线的变压器中，如保护装置设于Y侧，而△侧发生U、V两相短路，则保护装置的灵敏度将要降低，为了改善这种状态，可以采用改进型的V形接线，即两相装电流互感器，采用三个电流继电器的接线，如图9-53所示。

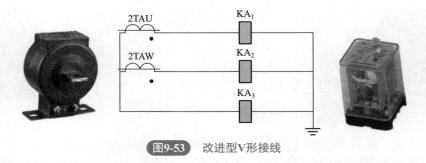

图9-53　改进型V形接线

④ 采用不完整Y接线（V形接线）的电流保护，必须用在同一个供电系统中，不装电流互感器的相应该一致。否则，在本系统内发生两相接地短路故障（恰恰发生在两路配电线路中的没有保护的两相上）时，保护装置将拒绝动作，这样就会造成越级掉闸事故，延长故障切除时间，使事故影响面扩大。

三、两相差接线

这种保护接线采用两相接电流互感器，只能用一个电流继电器的接线方式，其原理接线如图 9-54 所示。

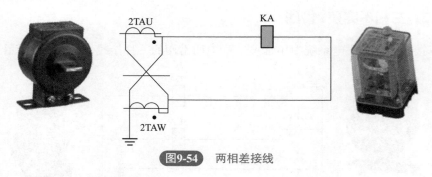

图9-54　两相差接线

这种接线的电流保护其特点如下。

① 保护的可靠性差，灵敏度不够，不适于所有形式的短路故障。

② 投资少，使用的继电器最少，结构简单，可以用作保护系统中多相短路的故障。

③ 只适用于 10kV 中性点不接地系统的多相短路故障，因此，常用作 10kV 系统的一般线路和高压电动机的多相短路故障的保护。

接线系数大于完整丫接线和 V 形接线，接线系数为$\sqrt{3}$。

接线系数是指故障时反映到电流继电器绕组中的电流值与电流的互感器二次绕组中的电流的比值，即

$$K_{jc} = \frac{电流继电器绕组中的电流值}{电流互感器二次绕组中的电流值}$$

继电保护的接线系数越大，其灵敏度越低。

第十章

机床电气、家用电器、物业电气设备应用电路与检修

第一节　机床电气设备电路与检修

一、CA6140型普通车床的电气控制电路

CA6140型普通车床（图10-1）电气控制电路如图10-2所示。

CA6140 机床电气原理与检修技术

图10-1　CA6140型普通车床

（1）主回路　主回路中有3台控制电动机。

① 主轴电动机M_1　完成主轴主运动和刀具的纵横向进给运动的驱动。该电动机为三相电动机。主轴采用机械变速，正反向运行采用机械换向机构。

② 冷却泵电动机M_2　提供冷却液用。为防止刀具和工件的温升过高，用冷却液降温。

③ 刀架电动机M_3　为刀架快速移动电动机。根据使用需要，手动控制启动或停止。

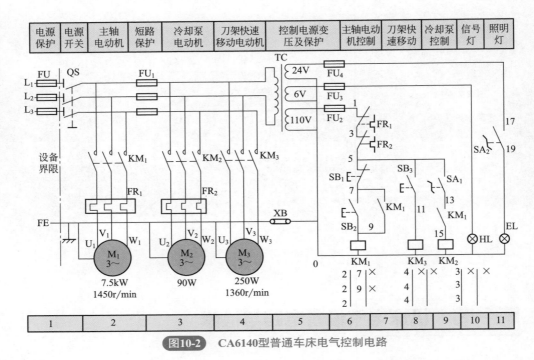

图10-2 CA6140型普通车床电气控制电路

电动机M_1、M_2、M_3容量都小于10kW，均采用全压直接启动。三相交流电源通过转换开关QS引入，接触器KM_1控制M_1的启动和停止。接触器KM_2控制M_2的启动和停止。接触器KM_3控制M_3的启动和停止。KM_1由按钮SB_1、SB_2控制，KM_3由SB_3进行点动控制，KM_2由开关SA_1控制。主轴正反向运行由机械离合器实现。

M_1、M_2为连续运动的电动机，分别利用热继电器FR_1、FR_2作过载保护；M_3为短期工作电动机，因此未设过载保护。熔断器FU_1～FU_4分别对主回路、控制回路和辅助回路实行短路保护。

（2）控制回路　控制回路的电源为由控制变压器TC二次侧输出的110V电压。

① 主轴电动机M_1的控制　采用了具有过载保护全压启动控制的典型电路。按下启动按钮SB_2，接触器KM_1得电吸合，其常开触点KM_1（7-9）闭合自锁，KM_1的主触点闭合，主轴电动机M_1启动；同时其辅助常开触点KM_1（13-15）闭合，作为KM_2得电的先决条件。按下停止按钮SB_1，接触器KM_1失电释放，电动机M_1停转。

② 冷却泵电动机M_2的控制　采用两台电动机 M_1、M_2顺序控制的典型电路，以满足当主轴电动机启动后，冷却泵电动机才能启动；当主轴电动机停止运行时，冷却泵电动机也自动停止运行。主轴电动机 M_1 启动后，接触器 KM_1 得电吸合，其辅助常开触点 KM_1（13-15）闭合，因此合上开关 SA_1，使接触器 KM_2 线圈得电吸合，冷却泵电动机 M_2 才能启动。

③ 刀架快速移动电动机 M_3 的控制　采用点动控制。按下按钮 SB_3，KM_3 得电

吸合，对电动机 M_3 实施点动控制。电动机 M_3 经传动系统，驱动溜板带动刀架快速移动。松开 SB_3，KM_3 失电，电动机 M_3 停转。

④ 照明和信号电路　控制变压器 TC 的二次绕组分别输出 24V 和 6V 电压，作为机床照明灯和信号灯的电源。EL 为机床的低压照明灯，由开关 SA_2 控制；HL 为电源的信号灯。

（3）CA6140 常见故障及排除方法

① 主轴电动机不能启动

a. 电源部分故障　先检查电源的总熔断器 FU_1 的熔体是否熔断，接线头是否有脱落松动或过热（因为这类故障易引起接触器不吸合或时吸时不吸，还会使接触器的线圈和电动机过热等）。若无异常，则用万用表检查电源开关 QS 是否良好。

b. 控制回路故障。如果电源和主回路无故障，则故障必定在控制回路中。可依次检查熔断器 FU_2 以及热继电器 FR_1、FR_2 的常闭触点，停止按钮 SB_1、启动按钮 SB_2 和接触器 FM_1 的线圈是否断路。

② 主轴电动机不能停车　这类故障的原因多数是接触器 FM_1 的主触点发生熔焊或停止按钮 SB_1 被击穿。

③ 冷却泵不能启动　冷却泵不能启动故障在实际维修过程中多数为 SA_1 接触不良导致，用万用表进行检查。同时电动机 M_2 因与冷却液接触，绕组容易烧毁，用万用表或兆欧表测量绕组电阻即可判断。

二、卧式车床的电气控制电路

卧式车床如图 10-3 所示。

图10-3　卧式车床实物图

1. 卧式车床的电气控制电路

图 10-4 为 CW6163B 型万能卧式车床的电气控制电路，床身最大工件的回转半径为 630mm，工件的最大长度可根据床身的不同分为 1500mm 和 3000mm 两种。

（1）主回路　整机的电气系统由三台电动机组成，M_1 为主运动和进给运动电动机，M_2 为冷却泵电动机，M_3 为刀架快速移动电动机。三台电动机均为直接启动，主轴制动采用液压制动器。

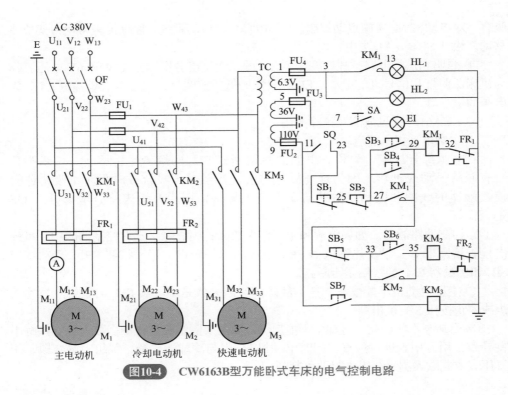

图10-4 CW6163B型万能卧式车床的电气控制电路

　　三相交流电通过自动开关 QF 将电源引入，交流接触器 KM_1 为主电动机 M_1 的启动用接触器，热继电器 FR_1 为主电动机 M_1 的过载保护电器，M_1 的短路保护由自动开关中的电磁脱扣来实现。电流表 A 监视主电动机的电流。机床工作时，可调整切削用量，使电流表的电流等于主电动机的额定电流来提高功率因数的生产效率，以便充分地利用电动机。

　　熔断器 FU_1 为电动机 M_2、M_3 的短路保护。电动机 M_2 的启动由交流接触器 KM_2 来完成，FR_2 为 M_2 的过载保护；同样 KM_3 为电动机 M_3 的启动用接触器，因快速电动机 M_3 短期工作可不设过载保护。

　　（2）控制、照明及显示电路　控制变压器TC二次侧110V电压作为控制回路的电源。为便于操作和事故状态下紧急停车，主电动机M_1采用双点控制，即M_1的启动和停止分别由装在床头操纵板上的按钮SB_2和SB_1及装在刀架拖板上的SB_4和SB_3进行控制。当主电动机过载时FR_1的常断触点断开，切断了交流接触器KM_1的通电回路，电动机M_1停止，行程开关SQ为机床的限位保护。

　　冷却泵电动机的启动和停止由装在床头操纵板上的按钮 SB_6 和 SB_5 控制。快速电动机由安装在进给操纵手柄顶端的按钮 SB_7 控制，SB_7 与交流接触器 KM_3 组成点动控制环节。

　　信号灯 HL_2 为电源指示灯，HL_1 为车床工作指示灯，EL 为车床照明灯，SA 为机床照明灯开关。表 10-1 为该车床的电气元件目录。

表10-1　CW6163B型万能卧式车床的电气元件目录

符　号	名称及用途	符　号	名称及用途
QF	自动开关（作电源引入及短路保护用）	M_3	快速电动机
		$SB_1 \sim SB_4$	主电动机启停按钮
$FU_1 \sim FU_4$	熔断器（作短路保护）	SB_5、SB_6	冷却泵电动机启停按钮
M_1	主电动机	HL_1	主电动机启停指示灯
M_2	冷却泵电动机	HL_2	电源接通指示灯
KR_1	热继电器（作主电动机过载保护用）	KM_3	接触器（快速电动机启动、停止用）
KR_2	热继电器（作冷却泵电动机过载保护用）	SB_7	快速电动机点动按钮
		TC	控制与照明变压器
KM_1	接触器（作主电动机启动、停止用）	SQ	行程开关（作进给限位保护用）
KM_2	接触器（作冷却泵电动机启动、停止用）		

2. C616型卧式车床的电气控制电路

C616 型卧式车床实物图如图 10-5 所示。

图10-5　C616型卧式车床实物图

图 10-6 是 C616 型卧式车床的电气控制电路。C616 型卧式车床属于小型车床，床身最大工件回转半径为 160mm，工件的最大长度为 500mm。

（1）主回路　该车床有三台电动机，M_1 为主电动机，M_2 为润滑泵电动机，M_3 为冷却泵电动机。

三相交流电源通过组合开关 QF_1 引入，FU_1、FR_1 分别为主电动机的短路保护和过载保护。KM_1、KM_2 为主电动机 M_1 的正转接触器和反转接触器。KM_1、KM_2 为电动机 M_1 和 M_2 的启动、停止用接触器。组合开关 QF_2 用作电动机 M_3 的接通和断开，FR_2、FR_3 为电动机 M_2 和 M_3 的过载保护用热继电器。

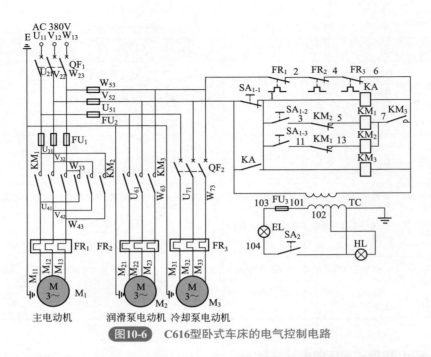

图10-6 C616型卧式车床的电气控制电路

（2）控制回路、照明回路和显示回路　该控制回路没有控制变压器，控制电路直接由交流380V供电。

合上组合开关QF₁后三相交流电源被引入。当操纵手柄处于零位时，接触器KM₂通电吸合，润滑泵电动机M₂启动，KM₃的常开触点（6-7）闭合为主电动机启动做好准备。

当操纵手柄控制的开关SA₁可以控制主电动机的正转与反转。开关SA₁有一对常断触点和两对常合触点。当开关SA₁在零位时，SA₁₋₁触点接通，SA₁₋₁、SA₁₋₂断开，这时中间继电器KA通电吸合，KA的触点（V52-1）闭合将KA线圈自锁。当操纵手柄扳到向下位置时，SA_H接通，SA₁₋₁、SA₁₋₂断开，正转接触器KM₁通过V52-1-3-5-7-6-4-2-W53通电吸合，主电动机M₁正转启动。当将操纵手柄扳到向上位置时，SA₁₋₃接通，SA₁₋₁、SA₁₋₂断开，反转接触器KM₂通过V52-1-11-13-7-6-4-2-W53通电吸合，主电动机M₁反转启动。开关SA₁的触点在机械上保证了两个接触器同时只能吸合一个。KM₁和KM₂的常断触点在电气上也保证了同时只能有一个接触器吸合，这样就避免了两个接触器同时吸合的可能性。当手柄扳回零位时，SA₁₋₂、SA₁₋₃断开，接触器KM₁或KM₂线圈失电，电动机M₁自由停车。有经验的操作工人在停车时，将手柄瞬时扳向相反转向的位置，电动机M₁进入反接制动状态。待主轴接近停止时，将手柄迅速扳回零位，可以大大缩短停车时间。

中间继电器KA起零压保护作用。在电路中，当电源电压降低或消失时，中间继电器KA释放，KA的动断触点断开，接触器KM₂释放，KM₃常开触点（7-6）断开，KM₁或KM₂也断电释放。电网电压恢复后，因为这时SA₁开关不在零位，接触器KM₃不会得电吸合，所以KM₁或KM₂也不会得电吸合。即使这时手柄在SA₁₋₂、

SA$_{1-3}$触点断开，KM$_1$或KM$_2$不会得电造成电动机的自启动，这就是中间继电器的零压保护作用。

大多数机床工作时的启动或工作结束时的停止都不采用开关操纵，而用按钮控制。通过按钮的自动复位和接触器的自锁作用来实现零压保护作用。

照明电路的电源由照明变压器二次侧36V电压供电，SA$_2$为照明灯接通或断开的按钮开关。HL为电源指示灯，由二次侧输出6.3V供电。

三、PLC 控制的 Z3040 摇臂钻床电路

1. 电路工作原理

Z3040摇臂钻床的实物图如图10-7所示，电路原理如图10-8和图10-9所示。

（1）控制回路分析　Z3040摇臂钻床控制回路电压为AC 110V，照明回路电压为AC 24V，机床上安装电动机如下：M$_1$主轴电动机，M$_2$横臂升降电动机，M$_3$液压泵电动机，M$_4$冷却泵电动机。

开车前准备：打开横臂上电气箱，合上空气断路器QF$_2$、QF$_3$、QF$_4$，然后关好箱门。

开机：合上立柱下面的总电源开关QS$_1$，电源指示灯HL$_1$亮。

（2）主轴电动机的旋转电路分析　按启动按钮开关SB$_3$，交流接触器KM$_1$通电吸合并自锁，主轴电动机M$_1$旋转，按停止按钮开关SB$_2$，交流接触器KM$_1$失电释放，主轴电动机M$_1$停止旋转。

为防止主轴电动机长时间过载运行，电路中设置热继电器FR$_1$，其整定值应根据主轴电动机电气铭牌所示的额定电流值进行调整。

（3）摇臂升降　按上升或下降按钮开关SB$_4$（或SB$_5$），通过PLC使交流接触器KM$_4$通电吸合，液压泵电动机M$_3$正向旋转，压力油经分配

图10-7　Z3040 摇臂钻床的实物图

阀进入摇臂松夹油缸的松开油腔，推动活塞和菱形块，使摇臂松开。同时，活塞杆通过弹簧片压好受位开关SQ$_2$，通过PLC使交流接触器KM$_4$失电释放，交流接触器KM$_2$（或KM$_3$）通电吸合，液压泵电动机M$_3$停止旋转，升降电动机M$_2$旋转带动摇臂上升（或下降）。

如果摇臂没松开，限位开关SQ$_2$常开触点不能闭合；交流接触器KM$_2$（或KM$_3$）就不能通电吸合，摇臂不能升降。当摇臂上升或下降到所需位置时，松开按钮开关SB$_4$（或SB$_5$），通过PLC使交流接触器KM$_2$（或KM$_3$）失电释放，升降电动机M$_2$停止旋转，摇臂停止上升（或下降）。然后，经1.5s交流接触器KM$_5$受电吸合，液压泵电动机M$_3$反向旋转，供给压力油。压力油经分配阀进入摇臂松夹紧油腔，使摇臂夹紧；同时活塞杆通过弹簧片压限位开关SQ$_3$，通过PLC例交流接触器KM$_5$失电释放，液压泵电动机M$_3$停止旋转。

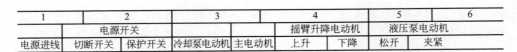

1	2		3		4		5	
	电源开关				摇臂升降电动机		液压泵电动机	
电源进线	切断开关	保护开关	冷却泵电动机	主电动机	上升	下降	松开	夹紧

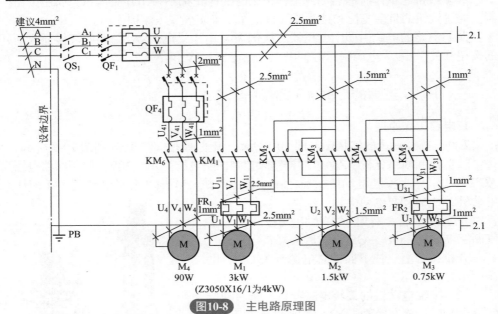

图10-8 主电路原理图

1	2	3		4	5		6	7		8	
控制变压器	保护	照明和指示灯		主电动机控制	冷却控制		横臂升降控制	液压夹紧松开		分配阀	
控制变压器	保护	照明	电源指示	急停	启动	停止	启动	停止	上升	下降	松开	夹紧	主轴箱	立柱

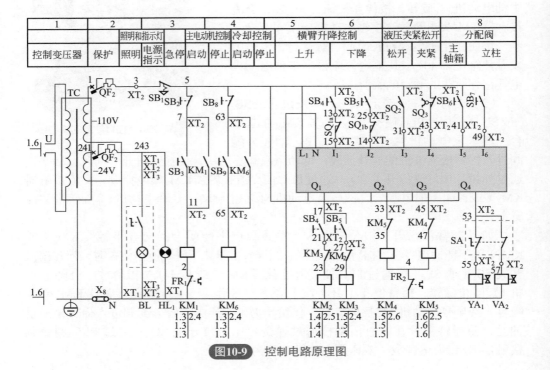

图10-9 控制电路原理图

行程开关 SQ_1（SQ_{1a}、SO_{1b}）用来限制摇臂的升降行程，当摇臂升降到极限位置时，SQ_1（SQ_{1a}、SQ_{1b}）动作，交流接触器 KM_2（或 KM_3）断电，升降电动机 M_2 停止旋转，摇臂停止升降。

摇臂的自动夹紧动作是由限位开关 SQ_3 来控制的，如果液压夹紧系统出现故障，不能自动夹紧摇臂，或者由于 SQ_3 调整不当，在摇臂夹紧后不能使 SQ_3 常闭触点断开，都会使液压示电动机处于长时间过载运行状态；为防止因过载运行损坏液压泵电动机，电路中使用热继电器 FR_2 对液压泵电动机进行过载保护，其整定值应根据液压泵电动机 M_3 的额定电流进行调整。

（4）立柱和主轴箱的松开或加紧　立柱和主轴箱的松开或加紧既可单独进行又可同时进行。首先把转换开关 S 扳到中间位置，这时按夹紧（或松开）按钮开关 SB_6（或 SB_7），则电磁铁 YA_1、YA_2 得电吸合，经过 $1 \sim 3s$ 交流接触器 KM_4（或 KM_5）通电吸合，液压泵电动机 M_3 正转（或反转），供压力油给油缸松开（或夹紧）油腔，推动活塞和菱形块，使立柱和主轴箱松开（或夹紧）。

（5）立柱和主轴箱松开加紧单独进行　把转换开关 SA 扳到左边（或右边），按松开（或夹紧）按钮开关 SB_6（或 SB_7），仿照同时进行的原理，YA_1 或 YA_2 单独得电吸合，即可实现立柱和主轴箱的单独松开或夹紧。

（6）冷却泵的启动和停止　按启动按钮开关 SB_9，交流接触器 KM_6 通电吸合并自锁，冷却泵电动机旋转；按停止按钮开关 SB_8，交流接触器 KM_6 失电释放，冷却泵电动机停止旋转。

（7）紧急停止和解除　按动带自锁的紧急停止按钮开关 SB_1，各部电动机均停止运转，机床处于紧急停止状态。按箭头方向旋转紧急停止按钮开关 SB_1，急停按钮开关将复位，紧急停止状态解除。

注 意

> 按动紧急按钮开关后机床内某些元器件仍然带电，只有关断总电源开关 QS_1，机床内除总电源开关一次侧外均不带电。

2. PLC控制电路分析

如图 10-10 所示，按动上升按钮开关 I_1 闭合，按动下降按钮开关 I_2 闭合，当 SQ_2 被压下 I_3 闭合，Q_1 动作摇臂上升或下降。按动上升或下降按钮开关后，SQ_2 没有被压下，I_3 没有动作处于原始位置，摇臂松开到位，限位开关 SQ_3 没有被压下，I_4 闭合，时间继电器 T_4 通电延时。T_4 延时闭合 Q_2 使液压松开。

当满足 I_4、I_3、Q_3 在原始位置时 Q_2 使液压松开，主轴箱按钮开关 SB_6 按动，I_5 闭合，时间继电器 T_2 通电延时闭合，Q_3 在原始位置未动作的条件下 Q_2 使液压松开。当上升和下降按钮开关 SB_4、SB_5 没被按动，SQ_3 在闭合位置，T_1 通电延时。横臂松开到位行程开关 SQ_3 没被压下在闭合位置，T_1 通电延时闭合，Q_2 在原始位置没有动作，Q_3 夹紧。立柱按钮开关 SB_7 被按动，T_2 延时时间闭合，Q_2 在原始位置没有动作，Q_3 夹紧。主轴箱和立柱 SB_6、SB_7 被按动，I_5、I_6 闭合，T_2 通电延时动作，

T_3 断电延时动作。当 T_3 断电延时动作，Q_4 动作，电磁铁动作。

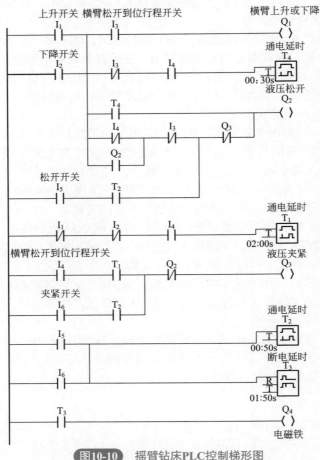

图10-10 摇臂钻床PLC控制梯形图

3. Z3040摇臂钻床电路接线

Z3040 摇臂钻床电路接线图如图 10-11 所示。

4. Z3040摇臂钻床的维修

（1）升降限位开关的调整　升降限位开关 SQ_1 内的触点角度可调整，一般出厂前已调好，但如果升降时开关失灵，或按升降按钮开关时摇臂升降不动作，如确认是 SQ_1 故障，可以打开升降限位开关 SQ_1 盒盖，拧松侧面的锁紧螺钉，然后调整触点角度，调到位置适宜时，锁紧螺钉，关好盒盖。

（2）微动开关 SQ_2、SQ_3 的调整　微动开关 SQ_2、SQ_3 上下位置可以微调。当升降出现故障，发现横臂没有松开，或者松开了横臂夹紧没有自动复位时，可以打开横臂后面封横臂夹紧油缸的封门，如发现微动开关 SQ_2、SQ_3 位置不合理，可移动固定微动开关 SQ_2、SQ_3 调整板，调到位置适宜后，固定调整板，恢复封门。

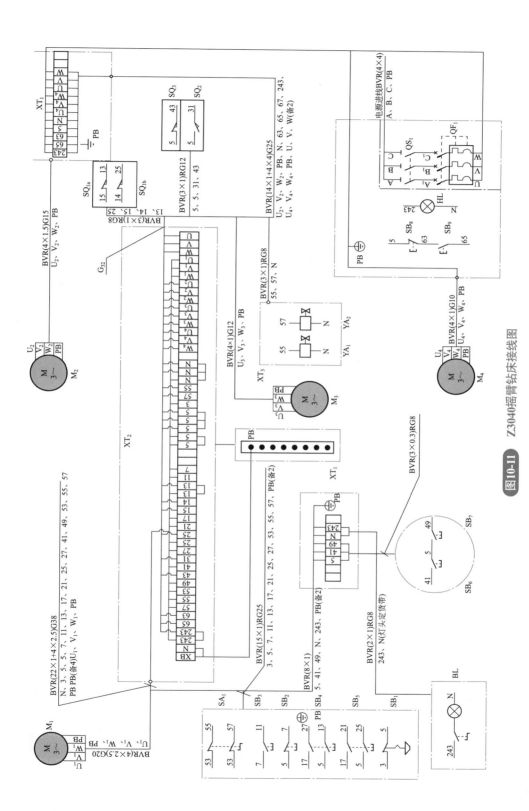

图10-11 Z3040摇臂钻床接线图

（3）热继电器的电流整定　根据出厂电压的不同，热继电器FR₁、FR₂的电流须进行相应的整定，其数据可以查阅得到。

对于热继电器 FR₁、FR₂ 的电流，可根据电动机功率进行调整保护值。

5. 常见电气故障检修

常见电气故障检修见表 10-2。

表10-2　常见电气故障检修

故障现象	原因分析	排除方法
主轴不旋转	① 相序不正确 ②热继电器 FR₁ 过热 ③电动机 M₁ 缺相 ④控制回路有故障 ⑤机械和油路有故障	①调相序 ②等待 FR₁ 过热恢复冷态后合闸 ③恢复所缺相 ④参考原理图进行查找
横臂升降有故障	①电动机 M₂ 缺相 ②控制回路有故障，例如微动开关 SQ₂、SQ₃ 位置调整不正确，SQ₁ 触点角度没对好 ③机械和油路有故障	①恢复所缺相 ②参考原理图进行查找
液压夹紧松开有故障	①热继电器 FR₂ 过热 ②电动机 M₃ 缺相 ③控制回路有故障 ④机械和油路有故障	①等待 FR₂ 过热恢复冷态后合闸 ②恢复所缺相 ③参考原理图进行查找
冷却系统有故障	①电动机 M₄ 缺相 ②控制回路有故障	①恢复所缺相 ②参考原理图进行查找

四、搅拌机控制电路

1. 电路工作原理

JZ350 型搅拌机控制电路如图 10-12 所示。

（1）搅拌电动机 M₁ 的控制电路　电动机 M₁ 的控制电路就是一个典型的按钮开关、交流接触器复合联锁正反转控制电路图。图中 FU₁ 是电动机短路保护，FR 是电动机过载保护，KM₁ 为正转交流接触器，KM₂ 为反转交流接触器。按启动按钮开关 SB₁，M₂ 正转，搅拌机开始搅拌。

搅拌好后，按反转按钮开关 SB₂，搅拌机反转出料，按停止按钮开关 SB₅ 则停止出料。

在新型的 JZ 系列搅拌机上，为了提高工作效率，加入了时间控制电路，搅拌到时后自动反转出料。

（2）进料斗提升电动机 M₂ 的控制电路　料斗提升电动机 M₂ 的工作状态也是正反转状态，控制电路与 M₁ 基本相同，在 M₁ 电路基础上增加了位置开关 S₁、S₂、S₃ 的常闭触点，在电源回路增加一只交流接触器 KM。位置开关 S₁、S₂ 装在斜轨顶端，S_2 在下，S_1 在上；S_3 装在斜轨下端，开关位置可以调整，搅拌机及料斗安好后，调整上下行程位置，使下行位置正好是料斗到坑底，上行位置料斗正好到顶部卸料位置。

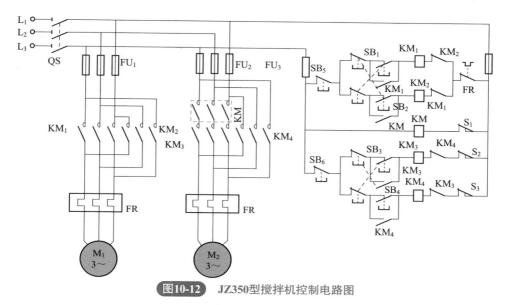

图10-12 JZ350型搅拌机控制电路图

运行过程中，料斗上升到顶部卸料位置，触动位置开关 S_2，电动机停转，同时电磁抱闸（图中未画出）工作，使料斗停止运行。卸料后按反转按钮开关 SB_4，料斗下行到坑底，触动位置开关 S_3，电动机停转。S_1 是极限位置开关，在 S_2 开关上部，如果 S_2 出现故障，料斗继续上行，触及 S_1，交流接触器 KM 线圈断电，主触点释放切断 M_2 电源，防止料斗向上出轨。

2. 常见电气故障检修

① 搅拌机不能进入到启动时，先测量交流接触器 KM_2、KM_1 线圈电阻（正常约为几百欧姆）。再测量接触器的几个常闭触点的电阻：串在 KM_2、KM_1 线圈回路中的常闭触点是否正常，如果不正常，则更换故障元件。

② 上料料斗不能上行或下行，重点检查行程开关 S_1 或 S_2 的常闭触点是否闭合好；如果 S_1 和 S_2 内常闭触点闭合好，则检查 KM_3 与 KM_4 线圈回路中的互锁常闭触点是否导通，如果不导通，则更换故障元件。

五、钢筋折弯机控制电路工作原理

1. 电路工作原理

如图 10-13 所示，接通电源，在 90° 折弯时，脚踏启动开关 JT_1，此时电源通过 QS、FR、XM_1 常闭触点、JT_1、KM_3 常闭触点使 KM_1 得电吸合，KM_1 主触点吸合，设电动机启动正向运行，与 JT_1 并联的 KM_1 辅助触点闭合自锁，与 KM_3 线圈相连的触点断开，实现互锁，防止 KM₃ 误动作。当电动机运行到位置时，触动行程开关 XM₁，则其常闭触点断开，KM₁ 断电，常闭触点接通，KM₁ 常闭触点接通，KM₃ 得电吸合，主触点控制电动机反转，与 XM₁ 相连的辅助触点自锁。当电动机回退到位时，触动 XM₃，触点断开，KM₃ 线圈失电断开，电动机停止运行。

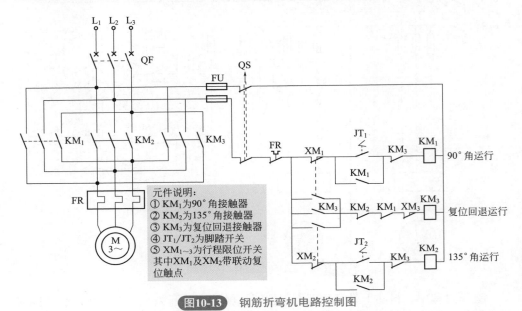

图10-13 钢筋折弯机电路控制图

元件说明：
① KM₁ 为90°角接触器
② KM₂ 为135°角接触器
③ KM₃ 为复位回退接触器
④ JT₁/JT₂ 为脚踏开关
⑤ XM₁~₃ 为行程限位开关
其中XM₁及XM₂带联动复位触点

在 135° 折弯时，脚踏启动开关 JT₂，此时电源通过 QS、FR、XM₂ 常闭触点、JT₂、KM₃ 常闭触点使 KM₂ 得电吸合，KM₂ 主触点吸合，设电动机启动正向运行，与 JT₂ 并联的 KM₂ 辅助触点闭合自锁，与 KM₃ 线圈相连的触点断开，实现互锁，防止 KM₃ 误动作。当电动机运行到位置时，触动行程开关 XM₂，则其常闭触点断开，KM₂ 断电，常开触点接通，KM₂ 常闭触点接通，KM₃ 得电吸合，主触点控制电动机反转，与 XM₂ 相连的辅助触点自锁。当电动机回退到位时，触动 XM₃，触点断开，KM₃ 线圈失电断开，电动机停止运行。

2. 常见电气故障检修

接通电源不工作，主要检查熔断器、热保护、KM 及脚踏开关等元器件，如有损坏应更换。不能复位回退，检查 KM₃ 线圈及接在 KM₃ 线圈回路中的几个接点，如有损坏应更换。90° 折弯不能工作，检查 KM₁ 线圈及接在 KM₁ 线圈回路中的几个接点，如有损坏应更换。135° 折弯不能工作，检查 KM₂ 线圈及接在 KM₂ 线圈回路中的几个接点，如有损坏应更换。

六、电动葫芦（天车）电路

1. 电路工作原理

电动葫芦（天车）实物图如图 10-14 所示。

　　电动葫芦是一种起质量较小、结构简单的起重设备，它由提升机构和移动机构（行车）两部分组成，由两台笼型电动机拖动。其中，M_1 是用来提升货物的，采用电磁抱闸制动，由接触器 KM_1、KM_2 进行正反转控制，实现吊钩的升降；M_2 是带动电动葫芦作水平移动的，由接触器 KM_3、KM_4 进行正反转控制，实现左右水平移动。控制电路有 4 条，2 条为升降控制，2 条为移动控制。控制按钮 SB_1、SB_2、SB_3、SB_4 是悬挂式复合按钮，SA_1、SA_2、SA_3 是限位开关，用于提升和移动的终端保护。电路的工作原理与电动机正反转限位控制电路基本相同，其电气原理如图 10-15 所示。

图10-14　电动葫芦（天车）实物图

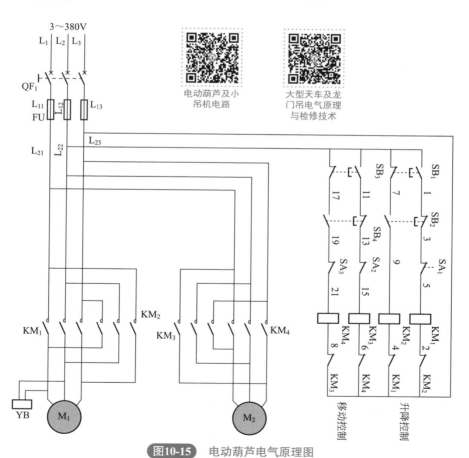

图10-15　电动葫芦电气原理图

电动葫芦及小吊机电路

大型天车及龙门吊电气原理与检修技术

带安全电压变压器的电动葫芦电路如图 10-16 所示。

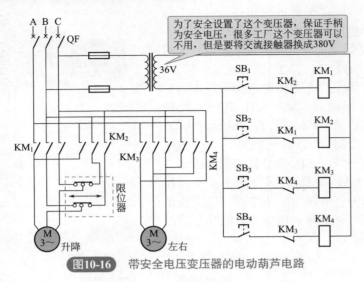

图10-16 带安全电压变压器的电动葫芦电路

2. 电路接线

布线图如图 10-17 所示。控制器实物如图 10-18 所示，只有上下运动的为两个交流接触器，带左右运动的为四个交流接触器，电路相同。一般，起重电动机功率大，交流接触器容量也大。

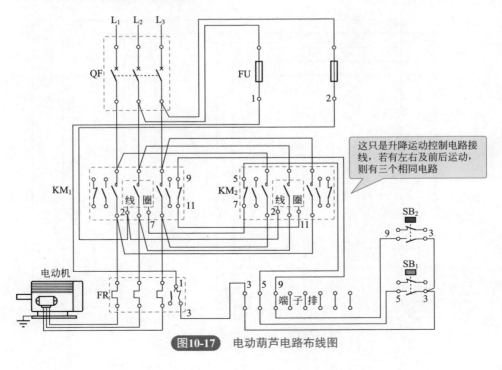

图10-17 电动葫芦电路布线图

(a)

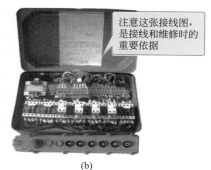
注意这张接线图，是接线和维修时的重要依据
(b)

图10-18　电动葫芦控制器实物图

3. 电路调试与检修

实际三相电动葫芦电路是电动机的正反转控制，两个电动机电路中就有两个正反转控制电路，检修的方法是一样的。假如升降电动机不能够正常工作，首先用万用表检测 KM_1、KM_2 的触点、线圈是否毁坏，如果 KM_1、KM_2 触点线圈没有毁坏，检查接通断开的按钮开关 SB_1、SB_2 是否有毁坏现象，当元器件都没有毁坏现象，电动机仍然不转，可以用万用表的电压挡测量输入电压是否正常，也就是主电路的输入电压是否正常，副路的输入电压是否正常。当输入输出电压不正常时，比如检测到 SB_2 输入电压正常，输出不正常，则是 SB_2 接触不良或损坏。当输入输出电压正常时，就要检查电动机是否毁坏，如果电动机毁坏就要维修或更换电动机。

第二节　家用电器设备电路与检修

一、家用电冰箱的控制电路

（1）直冷式家用电冰箱的控制电路　最简单的电冰箱的控制电路如图10-19所示，由温控器、启动器、热保护器和照明灯开关等组成。图10-19（a）和图10-19（b）的区别只是采用重力式启动器和半导体启动器（PTC）。冰箱运行时，由温控器按冰箱温度自动地接通或断开电路，来控制压缩机的开或停。如出现反常情况（运行电流过高、电源电压过高或过低等），热保护器就断开电路，起到安全保护作用。

（2）间冷式家用电冰箱的控制电路　间冷式家用电冰箱是箱内空气强制对流进行冷却。间冷式冰箱控制电路在直冷式电冰箱控制电路的基础上，还必须设置风扇的控制和融霜电热及融霜的控制等电路，典型的间冷式家用电冰箱控制电路如图10-20所示。风扇电动机与压缩机电动机并联，同时开停。为避免打开冰箱门时损失冷气，冷藏室采用双向触点的门触开关，冷冻室仍用普通门触开关，只控制风扇的开停。当冷藏室开门时，风扇电动机停转，同时照明灯亮，关门后灯灭，风扇运转。当冷冻室开门时，风扇电动机停止运转，关门后接通风扇电动机电路。

电冰箱压缩机
电机绕组
的测量

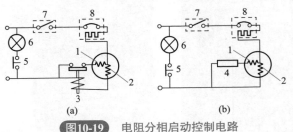

图10-19　电阻分相启动控制电路

1—启动绕组；2—运行绕组；3—重力式启动器；4—PTC启动器；

5—灯开关；6—照明灯；7—温控器；8—热保护器

电冰箱温控器
的检测

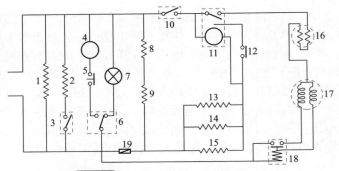

图10-20　间冷式双门电冰箱控制电路

1—中梁电热；2—门框电热；3—节能开关；4—风扇电动机；5—小门风扇开关；6—大门双向开关；

7—照明灯；8—风门电热；9—排水管电热；10—温控器；11—时间继电器；

12—热继电器；13—蒸发器电热；14—接水盘电热；15—门口圈电热；

16—热保护器；17—压缩机；18—启动器；19—热保险器

　　融霜控制电路由时间继电器、电热元件、热继电器等组成，当融霜时，时间继电器将制冷压缩机的电动机电路断开，压缩机停车，同时将除霜电热元件的电路接通，开始融霜。当达到融霜时间后，断开融霜电路，同时接通制冷剂电路，又恢复制冷过程。如果融霜时的温度过高，将会损坏箱体的塑料构件和隔热层。为此，在融霜控制电路中设有热继电器。热继电器置于蒸发器上，当蒸发器温度高于10℃时，热继电器的触点即跳开，切断电热器回路。为防止热继电器失灵，在融霜控制电路中还设有熔断型保险器（或熔丝），当故障使保险器熔断时，则不能自动复位，必须将故障排除后更换保险器。

二、商用大中型电冰箱、冰柜的控制电路

　　小型商用电冰箱多采用单相电动机，其控制电路与家用电冰箱基本相同，大中型商用电冰箱多采用三相电动机，与一般三相电动机的控制电路相似，但在控制系

统中设有压力继电器和热保护器，其中热保护只应用于全封闭式压缩机组的过热保护。温控器多采用温包式温度继电器，它具有差动温度范围较大的特点，一般可调范围为30℃左右。

（1）单相电阻启动式异步电动机　单相电阻启动式异步电动机新型号为BQ、JZ，定子线槽绕组嵌有主绕组和副绕组，此类电动机一般采用正弦绕组，则主绕组占的槽数略多，甚至主副绕组各占1/3的槽数，不过副绕组的线径比主绕组的线径细得多，以增大副绕组的电阻，主绕组和副绕组的轴线在空间相差90°电角度。电阻略大的副绕组经离心开关将副绕组接通电源，当电动机启动后达到75%～80%的转速时通过离心开关将副绕组切离电源，由主绕组单独工作，如图10-21所示为单相电阻启动式异步电动机接线原理。

单相电阻启动式异步电动机具有中等启动转矩和过载能力，功率为40～370W，适用于水泵、鼓风机、医疗器械等。

（2）电容启动式单相异步电动机　电容启动式单相异步电动机新型号为CO2，老型号为CO、JY，定子线槽主绕组、副绕组分布与电阻启动式电动机相同，但副绕组线径较粗，电阻小，主、副绕组为并联电路。副绕组和一个容量较大的启动电容串联，再串联离心开关。副绕组只参与启动，不参与运行。当电动机启动后达到75%～80%的转速时通过离心开关将副绕组和启动电容切离电源，由主绕组单独工作，如图10-22所示为单相电容启动式异步电动机接线原理。

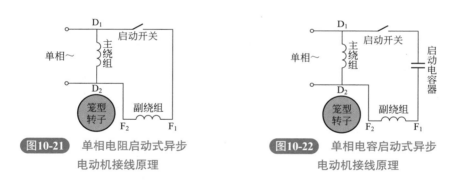

图10-21 单相电阻启动式异步电动机接线原理　　**图10-22** 单相电容启动式异步电动机接线原理

单相电容启动式异步电动机启动性能较好，具有较高的启动转矩，最初的启动电流倍数为4.5～6.5，因此适用于启动转矩要求较高的场合，功率为120～750W，如小型空压机、磨粉机、电冰箱等满载启动机械。

（3）电容运行式异步电动机　电容运行式异步电动机新型号为DO2，老型号为DO、JX，定子线槽主绕组、副绕组分布各占1/2，主绕组和副绕组的轴线在空间相差90°电角度，主、副绕组为并联电路。副绕组串接一个电容后与主绕组并联接入电源，副绕组和电容不仅参与启动，还长期参与运行，如图10-23所示为单相电容运行式异步电动机接线原理。单相电容运行式异步电动机的电容长期接入电源工作，因此不能采用电解电容，通常采用纸介质或油浸纸介质电容。电容的容量主要是根据电动机运行性能来选取，一般比电容启动式的电动机要小一些。

电容运行式异步电动机启动转矩较低，一般为额定转矩的零点几倍，但效率因数和效率较高、体积小、质量轻，功率为 8 ～ 180W，适用于轻载启动要求长期运行的场合，如电风扇、录音机、洗衣机、空调器、家用风机、电吹风及电影设备等。

（4）单相电容启动和运转式异步电动机　单相电容启动和运转式异步电动机型号为F，又称为双值电容电动机。定子线槽主绕组、副绕组分布各占1/2，但副绕组与两个电容并联（启动电容、运转电容），其中启动电容串接离心开关并接于主绕组端。当电动机启动后，达到75% ～ 80%的转速时通过离心开关将启动电容切离电源，而副绕组和工作电容继续参与运行（工作电容容量要比启动电容容量小），如图10-24所示为单相电容启动和运转式电动机接线。

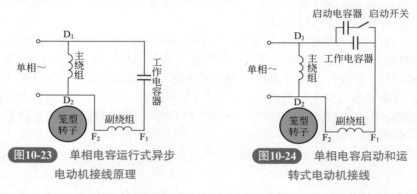

图10-23 单相电容运行式异步
电动机接线原理

图10-24 单相电容启动和运
转式电动机接线

单相电容启动和运转式电动机具有较高的启动性能、过载能力和效率，功率8～750W，适用于性能要求较高的日用电器、特殊压缩泵、小型机床等。

（5）三相电动机启动电路　在控制电路中把两个中间继电器跨接在不同相的三相电源上，从而保证在缺相情况下电动机不能启动和运转时不致发生烧毁电动机的事故。常见的控制电路如图10-25所示。

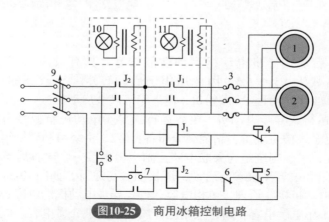

图10-25 商用冰箱控制电路

1—风扇电动机；2—压缩机电动机；3—热保护器；4—温控器；5—压力继电器；6—热保护器；7—按钮；
8—停机按钮；9—电源开关；10—运行指示灯；11—电源指示灯

三、电冰箱中的除霜控制电路

电冰箱运行中，食品蒸发的水分和空气中的水分要逐渐凝集在蒸发器表面，当冰霜较厚时会使蒸发器的传热效率降低。对于无霜电冰箱，一般是采用翅片管式蒸发器，当冰霜较厚时，不但影响传热效率，而且阻塞冷气对流通道，严重时会使电冰箱不能降温，因此必须及时进行除霜。

融霜方式分为自然融霜和快速融霜，快速融霜的热源大都采用电热，也有的采用热气融霜。自然融霜构造简单、节电，但融霜时间长、箱内温度波动较大，一般单门电冰箱大都采用此方式。快速融霜耗费一定电能，但融霜时间短，温度波动小，自动除霜的电冰箱都是采用此方式。

（1）半自动除霜　半自动除霜（又称按钮除霜）是靠按动一除霜按钮，使电冰箱停车进行自然融霜或快速融霜，当融化完后冰箱自动恢复运行。自然融霜的按钮一般是设在温度控制器上，它是借助温控器的机械机构来完成融霜控制程序，普通单门电冰箱都采用这种方式。半自动快速除霜的按钮也有的设在便于操作的部位，借助一个微型继电器来控制融霜电热器，直冷式双门电冰箱的半自动快速融霜电路如图10-26所示。

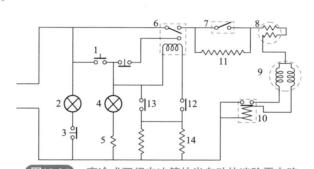

图10-26 　直冷式双门电冰箱的半自动快速除霜电路

1—按钮；2—照明灯；3—灯开关；4—指示灯；5—电阻；6—继电器；7—温控器；
8—热保护器；9—压缩机；10—启动器；11—冷藏室除霜电热；12—热继电器；
13—热保险器；14—冷冻室除霜电热

（2）全自动除霜

① 定时启动除霜。由一时间继电器控制融霜电热元件和制冷压缩机，每24h融霜一次，融霜启动时间可任意调定，一般调在每天的后半夜，这种控制方式的缺点是，不论什么季节，不管霜层厚薄，都要按固定程序和时间进行除霜，耗电量较大，优点是每天可在选定的时间进行除霜。

② 按压缩机运行的积累时间自动除霜（积算式除霜）。除霜时间继电器与压缩机的运行电路并联，与温控器串联，如图10-27所示。

这种电路克服了定时除霜的缺点，其优点是：压缩机停车时，时间继电器也停止运行，因此，除霜启动时间是根据压缩机运行的积累时间而定，一般是压缩机累计运行 8 ～ 12h 除霜一次。当湿热季节或开门频繁时，压缩机运转率增大，从而缩短除霜周期，反之，则延长除霜周期。另外，电路中设有一热继电器，可根据结霜多少控制融霜时间。其原理是将热继电器贴附于蒸发器表面，当冰霜融化完，蒸发器温度达到0℃以上时，热继电器切断电热电路，这时，时间继电器能通过电热丝形成通路开始运行，按调定的时间恢复制冷过程。因融霜电热功率是固定的，所以冰霜很少时，融霜时间就可大大缩短。这种控制电路，既照顾到季节和使用条件，又考虑到结霜量，因此可以获得节电的效果。

③ 按开门累计次数自动除霜。电冰箱正常使用中，开门的累计次数可近似地表示运行时间。另外，开门时外界湿空气侵入箱内，是蒸发器结霜的主要水分来源之一。因此根据开门积累次数进行除霜，也是一种较好的自动除霜方式（图10-28）。其构造是利用一个棘轮机构代替时间继电器，棘轮推进机构与箱内照明灯的"门触开关"共用一个触点，每开一次门，棘轮转动一齿。棘轮齿数一般为40～50齿，棘轮每旋转一周即触发继电器，将除霜电热器接通，进行除霜，也即每开门40～50次除霜一次，融霜时间根据霜层厚度由一热继电器来控制。这种控制方式的特点是：以一个简单的棘轮机构取代了时间继电器，成本较低，可靠性较好。

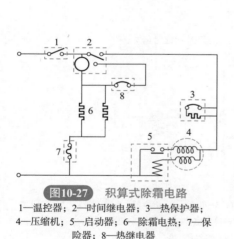

图10-27　积算式除霜电路

1—温控器；2—时间继电器；3—热保护器；4—压缩机；5—启动器；6—除霜电热；7—保险器；8—热继电器

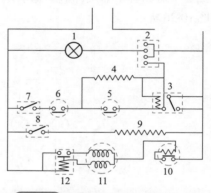

图10-28　按开门累计次数除霜电路

1—照明灯；2—门触积算器；3—电源继电器；4—除霜电热；5—热继电器；6—热保险器；7—手动开关；8—节能开关；9—门框除霜电热；10—热保护器；11—压缩机；12—启动器

④ 开停周期自动除霜（又称周期除霜）。这种控制方式多用于直冷式双门电冰箱的冷藏室蒸发器除霜，是一种最简单的自动除霜控制电路，温度控制器采用"定温复位"型，即不论停车温度高低，总是当冷藏室蒸发器温度达到+5℃左右时，才复位开车。这种控制电路既不要时间继电器，也不需中间继电器，只是将除霜电热器跨接在温度控制器两端与压缩机串联。

工作原理：当温度控制器闭合，由于电热器的电阻较大，电流即通过温度控制器与压缩机电动机形成回路，开始制冷过程，当温度控制器断开，电流即通过电热器 - 压缩机电动机形成回路进行除霜。电热器功率一般为10～15W。

电冰箱在低室温中运行时，电热器同时对冷藏室起温度补偿作用，防止出现冷藏室温度太低或停车时间过长，致使冷冻室温度升高等现象。

这种控制电路，电冰箱的每一开停周期除霜一次，使冷藏室蒸发器常处于无霜状态，且构造简单，不易发生故障。直冷式双门电冰箱大都采用这种电路。

四、空调器电气线路及检修

由于现代空调控制电路多使用电脑控制板控制，其电路比较复杂，当控制电路损坏后多更换整板，所以下面主要介绍压缩机及供电电路等强电部分的检修。

1. 电气连接线路

（1）普通电气连接线路检修　电气连接线路主要有：压缩机电动机和风扇电动机的启动、运转线路及制冷系统的温度控制线路等。

空调器进行电气线路检查前应注意以下几点：

① 如电源由两条支路供电，在检查前应断开两路电源。

② 在电源未切断前切勿使用欧姆表。

③ 在机组的控制开关处于任何操作位置都不能进行正常的控制操作时，应考虑机组插座部分的电压，可用电压表检查。如果伏特计无电压指示，则表明电源保险丝烧断，或保险丝与电源插座之间线路断开，应查明是否有短路。

④ 空调器的电源线的容量大小也是安装、检修时应予以注意的一方面。电源线选用不当，也会引起压缩机电动机不能正常运转。

如果电源线选用过细或过长，压缩机电动机在通电启动时电压降低过大。因为单相电动机的工作电流是比较大的（空调器），而其启动电流更大可达数十安培。在 2.2kW 以上的空调器中，其启动电流甚至可达 90A。因此，电源线过细、过长时电压降低过大，使空调器不能正常工作，而且导线也会发热或出现意外；空调器的电源线应按规定值进行选用，而不应随意使用，更不应用旧的导线代用。

电动机引线截面的大小选用值以电动机额定电流为依据选用。参考数据见表 10-3。

表10-3　电动机引线截面的大小选用值

电动机额定电流/A	引线截面/mm²
6～10	1.5
11～20	2.5
21～30	4.0
31～45	6.0
46～65	10.0
81～90	16.0
91～120	25.0

选用保险丝，在检修时一般按电动机额定电流的 1.5～2.5 倍作为保险丝额定

电流选用。

负载较重电动机的保险丝，其额定电流应等于或略大于该电动机的额定电流的3～3.5倍。几台电动机合用的总保险丝的额定电流也应取大一些。

电气线路检查包括线路连接是否错误，压缩机电动机接线及绕组、电容器、过载保护器、启动继电器、温度控制器的接法及动作是否正确等。

检查中如发现有接线错误应及时修复。电气零部件有故障，应排除或予以更换。

各种型号的空调器电路图各不相同，检查时应参照产品说明书或维修手册进行。

（2）固定分相电容PSC系统的检查　此系统多用于房间空调器中，线路中没有启动继电器或启动电容。检查时按照图10-29所示（两个端子的过载保护PSC系统）进行。

切断电源和风扇电动机的一根接线后，欧姆表进荷检查（先将欧姆表调零）。

在温度控制器正常的情况下，可按下列顺序进行检查：

① 检查2、3之间是否导通，不通时应修复线路。

② 将4从启动接线端拆下后，检查3、4之间是否导通，如果绕组阻值与产品说明书的规定阻值相符，即为合格。如果阻值不符，应修复绕组或更换压缩机。

③ 将运转接线端5拆下，检查3、5之间是否导通，如果绕组阻值与产品说明书规定数值不符，应修复绕组或更换压缩机。

④ 检查压缩机外壳8与公共接线端3，如果不导通，即表明电动机未通壳，属正常。如果导通，则电动机绕组通壳接地，应更换压缩机。

⑤ 将欧姆表扳至 $R \times 1k\Omega$ 挡上，检查电容器。如果9、10之间在检查时指针偏转，表明电容器正常；如果指针不偏转，则电容器断路，应更换同一规格的良好电容器。

⑥ 将欧姆表扳至 $R \times 1\Omega$ 挡，检查电容器是否短路。如果在9、10之间导通，则电容器已短路，应更换同一型号的良好电容器。

⑦ 检查5、6之间线路，如果断路，应修复。

⑧ 检查两个接线端子的外部过载保护继电器，如果6、7之间不导通，10min后再检查；如果仍不通，应更换同一型号新的过载保护继电器。

（3）具有内部恒温过载保护的PSC系统检查　如图10-30所示。在切断电源和风扇电动机的一根导线后，用欧姆表检查。其顺序如下：

① 检查1、2之间是否导通，如果温控器在所要求的工作条件下仍不通，应更换温控器。

② 检查2、3之间是否导通，如果不通，修复线路。

③ 检查启动接线端4和3之间是否导通，如果绕组阻值与产品说明书规定数值相符，即为合格；如果不导通或阻值不正常，可把运转接线端5拆下，检查4、5之间是否导通。如果不通，则绕组断路，应更换压缩机。也可能是内部过载保护继电器脱扣（跳开）：如果使外壳降温至51℃以下，手感不烫时，再检查仍不导通，内部过载保护器已坏无疑，应予以更换。

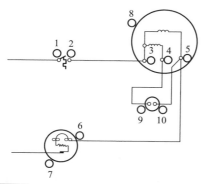

图10-29 检查两个端子的过载保护PSC系统

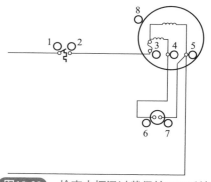

图10-30 检查内恒温过载保护PSC系统

④ 检查运转接线端 5 和 3 间是否导通，如果压缩机绕组阻值正常即为合格。如果不导通或阻值不符应再检查 4、5 之间通否。如果导通且内部过载保护器未断开，待压缩机外壳冷却至 51℃ 以下手感不烫时，再检查 3、5 之间，如果仍不导通，则内部过载保护器已坏，应更换同一型号新的保护器或压缩机。

⑤ 检查绕组通地，看 3、8 之间是否导通，如果导通，则压缩机绕组通壳接地，必须更换压缩机。

⑥ 检查运转电容器，将欧姆表放在 $R \times 1k\Omega$ 挡，检查 6、7 之间是否导通，如果电表指针偏转，电容器正常；如果指针不偏转，应更换新的同一型号的电容器。

⑦ 检查电容器短路，看 6、7 之间通否，如果导通，则电容器短路无疑，必须更换新的同一规格的电容器。

⑧ 用电表测量压缩机试运转时公共接线端 3 的电流，如果电流过大，接近电机功率的最大电流值，表明压缩机有机械故障，应予以更换。

（4）同时具有内部恒温过载保护器和外部过载保护器的 PSC 系统检查　如图 10-31 所示，这种线路没有启动继电器和启动电容器，但有运转电容器。内部过载保护继电器对温度敏感，外部过载保护继电器对电流敏感，二者共同保护压缩机电动机。

在切断电源和风扇的一根导线之后，即可用欧姆表进行检查。

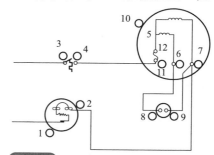

图10-31 同时具有内部恒温过载保护器和外部过载保护器的PSC系统检查

① 检查 1、2 之间是否导通，如果不导通，则过载保护器断开 10min，若仍不通，应更换同一型号新的过载保护继电器。

② 检查 3、4 之间是否导通，如果不导通，则过载保护器已坏，应更换新的同一型号过载保护器。

③ 检查启动接线端 5、6 是否导通，并看其绕组阻值与产品说明书规定值是否相符，如果不通或绕组阻值不符，应修复绕组或更换压缩机。

④ 检查运转接线端 7、5 之间是否导通。如果不通或绕组阻值不符，应修复绕组或更换压缩机。

⑤ 检查内部恒温保护继电器 11、12 间是否导通，如果不通或阻值不符，表明内部恒温器已断开。使外壳冷却降温至 51℃ 以下，手感不烫时，再次检查，如果仍不导通，则内部恒温过载保护器已坏，应更换压缩机。

⑥ 检查电动机绕组通壳接地，5、10 间如果导通，表明已通壳，应修复或更换压缩机。

⑦ 将欧姆表扳至 $R \times 1k\Omega$ 挡上，检查 8、9 间是否导通，如果指针不偏转，则电容器已坏，应更换同一型号新的电容器。

⑧ 将欧姆表扳至 $R \times 1\Omega$ 挡，检查电容器短路，如果 8、9 间不通，则未短路。如果导通，则电容器已短路，应更换新的。

⑨ 压缩机试运转时检查公共接线端的电流，如果电流值非常接近厂家规定数值，应更换压缩机。

2. 电气零件检修或更换

（1）电容器的检修或更换　电容器可能会发生击穿短路或断路。如果不用万用表检查，可用一只与原电容器相同规格、型号的良好电容器代替被检查的电容器，以判断原电容器的好坏。但是，在手触摸电容器以前，必须先将电容器放电。其方法是；用一把绝缘的螺丝刀将电容器的两个接点短路，使之放电，然后用替换法加以鉴别。如果原有电容器连接在电路中压缩机电动机不能启动，而当换上新的电容器后，电动机即能顺利启动，则说明原有启动电容器失效，应予以更换。

也可以在线路中接一只 40W 的灯泡来做电容器的短路和断路检查，如白炽灯泡慢慢亮起来而成暗红色，即表明电容器良好。灯泡不亮，则说明电容器已经断路。

用万用表检查电容器的方法：用电阻表测量，电阻挡在 1kΩ 以上，将探针接触电容器的两个接线端子，如表针快速偏转至零位，电表电阻挡次逐渐减小时，指针仍在零位或接近零位，即表明电容器已短路。电容器良好时，指针即时偏转，但又立刻回至原处。测量方法如图 10-32 所示。

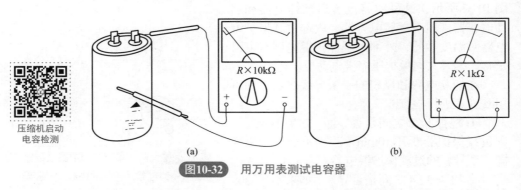

压缩机启动
电容检测

(a)　　　　　　　　　　　　　(b)

图10-32　用万用表测试电容器

短路的电容器会使电路中的保险丝烧断，或使过载保护器接点跳开，断路的电容器也会发生同样现象。

如果压缩机电动机启动时电流大或有"嗡嗡"声而不启动，很可能是电容器已坏，检查确认后，应更换电容器，电容器的规格照表 10-4 所示选用。

表 10-4 电容器的规格

电机输出功率/kW	电容器/μF	容量/（kV·A）
0.2	15	0.19
0.4	20	0.25
0.75	30	0.38
1.0	30	0.38
1.5	50	0.50
2.0	50	0.60
2.2	50	0.63
3.0	75	0.63
4.0	75	0.94
5.5	150	1.26
7.5	200	1.88
10	220	2.51

（2）过载（过电流）保护器检查与更换 蝶形双金属片式过载保护器紧压在压缩机外壳上。它串联在电路中有过载、过电流保护作用。电流过大或压缩机外壳温升过高时，双金属片弯曲使接点断开，直至电流恢复正常或降温后双金属片恢复原状，接点又接通。

小型空调器中的过载保护器有二端子和三端子的两种。可用一根粗的绝缘导线以跨接的方法（相当于去掉过载保护器）而测量其压缩机消耗的功率，来检查过载保护器是否失效。过载保护器常见的故障有双金属片不复位、线圈烧毁、接点粘连等，有故障的过载保护器一般不进行修复而是更换新的，更换时应选择与原有型号、规格相同的过载保护器，安装时要使蝶形过载，过流保护器的底部紧紧地压在压缩机外壳上，这样有利于双金属片动作，对机壳内的温升敏感，保护性能良好。

（3）启动继电器的修复与更换 小型空调器中常用电压式继电器，其作用是在电动机启动前，将启动电容器接入电路中。电压式继电器的线圈与电动机的启动电容器串联。而与电动机的启动绕组并联，电压式启动继电器常见故障为常闭接点的触点断开，因而在电动机启动时不能使启动电容器电路接通或者在压缩机电动机达到额定转速时常闭接点不能断开，因而使启动电容器电路不能切断。

① 检查电压式继电器的方法是用绝缘导线在继电器的接线端处跨接。但跨按时间不能超过 3s，否则电动机将被烧毁。如跨接后压缩机能正常启动并运转，即表明启动继电器已失效，应更换一只新的同一型号、规格的良好启动继电器。

也可以用置换法检查，用一只良好的同一型号、规格的继电器换上，以鉴别原有继电器的好坏。

② 启动继电器常见的故障是：由于电源电压不稳定，在启动接点吸合时，造成火花过大使接点触点炭化、粘住或烧毁。电流线圈可能因此而断线、机械零件动作

不灵活。用户调节不当也可能使其损坏等。

③继电器的修复。

● 启动触点火花过大，有触点表面炭化或粘连时，用什锦锉或细砂纸磨去炭化层，并用四氯化碳进行清洗。

●继电器线圈烧毁，可按原线圈的材料和匝数进行绕制，或更换新的。

●启动触点不吸合时，可用尖钳将弹簧片微扳。

● 启动触点闭合以后 0.5 ～ 0.3s 后不能断开，可将启动弹簧片微扳一点。每通电调节一次，要相隔 5 ～ 10min 为宜。

国产的启动继电器有整体式和组合式两种。整律式启动继电器把继电器与过载保护器组合为一个整体，各种零件装在一块胶木板上，外用胶木绝缘壳罩住。

使用国产整体式启动继电器的压缩机，如听到电动机有"嗡嗡"声而不能启动时，应检查启动继电器。拆开盒盖，检查启动继电器的触点是否良好，如果电动机与接线均无故障，则继电器的主要故障是复位弹簧片弹力减弱，启动时动触点闭合而难以跳开。

应调整启动电流调整螺钉，如果调节螺钉不易拧动，可用平钳将弹簧向外扳动，调至正常。

如果启动继电器的电源电压太低，触点会引起颤动，触点不平时还会发出噪声，遇此情况也应将触点打磨或予以更换。继电器无法修复时，应更换同一型号、规格的良好继电器，并应注意启动继电器放置的方式是不能随意改变的，否则将改变继电器的吸合与释放电流的数值造成启动不灵敏。

（4）温度控制器的检查　小型空调器中的温度控制器（简称"温控器"）大约有四种：感温波纹管式温控器、双金属片式温控器、气动二级动作温控器以及电子式温控器。

①感温波纹管式温控器的检修或更换　单冷型窗式空调器的感温波纹管式温度控制器常见故障是：触点接触不良或烧毁，造成动、静点不能闭合而失去其控制作用。

检查的方法是：空调器接通电源后将温度控制器旋钮的正、反方向旋转几次。观察压缩机能否启动，如果压缩机不启动应检查触点是否损坏；如果因温度控制器温度调节螺钉调节不当而引起控制失效，可重新进行调整；如果怀疑感温包、毛细管破损，制冷剂有泄漏时，可进行外观检查，也可以使感温包稍微加热，用温手巾包住或靠近，看其触点是否闭合，压缩机能否启动。如触点不动作，压缩机也不启动，则表明感温包内制冷剂已漏光，应重新充灌气体或换上一个新的感温包。

②双金属片式温控器的检修与更换　这种温度控制器用于冷热两用热泵式空调器中，其主要结构由线圈、双金属片、触点、控制旋钮等组成。

双金属片温度控制器常见故障有内部断裂、触点不良、脱焊或冷热切换失灵等。检查时应做触点的接通试验和断开试验，以检查在室温给定值以下时接点能否接通和在室温给定值以上时接点能否断开。

损坏的双金属片式温控器应更换一只新的、同一型号和规格的温控器。

③电热型二级动作温控器的检修与更换　电热式空调器的二级动作温控器是利

用感温波纹管进行温度控制的。

电热型温控器的检查主要是冷、热切换动作如何，是否失灵，其故障排除与单冷却型感温包波纹管式温控器相同，损坏的温控器应重新更换。

（5）电加热器检查　在电热型空调器中大多利用镍铬电热丝，安装在耐高温的云母层压板的支架上，并配有高灵敏度的温度继电器。当电热器温度超过给定温度以后，可在短时间内自动切断电源，以确保空调器安全运转。

电热管也是空调器的加热元件之一，主要用于柜式空调器中，其特点是发热量大，但升温较慢。电加热器的主要故障是电热丝烧毁、断线或接线错误等。由于安装时疏忽而将电源与电加热器的连线接错时易造成电加热器断路，这时可出现电加热器无电。可用试电笔进行检查，如发现接线错误可及时修复。

电辅助加热器
的判别

电热丝使用过久或因短路而烧毁时，造成电热器故障，此时应用万能表对电热丝进行阻值测量，发现断线应及时更换。国产 GY 型电热管规格见表 10-5。

表10-5　GY型电热管技术性能

型号	电压 /V	功率 /kW	外形尺寸/mm		
			A	B	C
GYQ1-220/0.5	220	0.5	490	330	—
GYQ1-220/0.75	220	0.75	690	530	—
GYQ2-220/1.0	220	1.0	490	330	200
GYQ2-220/1.5	220	1.5	690	530	400
GYQ3-220/2.0	380	2.0	590	430	300
GYQ3-380/2.0	380	2.5	690	530	400
GYQ3-380/3.0	380	3.0	790	630	500
GYXY1(GYJ1)-380/2	380	2	800	550	—
GYXY1(GYJ1)-380/3	380	3	1080	830	—
GYXY1(GYJ1)-380/4	380	4	1380	1130	—
GYXY1(GYJ1)-380/5	380	5	1800	1450	—
GYXY1(GYJ1)-380/6	380	6	2100	1750	—
GYXY1(GYJ1)-380/7	380	7	2500	2150	—
GYXY2(GYJ2)-380/2	380	2	540	430	260
GYXY2(GYJ2)-380/3	380	3	680	570	400
GYXY2(GYJ2)-380/4	380	4	850	650	530
GYXY3(GYJ3)-380/5	380	5	770	570	460
GYXY3(GYJ3)-380/6	380	6	870	670	560
GYXY3(GYJ3)-380/7	380	7	1020	820	685

五、抽油烟机电路及检修

工作原理如图 10-33 所示，气敏传感器和 W_1 组成燃气检测电路，电源变压器输出的交流 5V 电压给气敏传感器加热丝加热。反相器 F_1、W_2、热敏电阻 R_t 组成温度检测电路。两路检测电路输出的高电位信号分别经隔离二极管 VD_8、VD_9 控制由 F_2、F_3、R_2、VT_2、J_1 组成的电动机控制电路。光敏电阻、W_3、F_4、R_3、VT_3、J_2 等组成照明控制电路；IC_1 为音乐报警电路，由燃气检测电路控制。

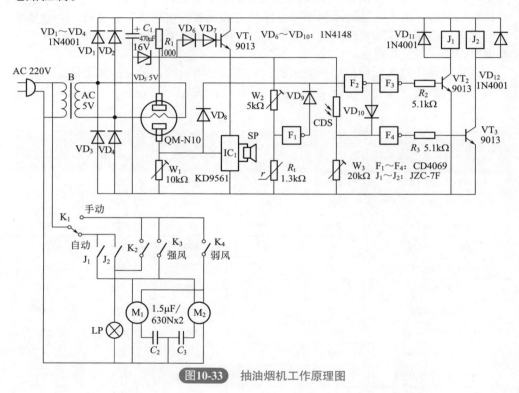

图10-33 抽油烟机工作原理图

功能开关 K_1 置于"自动"位置，刚接通电源时，气敏传感器呈现的阻值较低，约数百欧姆，F_2 输入端呈高电平，输出低电平，F_3 输出高电平，VT_2 导通，继电器 J_1 吸合；电动机运转。同时音乐报警电路 IC_1 被触发报警，这些情况是本装置加电时的不稳定过程引起的。几十秒钟后，气敏传感器阻值上升到数十千欧，F_2 输入端呈低电位，电动机停转，报警停止，抽油烟机进入检测状态。

当空气中泄漏的可燃气体浓度超过检测电路的设定值时，气敏传感器阻值下降，W_1 上电压使 F_2 输入为高电平，电动机控制电路、报警电路工作，抽油烟机排气并报警。

在烧饭做菜时，蒸汽、油烟以及燃烧废气等烟气的温度使热敏电阻阻值下降，

F_1 输入端为低电平，输出高电平，抽油烟机运转进行排烟。当室内烟气排净后，抽油烟机自动停止运转，重新进入检测状态。

平时如室内空气清新，抽油烟机不转，则 F_2 输出高电平，F_4 输出低电平，照明灯不亮。当室内烟气或燃气超标使抽油烟机运转时，都将使 F_2 输出低电平，这时，如果室内光线充足，照明灯仍不亮。只有夜晚室内光线足够暗时，照明灯才会亮。气敏传感器选用 QM-N10，热敏电阻可用 4 只 330Ω 热敏电阻串联，其他元件见图注。

调试与安装：电路装配完毕，经检查正常后即可进行调试：取一只 600mL 的空矿泉水瓶，拧紧瓶盖。用注射器抽取 3mL 液化气注入瓶中，摇晃几分钟，此时瓶中液化气浓度为 0.5%。先将 W_1 调至最小，并将气敏传感器放入瓶中，然后慢慢调大 W_1 至 J_1 刚好吸合且喇叭发出报警声，将 W_1 用油漆封固。再倒一大杯温水，水温稍高于当地最高气温，把热敏电阻放入水中，调整 W_2 使 J_1 刚好吸合，将 W_2 封固。W_3 的调整应在光敏电阻 CDS 遮光时进行。

第三节　物业电气设备电路与检修

一、电接点压力表无塔压力供水自动控制电路

1. 电路工作原理

如图 10-34 所示，将手动、自动转换开关拨到自动位置，在水罐里面压力处于下限或零值时，电接点压力表动触点接通接触器 KM 线圈，接触器主触点动作并自锁，电动机水泵运转，向水罐注水，与此同时，串接在电接点压力表和中间继电器之间的接触器动合辅助触点闭合。当水罐内压力达到设定上限值时，电接点压力表动触点接通中间继电器 KA 线圈，KA 吸合，其动断触点断开接触器 KM 线圈回路，使电动机停转，停止注水。手动控制同上。

2. 电路调试与检修

不能正常工作时可分手动和自动控制检修。

手动控制检修时首先把开关放至手动位置，用手动控制看水泵是否可以正常工作，如果手动不能正常工作，主要检查控制开关 SB_2、启动开关 SB_1、交流接触器 KM 是否毁坏，线圈是否断开，接点是否接触不良，热保护 FR 是否毁坏。如果这些元件都完好，电动机仍不能够正常旋转，接通总开关 QF，用万用表检测输出电压，如果没有输出电压应该是熔断器熔断，有输出电压则检测 KM 的输出电压，检测 FR 的输出电压，直到检测电动机的输入端；有输入电压，说明水泵出现问题。

当手动控制电路工作正常时，自动控制电路不能工作，主要检查电接点压力开关、中间继电器 KA 是否毁坏，只要电接点压力开关无毁坏现象，中间继电器 KA 没有毁坏现象，自动控制电路就可以正常工作；如发现电接点压力开关毁坏

或中间继电器毁坏，应该更换器件。电接点压力表的使用可参考第三章第一节有关内容。

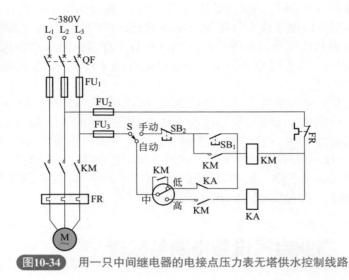

图10-34 用一只中间继电器的电接点压力表无塔供水控制线路

二、高层供水全自动控制电路

晶体管全自动控制水池水位抽水电路可广泛应用于楼房高层供水系统，如图 10-35 所示。当水箱位高于 c 点时，三极管 VT_2 基极接高电位，VT_1、VT_2 导通，继电器 KA_1 得电动作，使继电器 KA_2 也吸合，因此交流接触器 KM_1 吸合，电动机运行，带动水泵抽水。此时，水位虽下降至 c 点以下，但由于继电器 KA_1 触点闭合，故仍能使 VT_1、VT_2 导通，水泵继续抽水。只有当水位下降到 b 点以下时，VT_1、VT_2 才截止，继电器 KA_1 失电释放，使水箱无水时停止向外抽水。当水箱水位上升到 c 点时，再重复上述过程。

变压器可选用 50V·A 行灯变压器，为保护继电器 KA_1 触点不被烧坏，加了一个中间继电器。在使用中，如维修自动水位控制线路，可把开关拨到手动位置，这样可暂时用手动操作启停电动机。

检修分两部分：

① 主电路部分　可以直接接通 QF，按压开关 SB_1，看 KM_1 线圈是否能够通电，当 KM_1 能够通电时，主电路水泵应可以旋转，若水泵不能旋转，检查热保护 FR，若热保护没有毁坏，应检查水泵电动机。

② 控制电路部分　主电路工作正常，电路仍不能正常工作，应该是控制电路故障，应该接通 QF，直接检测变压器的输出电压，看是否有输出电压，然后测量整流输出，如果整流输出电压正常，电路仍不能正常工作，应用万用表检测三极管是否毁坏，液位接点是否能够正常工作，中间继电器 KA 和 KM_1 的接点是否正常工作。

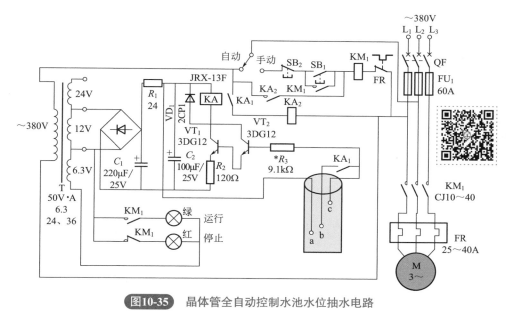

图10-35 晶体管全自动控制水池水位抽水电路

三、供电转换电路

如图 10-36 所示是双路三相电源自投线路。用电时可同时合上开关 QF_1 和 QF_2，KM_1 常闭触点断开了 KT 时间继电器的电源，向负载供电。当甲电源因故停电时，KM_1 交流接触器释放，这时 KM_1 常闭触点闭合，接通时间继电器 KT 线圈上的电源，时间继电器经延时数秒后，使 KT 延时常开点闭合，KM_2 得电吸合，并自锁。由于 KM_2 的吸合，其常闭点一方面断开延时继电器线电源，另一方面又断开 KM_1 线圈的电源回路，使甲电源停止供电，保证乙电源进行正常供电。乙电源工作一段时间停电后，KM_2 常闭点会自动接通线圈 KM_1 的电源换为甲电源供电。交流接触器应根据负载大小选定；时间继电器可用 0～60s 的交流时间继电器。

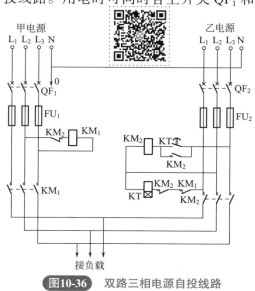

图10-36 双路三相电源自投线路

当电路不能够备用转换时，主要检查接触器和 KT 时间继电器是否有毁坏的现象，如毁坏，应更换 KM_2、KM_1、KT。

四、定时供水电路

1. 电路工作原理

图 10-37 所示为手动、自动控制时控水泵控制电路。

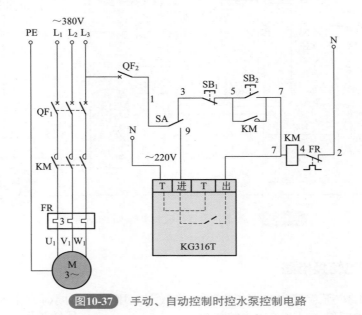

图10-37 手动、自动控制时控水泵控制电路

a. 手动控制：选择开关 SA 置于手动位置（1-3），按下启动按钮 SB$_2$（5-7），KM 得电吸合并由辅助常开触点（5-7）闭合自锁，水泵电动机得电工作。按下 SB$_1$ 停止。

b. 定时自动控制：选择开关置于自动位置（1-9），并参照说明书设置 KG316T，水泵电动机即可按照所设定时间进行开启与关闭，自动完成供水任务。

c. 水泵工作时间与停止时间，可根据现场试验后确定比例，使用中出现供水不能满足需要或发生蓄水池溢出时需再进行二次调整。

d. 此种按时间工作的控制方式，缺点显而易见，只能用于用水量比较固定的蓄水池供水，不适用于用水量大范围不规则变化的蓄水池。

2. 电气元件及作用

带热继电器保护自锁正转控制线路所选电气元件及作用可扫二维码学习。

3. 电路接线

手动、自动控制时控水泵控制电路接线如图 10-38 所示。

当它出现故障时可直接用万用表测量空开下边的电源是否正常，电源正常检查交流接触器是否良好，可直接按动接触器，负载应该能够工作，如果不能工作说明接触器毁坏，可直接更换接触器。然后检查时控开关的输入端是否有供电，如果没有供电，检查断路器是否毁坏，如果时控开关有供电，应该检查接触器线圈是否毁坏，如果接触器线圈毁坏，应更换接触器，如果时控开关的输出端没有供电电压输出，说明时控器没有工作，应该是时控器毁坏，用代换法维修或更换时控器。

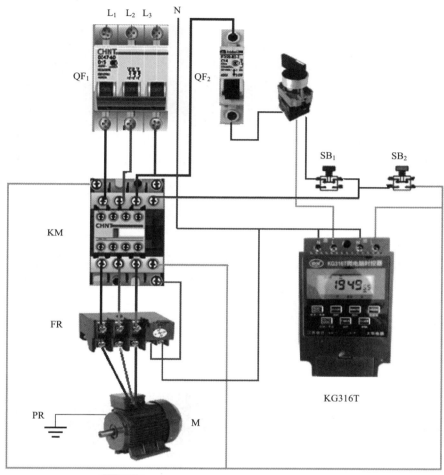

图10-38 手动、自动控制时控水泵控制电路接线

第四节 智能扫地机器人电路及检修

智能扫地机器人看似简单的外表下，具有相对复杂的内部结构与组成，其电路控制原理较为复杂，涉及多种传感器、多种电子电路处理及多种电动部件。本节对这些内容都进行了详细讲解。为了方便读者查阅学习，本节内容做成二维码，读者可以自行扫描下载。

智能扫地机器人
电路及检修

附 录

电动机接线与维修实操视频讲解

　　电动机是各类电器的关键部件，在运行时不可避免地会发生各种故障。在对电机维修时第一步也是最关键的一步是必须断电。电动机的绝缘、拆卸也是维修必不可少的一环。为了方便学习，电动机的拆卸、线圈绕制与嵌线、检修操作等内容采用彩色图解结合视频讲解的方式进行介绍，读者可以扫描二维码下载反复学习。

视频讲解

电动机的拆卸、
接线与维修

电动机接线
捆扎

电动机浸漆

三相电动机
双层绕组嵌线
全过程

三相电机
绕组检修

单相电机
绕组检修

参 考 文 献

［1］ 郑凤翼，杨洪升，等.怎样看电气控制电路图.北京：人民邮电出版社，2003.

［2］ 刘光源.实用维修电工手册.上海：上海科学技术出版社，2004.

［3］ 王兰君，张景皓.看图学电工技能.北京：人民邮电出版社，2004.

［4］ 徐弟，等.安装电工基本技术.北京：金盾出版社，2001.

［5］ 蒋新华.维修电工.辽宁：辽宁科学技术出版社，2000.

［6］ 曹振华.实用电工技术基础教程.北京：国防工业出版社，2008.

［7］ 曹祥.工业维修电工通用教材.北京：电力出版社，2008.

二维码讲解目录

- 电阻器数码表示法和额定功率标注方法 /8
- 正弦交流电路 /21
- 电气图形符号的构成与使用规则 /22
- 电气图的绘制原则 /37
- 布线、接线、配电盘组装注意事项 /42
- 配电箱实物布线 /42
- 电路常用计算 /42
- 第一节　电阻器及应用电路 /43
- 第二节　电位器及应用电路 /43
- 第三节　特殊电阻及应用电路 /43
- 第四节　电容器及应用电路 /43
- 第五节　电感器及应用电路 /43
- 第六节　二极管及应用电路 /43
- 第七节　三极管及应用电路 /44
- 第八节　场效应晶体管及应用电路 /44
- 第九节　IGBT 绝缘栅晶体管及 IGBT 功率模块 /44
- 第十节　晶闸管及应用电路 /44
- 第十一节　光电器件的检测与维修 /44
- 第十二节　集成电路与稳压器件及电路 /44
- 刀开关控制电机 /47
- 按钮开关的检测 /49
- 按钮开关控制电机启停电路 /50
- 行程开关的检测 /52
- 电接点压力开关控制电路原理 /56
- 声控开关电路与检修 /56
- 声光控开关的检测 /57
- 主令开关的检测 /60
- 温控器电路与检修 /69
- 倒顺开关的检测 /70
- 万能转换开关的检测 1/73
- 万能转换开关的检测 2/73
- 凸轮控制器的检测 /77
- 断路器的检测 1/84
- 断路器的检测 2/84
- 中间继电器的检测 /100
- 热继电器的检测 /106
- 时间继电器触点符号识别 /108
- 机械式时间继电器的检测 /109
- 电子式时间继电器的检测 /109
- 接触器的检测 1/115
- 接触器的检测 2/115
- 三个接触器控制的星 – 角降压启动电路 /122
- 电磁铁的检测 /126
- 低压电源变压器的检测 /133
- 智能控制器的使用与操作 /160
- 电容器安全运行与故障处理 /164
- 无功功率自动补偿器 /164
- 家居布线与检修 /166
- 配电箱配电操作 /172
- 暗配电箱配电 /172
- 配电箱的布线 /172
- 日光灯电路 /178

- 日光灯插座管槽布线 /178
- 日光灯接线 /178
- 双控开关电路 /182
- 带开关插座安装 /182
- 多联插座安装 /182
- 多开关控制电路 /184
- 交流 LED 灯电路 /185
- 电工室内配线接线 /198
- 电动机的结构、原理、接线、检修 /199
- 三相电动机检修 /199
- 单相电动机检修 /199
- 单相电动机接线 /199
- 三相电动机 24 槽双层绕组嵌线 /199
- 自锁式直接启动电路 /201
- 带热继电器保护的控制线路与故障排查 /203
- 急停开关控制接触器自锁电路 /204
- 晶闸管软起动器电路、布线 /205
- 电动机串电阻启动电路 /213
- 单相电动机电容启动运转电路 /215
- 自耦变压器降压启动电路 /218
- 电机星 - 角降压启动电路 /221
- 倒顺开关控制电机正反转电路 /222
- 接触器控制电机正反转电路 /223
- 电机正反转自动循环线路 /224
- 行程开关控制电动机正反转电路 /224
- 倒顺开关控制单相电机正反转电路 /227
- 接触器控制的单相电机正反转电路 /228
- 电磁抱闸制动电路 /228
- 电机能耗制动控制线路 /230
- 电机热保护及欠压保护电路 /232
- 连锁开关控制的欠压欠流保护电路 /233
- 中间继电器控制电机的保护电路 /235
- 电动机常用计算 /235
- 变频器的安装 /236
- 变频器的接线 /236
- 变频调速系统的布线 /236
- 变频器常见故障检修 /236
- 单相 220V 进三相 220V 输出变频器电路 /237
- 三相变频器电机控制电路 /239
- 带制动功能的电机控制电路 /241
- 开关控制的变频器电机正转电路 /242
- 中间继电器控制的正转电路 /246
- 开关控制电机正反转控制电路 /247
- 变频器的 PID 调节电路 /250
- PLC 编程语言 /259
- 变频器的 PLC 控制电路 /277
- PLC 常见故障检修 /283
- CA6140 机床电气原理与检修技术 /327
- 电动葫芦及小吊机电路 /341
- 大型天车及龙门吊电气原理与检修技术 /341
- 电冰箱压缩机电机绕组的测量 /344
- 电冰箱温控器的检测 /344
- 压缩机启动电容检测 /352
- 电辅助加热器的判别 /355
- 无塔供水电路 /358
- 高层补水晶体管水位控制电路 /359
- 双路三相电源自投备用电路 /359
- 电气元件作用表 /360
- 智能扫地机器人电路及检修 /361
- 电动机的拆卸、接线与维修 /362
- 电动机接线捆扎 /362
- 电动机浸漆 /362
- 三相电动机双层绕组嵌线全过程 /362
- 三相电机绕组检修 /362
- 单相电机绕组检修 /362